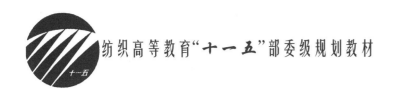

纺织高等教育"十一五"部委级规划教材

针织产品设计

张佩华　沈　为　主编

中国纺织出版社

内 容 提 要

本书按针织产品的大类,分别介绍了针织产品的组织结构和设计方法,并以常用和典型针织产品为实例,介绍了产品设计过程中的原料和设备选用、编织工艺、织物参数、花色效应及形成原理、性能和用途等。

本书可作为纺织工程专业的主干课程《针织学》的后续教材,适合于针织分流方向的学生进一步学习专业知识,同时也可供相关专业师生、针织工程技术人员和科研人员、纺织品贸易人员参考。

图书在版编目(CIP)数据

针织产品设计/张佩华,沈为主编. —北京:中国纺织出版社,2008.7(2024.1 重印)

纺织高等教育"十一五"部委级规划教材

ISBN 978 - 7 - 5064 - 4946 - 5

Ⅰ. 针… Ⅱ. 张… Ⅲ. 针织物—设计—高等学校—教材 Ⅳ. TS184.1

中国版本图书馆 CIP 数据核字(2008)第 053530 号

策划编辑:孔会云　　责任编辑:王军锋　　特约编辑:杨荣贤
责任校对:楼旭红　　责任设计:李 然　　责任印制:何 艳

中国纺织出版社出版发行

地址:北京市朝阳区百子湾东里 A407 号楼　邮政编码:100124

销售电话:010—67004422　传真:010—87155801

http://www.c-textilep.com

中国纺织出版社天猫旗舰店

官方微博:http://weibo.com/2119887771

北京虎彩文化传播有限公司印刷　各地新华书店经销

2024 年 1 月第 6 次印刷

开本:787×1092　1/16　印张:14.25

字数:267 千字　定价:35.00 元

凡购本书,如有缺页、倒页、脱页,由本社图书营销中心调换全面推进素质教育,着力培养基础扎实、知识面宽、能力强、素质高的人才,已成为当今本科教育的主题。教材建设作为教学的重要组成部分,如何适应新形势下我国教学改革要求,与时俱进,编写出高质量的教材,在人才培养中发挥作用,成为院校和出版人共同努力的目标。2005年1月,教育部颁发教高[2005]1号文件"教育部关于印发《关于进一步加强高等学校本科教学工作的若干意见》"(以下简称《意见》),明确指出我国本科教学工作要着眼于国家现代化建设和人的全面发展需要,着力提高大学生的学习能力、实践能力和创新能力。《意见》提出要推进课程改革,不断优化学科专业结构,加强新设置专业建设和管理,把拓宽专业口径与灵活设置专业方向有机结合。要继续推进课程体系、教学内容、教学方法和手段的改革,构建新的课程结构,加大选修课程开设比例,积极推进弹性学习制度建设。要切实改变课堂讲授所占学时过多的状况,为学生提供更多的自主学习的时间和空间。大力加强实践教学,切实提高大学生的实践能力。区别不同学科对实践教学的要求,合理制定实践教学方案,完善实践教学体系。《意见》强调要加强教材建设,大力锤炼精品教材,并把精品教材作为教材选用的主要目标。对发展迅速和应用性强的课程,要不断更新教材内容,积极开发新教材,并使高质量的新版教材成为教材选用的主体。

随着《意见》出台,教育部组织制订了普通高等教育"十一五"国家级教材规划,并于2006年8月10日正式下发了教材规划,确定了976种"十一五"国家级教材规划选题,我社共有103种教材被纳入国家级教材规划。在此基础上,中国纺织服装教育学会与我社共同组织各院校制订出"十一五"部委级教材规划。为在"十一五"期间切实做好国家级及部委级本科教材的出版工作,我社主动进行了教材创新型模式的深入策划,力求使教材出版与教学改革和课程建设发展相适应,充分体现教材的适用性、科学性、系统性和新颖性,使教材内容具有以下三个特点:

(1)围绕一个核心——育人目标。根据教育规律和课程设置特点,从提高学生分析问题、解决问题的能力入手,教材附有课程设置指导,并于章首介绍本章知识点、重点、难点及专业技能,增加相关学科的最新研究理论、研究热点或历史背景,章后附形式多样的思考题等,提高教材的可读性,增加学生学习兴趣和自学能力,提升学生科技素养和人文素养。

(2)突出一个环节——实践环节。教材出版突出应用性学科的特点,注重理论与生产实践的结合,有针对性地设置教材内容,增加实践、实验内容。

(3)实现一个立体——多媒体教材资源包。充分利用现代教育技术手段,将授课知识点制作成教学课件,以直观的形式、丰富的表达充分展现教学内容。

教材出版是教育发展中的重要组成部分,为出版高质量的教材,出版社严格甄选作者,组织专家评审,并对出版全过程进行过程跟踪,及时了解教材编写进度、编写质量,力求作到作者权威,编辑专业,审读严格,精品出版。我们愿与院校一起,共同探讨、完善教材出版,不断推出精品教材,以适应我国高等教育的发展要求。

中国纺织出版社

教材出版中心

本书是纺织工程专业主干课程《针织学》的后续教材,主要为针织分流方向的学生传授、扩展和深化专业知识,适宜 32～48 学时课程教学。本书在内容编排和选取方面,对《针织学》一书中已涉及的针织原理、工艺设备、常用织物组织等不再叙述,而是围绕产品设计,以目前企业产品开发中的一些常用和典型的针织产品为实例,介绍产品设计过程中的原料和设备选用、编织工艺、织物参数、花色效应及其形成原理、性能和用途等。

本书由张佩华、沈为主编,冯勋伟主审。

参加编写人员与编写章节情况如下:

张佩华　绪论、第一章、第四章的第二节～第四节、第五章的第二节和第三节。

龙海如　第二章、第三章。

胡　红　第四章的第一节、第五章的第一节。

王文祖　第五章的第四节。

顾肇文　第六章、第七章、第八章。

陈南梁　第九章、第十三章、第十四章。

沈　为　第十章、第十五章。

李　炜　第十一章、第十二章。

教材编写过程中得到国内外针织企业、针织设备制造商、科研单位和高等院校的大力支持和帮助,在此表示衷心感谢。

由于编写人员水平有限,难免存在不足或错误,欢迎读者批评指正。

编　者
2008 年 2 月

课程设置指导

课程设置意义 有相当比例的纺织工程专业毕业生从事针织产品与服装的设计生产或贸易工作,为此需要对针织面料及产品结构、性能和编织工艺等有较多和较深地了解。本课程是在纺织工程专业主干课程《针织学》的基础上,进一步介绍各种针织产品的原料选用与组合、织物结构与性能特点、花色效应、编织工艺、用途等,拓宽加强针织产品设计方面的知识以及织物分析方面的技能。

课程教学建议 《针织产品设计》作为纺织工程专业"针织与服装"方向的后续课程,建议学时48课时,每课时讲授字数建议控制在4000字以内,教学内容包括本书全部内容。

《针织产品设计》还可作为纺织工程专业"纺织工艺"、"纺织品设计"、"纺织国际贸易"等方向的选修课程,建议学时32课时,每课时讲授字数建议控制在4000字以内,选择与专业有关内容教学。

课程教学目的 通过本课程的学习,使学生掌握针织产品设计的基本理论、基本知识和针织物分析的基本技能,并具备分析和设计针织产品的能力,初步的开发创新能力,以及未来从事针织品贸易、商检等工作所相关的专业知识与技能。

Contents
目　录

绪　论

● **本章知识点** ●

1. 针织产品的用途。
2. 国内外针织产品的发展趋势。
3. 新型原料的特点及其在针织产品开发中的应用。
4. 针织产品设计的方法。

一、针织产品概述

针织品是纺织品中的一个大类,它既有服装的一般共性,又有特有的个性,以其柔软、舒适、贴体又富有弹性的优良性能形成了独自的风格。从 20 世纪 70 年代开始,针织服装在世界范围内日益受到人们的青睐,世界针织服装正以 5% ~8% 的速度逐年递增,一些发达国家(如美国、英国和日本等)针织服装与机织服装的比例已达 55：45。进入 90 年代后针织工业仍在稳步发展,生产技术更趋完善,水平进一步提高,特别是高新技术获得了广泛应用,产品水平显著提高,应用领域更为宽广。我国的针织产品在近 20 年来发展较快,消费额年增长 10% 以上。

针织产品按照针织行业和加工方式分成纬编产品(圆形纬编和平形纬编)和经编产品两大类,按照最终用途可分为服饰用、装饰用和产业用三大类。其中服饰用针织产品如内衣、T恤衫、羊毛衫、运动休闲服、外衣、袜品、手套等。装饰用针织产品主要有家用和交通工具装饰品两大类,如巾被类、覆盖类、铺地类、床上用品、窗帘帐幔、坐垫、贴墙织物、汽车内装饰等。产业用针织产品涉及工业、农业、水利、交通、医疗卫生等多个领域,如水利工程中的护堤织物、土工布、交通运输用织物、篷盖布、灯箱布、包装材料、多种网类织物、医疗卫生织物、人造血管、低压管道、新型复合材料、汽车防弹材料、防弹背心、导弹和航空航天器具中的某些部件和宇航服等。

针织产品的生产工艺流程一般包括原料准备、针织织造、染整和成衣(或其他最终产品加工)。本教材按照针织产品的大类,侧重介绍针织产品的组织结构和设计方法,并以常用和典型的针织产品为实例,介绍产品设计过程中的原料和设备选用、编织工艺、织物结构参数与性能、花色效应等。

二、针织产品发展趋势

(一)国外针织产品发展趋势

1. 新的原料品种不断涌现

(1)差别化纤维。仿真产品大量使用了细旦纤维和异形纤维等差别化纤维,进一步提高了针织产品的外观质量和服用性能。细旦纤维(单纤维线密度小于1dtex)适于做轻薄型面料,其生产量是常规纤维的60%~78%,超细纤维(单纤维线密度小于0.1dtex)生产量是常规纤维生产量的45%~50%。异形纤维是指截面非圆形的纤维,它包括三角纤维、扁平纤维、五角纤维、中空纤维和狗骨纤维等,可赋予织物质量轻、特殊光泽、舒适性、改善起毛起球性能等。

(2)功能性纤维、保健纤维。为适应功能化针织服装生产的需要而出现的纤维品种,包括远红外纤维、负氧离子纤维、磁性纤维、抗菌纤维、芳香型纤维、抗静电纤维、导电纤维、防辐射纤维、导湿纤维等。

(3)改性天然纤维。天然纤维经变性处理后,除了具有原来的优点外,还兼有其他纤维的优良性能。如羊毛改性纤维、改性真丝和改性棉纤维等。

(4)多组分纤维。欧美国际纺织品市场,混纺织物所占比重很大。天然纤维、合成纤维、人造纤维各具有优点,结合两者的优点混纺是一大发展趋势。通过纱线来改变产品结构,是创新产品的重要途径。混纺原料的组分有3~4种、多则5~6种,利用优势互补,达到改进服用性能的目的。

(5)生态型纤维。如天然彩色棉、聚乳酸(PLA)纤维、天丝(Tencel)纤维等。

(6)弹性纤维。如氨纶、改性聚酯(PTT、PBT)纤维等。

2. 技术含量高的服饰产品逐渐增多

(1)化纤产品向仿真化、功能化和舒适化发展。一般采用超细纤维、功能化纤维等技术含量高的新型纤维。组织结构通常有单层、双层或三层结构之分。产品有运动服装、休闲服装、外衣化服装和内衣等,具有吸湿、透气、快干、保暖、舒适、保健等一项或多项功能,是化纤针织品中的高档品。

(2)天然纤维产品向更高档次发展。通常采用经过变性处理过的天然纤维,再经过特殊的工艺整理。例如双丝光棉针织品、弹性纯棉针织品、仿麻纯棉针织品、仿羊绒超柔软棉针织品、高弹真丝针织品、真丝绒类针织品、棉型真丝针织品、仿麻凉爽羊毛内衣、细化羊毛、羊绒针织品等,服用性能极佳,是天然纤维针织品中的极品。

(3)多组分纤维应用越来越多。各种新型原料天丝、莫代尔(Modal)等与天然纤维的不同组合、新型原料之间的组合将越来越受到消费者的欢迎。

3. 向装饰、产业用品延伸发展 目前国外在产业和装饰两个领域中针织品的应用量已接近针织品总产量的1/4,装饰用针织品占针织品总产量的15%左右。发达国家产业用纺织品已占整个纺织品产量的1/3以上:德国在1998~2001年间,就有10%的普通纺织品转到产业用纺织品,产量已占整个纺织品的40%以上;日本达40%以上;美国达37%。在欧盟,产业用针织品占9%,机织物38%,非织造布20%。在产业用针织品中,纬编32.4%,经编44.9%,缝编22.7%。产业用针织品纤维消费比例为:农业23.5%,医疗12%,汽车10%,包装8%,建筑6%,土工布3.5%,交通用布(除汽车外)6%,体育和娱乐2.5%,过滤用布1%,其他27.5%。

(二)国内针织产品发展趋势

1. 我国针织产品进入发展的新阶段,呈现"五化"趋势

(1)功能化。保暖、美体、抗菌、保健、透气透湿等针织产品不断涌现。

（2）高档化。新原料运用、技术装备改进、工艺设计创新、生产管理完善，为企业的产品开发注入活力，推动行业产品质量档次的提高，高档产品比重增加。

（3）时尚化。色彩、款式、面料与服用性能等力图反映国际流行趋势，符合人们对美的心理需求，形成符合我国消费需求的流行趋势。

（4）个性化。风格各异，满足不同层次国内外市场需求。

（5）品牌化。推进营销现代化和诚信建设，一批国内品牌的知名度提升，产品集中度、市场占有率迅速提高；一批以外销为主的针织企业规模迅速扩大，产品附加值逐步提高，国际市场知名度正在逐步提升。

2. "十一五"期间我国针织产品的发展目标 针织产品要进一步向高档装饰面料、高级成衣、高新技术材料拓展，大力推进技术进步和产业升级，加强差别化纤维、高性能纤维原料的应用，重点开发高档绒类面料、弹性面料、保健型针织品、针织外穿服装、高档针织内衣等产品，提高产品的附加值。积极向非服用领域拓展，向航天、航空、交通、水利、建筑、能源、农业、医疗等领域延伸，拓展针织产品的使用范围。

三、新原料、新技术在针织产品中的应用

（一）新原料在针织产品中的应用

1. 天然纤维及其纱线与针织产品

（1）中空棉纱。日本开发的中空棉纱，纱线呈包芯结构，当纱的芯部维纶溶解后变成空洞，从而产生中空效应。国内开发的中空棉纱由棉和维纶混纺而成。产品重量轻、手感柔和、吸水速干、保暖性好，用于针织毛衫、针织内衣、休闲服等产品。

（2）超低捻度棉纱（FANON）。纱线几乎没有什么捻度，具有羊绒般的超柔软手感，主要用于针织物，如针织毛衫、休闲服，以及毛圈类针织产品（如浴巾、浴衣、睡服）等。

（3）棉/羊毛包芯纱（LUNAFA）。纱线呈皮芯结构，纱芯为羊毛（10%），外周包棉（90%），具有羊毛纤维的弹性、保暖性好，棉纤维的手感柔软、穿着舒适等综合性能，并可避免纯羊毛针织内衣贴身穿产生的刺痒感。这种纱线可用来开发针织内衣、针织毛衫等产品。

（4）细化羊毛。通过对普通羊毛进行拉伸和定形，使其蛋白质大分子重新排列，达到羊毛纤维变细变长。经拉伸细化后的羊毛某些性能与羊绒接近，可以纯纺或与羊绒、真丝等混纺，生产高档轻薄型针织内衣等产品。

（5）天然彩色棉。利用现代生物工程技术选育出的一种吐絮时棉纤维具有色彩的特殊类型棉花，该产品无需染色，称为绿色纤维。目前已有棕、绿、红、黄、灰、紫等色彩，可用于针织内衣、袜子等贴身穿着的针织产品。

（6）改性天然纤维。

①改性羊毛。羊毛纤维经过变性处理后可具有凉爽性能，是编织高档羊毛内衣的理想原料。

②改性真丝。真丝经过变性处理后具有很好的弹性，是生产高档弹力真丝织物的原料。

③改性棉纤维。棉纤维经过变性处理后除保留其本身原有吸湿、透气、手感柔软等特点

外,还具有弹性高、真丝般的光泽和像麻一样的凉爽感。

2. 新型纤维素纤维及其纱线与针织产品

(1)莫代尔(Modal,奥地利兰精公司,Lenzing)纤维。是高湿模量的纤维素再生纤维,先将欧洲的榉木,制成木浆,再纺丝加工成纤维。产品具有柔软、舒适、真丝般的光泽、滑爽、吸湿透气等特点,适宜制作针织内衣、外衣、运动服和家纺产品等。已开发出抗菌纤维、抗紫外线、彩色和超细 Modal 纤维等新型功能的产品。

(2)天丝(Tencel,英国 ACORDIS 公司开发,目前由兰精公司生产)纤维。原料来自于天然木材,制成木浆,采用 NMMO 纺丝工艺,将木浆溶解在氧化铵溶剂直接纺丝,氧化铵溶剂循环使用,回收率达99%以上,是绿色环保纤维。产品具有高的干、湿强力,较高的溶胀性和独特的原纤化特性,有良好的可纺性,可以与各种天然纤维、纤维素纤维、功能性纤维混纺,适于制作毛针织、内衣、T恤衫、袜品、休闲产品等。

(3)圣麻纤维。以天然麻材为原料,通过蒸煮、漂白、制胶、纺丝、后处理等工艺路线,把麻材中的纤维素提取出来,并保留了麻材中的天然抑菌物质。该纤维截面似梅花形和星形,不规则;吸湿性、透气性好;具有天然抑菌防霉性;染色均匀,适于制作针织内衣、装饰和床上用品等。

(4)竹纤维。目前的竹纤维有原竹纤维和竹浆纤维两种。原竹纤维的纤维素含量在60%以上,通过浸、煮、软化、漂白等加工工艺制成,纤维表面有竹节,织物凉爽、吸湿、透气、抗菌,手感光泽接近麻。一般单纤线密度 4.4dtex(4 旦),长度 51～140mm。竹浆纤维的生产工艺路线是:浆粕浸渍→压榨→粉碎→老化→黄化→溶解→过滤→熟成→脱泡→纺丝→凝固→切断→后处理。目前市场应用的竹纤维主要指竹浆纤维类,具有抗菌、透气、悬垂、吸湿、耐磨、染色性好、光泽亮丽等特性,用于针织内衣和袜子等产品。

(5)竹炭纤维。竹炭纤维是采用生长在南方五年以上的毛竹,经过土窑烧制而成,将纳米级竹香炭微粉经过表面处理,分散均匀,经特殊工艺将其浆乳添加纺丝溶液中,再制备出纤维。纤维具有吸附和除臭功能、调湿、抗菌防霉、吸湿快干,适于制作针织内衣、运动休闲产品、袜子、毛巾、床上用品等。

(6)丽赛(Richcel)纤维。是采用专有技术生产的高湿模量再生纤维素纤维(Polynosic,日本东洋纺)的一种植物纤维素纤维在我国的注册商品名,又称改性黏胶纤维。纤维湿态模量高,断裂强力高,断裂伸长小,吸水率低,耐碱。产品导湿、透气、手感柔软、滑爽、悬垂性好、染色鲜艳、有光泽,适于制作针织内衣、毛衫、T恤衫等。

(7)植物羊绒(VILOFT,英国 ACORDIS 公司)纤维。主要原料从人工种植林区树木中的木浆中提炼出,截面呈扁平形状,含细微沟槽和孔洞的纤维。产品手感柔软、透气,有丝绸质感。目前有多个系列:如适于内衣和家居服饰(VILOFT® thermal);适于运动休闲服饰(VILOFT® active);适于时装(VILOFT® spirit)。

3. 新型蛋白质纤维及其纱线与针织产品

(1)大豆蛋白纤维。从大豆粕中提取蛋白质聚合物,配置成一定浓度的纺丝液,湿法纺丝并经醛化处理生产各种规格的纤维。纤维单丝线密度小,比重轻,强伸度高;产品吸湿导湿性好,手感柔软,光泽柔和,保暖性好,适于制作针织内衣、T恤、袜品和毛衫等。

(2)牛奶蛋白纤维。将液状牛奶脱脂、脱水、提纯后,制成牛奶浆,与其他高分子化合物共混或共聚,经湿法纺丝工艺制成牛奶蛋白纤维。目前,市场上可商业化生产的牛奶蛋白纤维有腈纶基和维纶基两种。产品柔软舒适,具有丝质感,适于贴身穿着的针织内衣、T恤衫、夏季毛衫和袜类产品。

(3)珍珠纤维。将超细级珍珠粉在纤维素纤维纺丝时加入纤维内,使纤维体内和外表均匀分布着珍珠微粒。纤维富含多种氨基酸和微量元素,吸湿透气、光滑凉爽、外观亮丽。该纤维可以纯纺或与莫代尔、天丝、羊绒、羊毛等原料混纺,适于制作高档针织内衣、文胸、T恤衫、睡衣、运动衣和床上用品等。

(4)蛹蛋白黏胶长丝。又称波特丝、蛹蛋白丝。将干蚕蛹制成蛹酪素,再制成蛹蛋白纺丝液,与黏胶原液共混,经湿法纺丝和醛化处理,制成具有皮芯结构复合长丝。产品兼具黏胶长丝和蚕丝的特点,服用性能与真丝产品相似。

4. 新型弹性类纤维及其纱线与针织产品

(1)新型莱卡(LYCRA,杜邦公司)。弹性纤维品牌,有五种包纱工艺:单层包覆、双层包覆、包芯纱、包缠纱和包捻纱。织物弹性大小与莱卡在织物中的含量和织入织物的方式有关。目前莱卡弹性纤维有多个品种。

①柔软舒适型莱卡(902C/906B)。在保持良好弹性的同时减小服装对人体的压力,使得紧身和柔软舒适两方面的矛盾达到最佳结合。该弹性纤维可以与棉、超细纤维、天丝等原料交织生产纬编面料,制作内衣、运动装、沙滩服、袜子等。

②易定型莱卡(Easy Set Lycra T 560)。可以在较低的温度下进行定型(比常规弹力织物低15~20℃)或在相同温度下以较快的速度定型(效率提高25%~75%),从而增加产量,降低能耗,且织物白度和色彩好。该弹性纤维可以与热敏感纤维,如锦纶、棉、黏胶、天丝、羊毛、真丝等一起使用,生产纬编成衣,特别适用于贴身内衣类产品,如胸罩等。

③运动型莱卡(Lycra Power)。可使人体运动自如,该弹性纤维可以与涤纶等纤维交织生产运动健身服,并已经用于田径、游泳、健美、英式足球、英式橄榄球、网球等项体育运动与比赛服。

④清新系列莱卡(Lycra Body Care)。含有各种清香味道的莱卡产品,分别适于助睡眠、运动、工作环境下的不同用途最终产品。

(2)改性聚酯(PTT)。纤维具有良好的回弹性、蓬松性、抗污性、化学稳定性,湿态下尺寸稳定性好,玻璃化温度高于室温,常温常压下染色优良等特性。短纤维适于女式紧身衣、女式睡衣、休闲服、泳衣、运动装、外套、袜类等产品。长丝可与其收缩率不同的化纤长丝合股交织生产仿毛针织产品,织物经过后整理会产生不等的缩率,呈现出各种凹凸立体花纹,也适宜经编仿桃皮绒、仿麂皮等产品,还可以用于汽车内饰、室内装饰、家居织物等。新一代的弹性聚酯纤维(PTT)有T400、Somalor®纤维等。T400是弹性纤维聚酯(PTT)与聚酯纤维共轭纺丝,产品具有良好的弹性和回复性、洗可穿、光洁、柔软等特点,可以与其他天然纤维和化学纤维交织,生产轻薄的针织面料、牛仔服、内外衣和休闲服等,也可以经多种后处理,如漂白、砂洗、仿旧整理、起绒和磨砂等。Somalor® 是采用 SoronaTM 聚合物(杜邦公司)制成,产品具有良好的柔软性,其拉伸回复性高于锦纶 2~3 倍,可低温染色、热定型温度比 PET 弹性聚酯纤维低,同时还有快干、抗氯、防静电、防污、易护理等特性。

5. 新型锦纶与针织产品

(1)新型锦纶(Tactel,杜邦公司)是高品质锦纶纤维(锦纶 66),产品具有柔软舒适、光泽好、回弹性佳、色牢度好、可机洗等特点。它有多个系列,如 TactelMicro(超细纤维),手感柔软,质轻;TactelStrata:具有深浅不同的双色的层次变化;TactelAquator:透湿透气性能好;TactelMultisoft:手感柔软,有不同光泽效应;TactelDiabolo:具有特殊光泽和垂性等。适宜制作内衣、运动休闲服饰、泳装、袜子、时装等针织产品。

(2)新型锦纶 66[Supplex,英威达,(Invista)公司]。有标准型、轻巧型、超细型、丝光型、软黑型、抗紫外线型。产品柔韧、质轻(比标准锦纶纤维软 26%~36%)、吸湿、弹性、易护理。适宜 T 恤衫、衬衣、女上装、运动服、休闲服、内衣裤、短袜等针织产品。还可以加工成空气变形丝或加弹丝,生产各种纬编针织面料与服装。

6. 差别化纤维与针织产品 市场上已有成熟的超细涤纶、超细腈纶、超细丙纶、超细黏胶等长丝品种,产品手感柔软,穿着舒适,具有毛细效应,适宜针织内衣和运动休闲服饰。

异形纤维的不同截面形状赋予纤维及面料不同的特性,如三角形截面有优雅的光泽和绢丝的触感;三叶、五叶、八叶等多叶形截面有闪光性、蓬松性好,织物挺括、手感好、耐污和抗起毛起球性;多于三的多角形截面有改进纤维的闪光现象,使织物典雅、优美;十字形截面有光泽柔和、刚性好、结节强度高(瘦型的光泽差但蓬松性好);扁平形截面有优良的抗起毛起球性和闪光性,可制成纬编起绒织物;L 形截面纤维集束后沿轴向形成毛细效应,织物的吸汗性好、硬挺、拒水特性。

7. 其他功能性纤维及其纱线与针织产品

(1)保暖纤维。

①远红外纤维。远红外纤维具有优良的保暖和保健功能,广泛用于保暖内衣、羽绒服、登山服、袜品、棉被及床上用品等。新一代的远红外纤维可与抗菌、抗静电相结合,制成具有复合型功能的纤维。储热保温聚酯纤维(Ceramino,日本钟纺公司)在后加工过程中将远红外吸收物质均匀地渗入纤维分子的内部,以提高对阳光等外界红外线的吸收率,同时具有储热保温效果,可用于内衣、袜子、运动服、泳衣和外衣。

②亚烯酸盐系发热纤维(EKS,日本东洋纺公司)。产品干爽保暖,吸湿性好,无闷热感,又称发热除湿消臭纤维,适宜针织内衣、保暖内衣和保暖袜品。

③组合发热纤维(Thermogear,日本旭化成株式会社)。由铜铵丝和超细抗起球腈纶(CASHMILON FF)组合而成,产品舒适,穿着时发热,驱除闷热,感觉清爽并有超细纤维的感觉。适宜针织内衣、保暖内衣和保暖袜品。

④保暖透气排汗聚酯纤维(Thermolite)。中空聚酯纤维,纤维的壁上有许多微孔,具有保暖与排汗功能、轻柔、易洗易干的特点,可以纯纺或与其他短纤维混纺生产纬编针织面料。适于保暖内衣、运动服装、衬衣、袜子、帽子、手套、防寒服里料、睡袋里料等。

⑤中空保暖纤维(Sunlite)。纤维中含有规则的高密度中空结构,减少了纤维20%的重量,可包含大量静止的空气,产品丰满柔软、干爽透湿、质轻、保暖性好,适于保暖内衣、贴身内衣、运动休闲服饰。

⑥环形聚丙烯纤维(COMTEX)。该纤维具有排汗功能、拒湿功能:湿气可从面料表面挥发;隔热功能:传热能力几乎为零;抗菌功能:纤维的成分阻止了微生物和霉菌的形成及异味的出现;耐久功能:抗物理和机械磨损性能,适于运动休闲类产品和袜品。

⑦微孔纤维(MICROFIB)。一种空心双股连体聚丙烯纤维,可在非常低的温度下保持温度和舒适,拒湿微孔纤维可以把水气从其表面传输出去并形成理想的温度,通过合成聚丙酸和微孔纤维,保证舒适温暖。适于运动休闲类产品和袜品。

⑧保莱绒。中空结构聚酯纤维,单丝线密度1.67dtex,单孔、高中空。产品质轻蓬松、柔软、保暖、持久弹性恢复率、利于干燥、易起毛起球加工,适于摇粒绒、起绒针织布、保暖内衣、防寒服、冬季运动服等。

(2)抗菌纤维。

①甲壳素纤维(CrabtexTM、Chitcel®)。纤维素和甲壳素的复合纤维,具有抑菌性、生态环保、吸湿保湿、柔软、染色均匀、保健功能。可制成色纺纱、色纺丝、与彩棉等混纺,适于针织内衣、T恤衫、袜品、睡衣、床上用品、室内装饰等。

②抗菌纤维(Amicor,英国ACORDIS公司)。由于采用牙膏和漱口水中的抗菌剂,安全性高,耐洗性好,抗菌效果针对性强(针对人体皮肤的有害菌种),适宜家纺、内衣、运动服饰、婴幼儿服饰等产品。

③纳米银抗菌纤维。在纺丝过程中添加抗菌剂,具有抗菌除臭、吸湿排汗、调节体温、促进脚部血液循环等功能,特别适于在抗菌保健袜中的应用,可以杀死细菌而又不引起细菌病原体病变,很适合有脚气的病人。

(3)吸湿排汗纤维。

①吸湿排汗纤维。目前商业化应用的多是异截面纤维,如杜邦(Coolmax纤维)、仪征化纤(Cooldry)纤维、台湾中兴(Coolplus)纤维,其截面均呈"十"字形;日本东洋纺(Triactor)纤维呈"Y"字形,带四沟槽"十"字(Topcool)纤维,带四沟槽"王"字(Coolking)纤维,方圆化纤(Finecool)纤维则是吸湿排汗聚酯弹性纤维(PTT),有四叶、五叶截面结构。适于针织内衣、袜品和运动休闲服饰。

②抗紫外线吸湿排湿复合锦纶(Bodyshellair)。纤维是皮芯结构,其芯部含可遮挡可视光线及紫外线的锦纶聚合物,呈八角形分布,外层是透明且排湿性良好的锦纶聚合物。制成的针织面料具有良好的防紫外线以及吸湿排湿性能,改善了以前防紫外线面料不透气的弊端,可制作针织T恤衫、运动服、外衣等。

(4)功能保健纤维。

①玉石纤维。又称凉爽保健型纤维,是运用萃取和纳米技术,使玉石和其他有益矿物质材料达到亚纳米级粒晶,熔融纺丝而成。该产品具有保健、降温凉爽、抗菌功能。适宜制作T恤衫、贴身内衣等产品。国内已开发出每根纤维呈内外贯穿的蜂窝状微孔结构,除具有玉

石纤维功能外,还具有吸湿快干和抗起毛起球功能。

②麦饭石功能纤维。将麦饭石中的微量元素添加到纤维的制造过程中,牢固吸附和结合在纤维素大分子上,使纤维具有给人体补充微量元素并有良好的吸附功能、远红外线功能和皮肤保健功能。产品具有亲肤性、吸湿性、透气性、手感柔软、悬垂性好、染色性好等特点,适宜制作贴身内衣、床上用品、袜子、毛巾等。

③维生素面料(V—UP,日本富士纺公司)。将原维生素剂混入人造纤维制成的面料,经过 30 次以上洗涤仍可以持续保持功效,且织物的手感不受影响,适于制作针织内衣和运动服等。

(5)生物可降解纤维。

①来自玉米的生物基弹性聚酯纤维(PTT)材料(Corntex)。使用聚合物(杜邦 Sorona)生产聚酯(PTT)短纤维、纱线和产品,具有舒适拉伸、触感柔适、弹性持久、低温染色、且耐氯、抗污、抗紫外线、免烫特点,适于制作内衣、运动休闲服饰和袜品。

②可生物降解玉米纤维(IngeoTM,美国 NatureWork 公司)。以淀粉制得乳酸为原料,可生物降解、回弹性好。产品具有良好的悬垂性、滑爽性、吸湿透气性、耐热性、光泽、色泽艳丽,适于制作针织内衣、女装。

(6)智能纤维。空调纤维(Outlast)是美国为登月计划而研发的,目前主要用于腈纶,有两种技术:一是用微胶囊涂于织物表面,二是将微胶囊植入腈纶纤维内。纤维可以纯纺,也可以与棉、毛、丝、麻等各类纤维交织,适宜做宇航服装、内衣、毛衣、手套、床上用品等。

(7)阻燃纤维。多是合成纤维,在其纺丝的过程中加入阻燃剂,通过共聚或共混改性的方法而制得。如阻燃纤维(Anti – fcell®):采用溶胶凝胶技术,使无机高分子阻燃剂在黏胶中以纳米状或网络状存在。产品吸湿透气、永久阻燃、燃烧时不熔融滴落,具自熄效果,燃烧时形成致密炭化层,具隔热效果。用于家纺的产品,更主要用于婴幼儿和青少年针织服装。

(8)芳香纤维。它的制备方法有两种:一种是用皮芯复合的方法,在芯层加入由特殊塑料为载体的香料,由于芯层以较低的温度进行纺丝,因此香味在纺丝过程中的挥发减到了最低限度,纤维成型后香味沿纤维轴向切断的横截面逐渐逸出,达到持久芳香的效果。另一种是采用共混法,把不同类型的香料和纺丝原料共混熔融纺丝,将香料分子熔化在超细的纤维内部,使纤维具有久洗不褪的天然芬芳。

(二)新型后整理技术在针织产品中的应用

生态针织品和功能性针织品是全球针织产品发展的主流。针织品的特殊功能性主要是通过使用各种功能性纤维,或者对纤维、纱线、织物和半制品进行物理的或者化学的功能性加工而获得的。发展方向及重点在于提高产品的舒适性、健康性、安全防护性和环保性。随着科学技术的进步和精细化工的发展,一系列染色后整理新工艺使功能性针织品在保持针织品固有性能的基础上,又赋予其新的特性和功能。很多过去必须使用特种纺织纤维才能达到的特殊功能产品,现在基本可以通过后整理技术来生产。

1. 化学整理 化学整理通常用整理剂在常规后整理设备中进行,主要是将纤维改性、接枝或固着一些化学助剂,使其具有某一特定功能,如防缩、防皱、洗可穿、耐久压烫、阻燃、拒水拒油、抗菌卫生、易去污、柔软等。

2. 物理整理 物理整理主要是通过机械方式使针织物性能、外观大为改进,如用高速针布或砂布摩擦织物可使其表面生成绒毛及桃皮状,这类产品色泽柔和高雅、手感温暖厚实,是制作内衣、风衣、休闲服的良好面料。把针织牛仔布等放入高速运转的机械揉搓机中进行撞击,将会获得更加柔软的效果。此外,用高能量等离子处理也可改善纤维性能。

3. 涂层处理 涂层处理技术大致可分为直接涂层、转移涂层和湿法涂层。

(1)直接涂层。将涂层剂以浆状、泡沫状或挤压成片状直接涂敷在针织物表面再经烘干后制成,可使针织物结构固定,外观漂亮并具有防风防水、防钻绒、反光、遮光、阻燃等功能。将带香味的微胶囊或特种陶瓷粉固着于针织物上,可使其长久飘香及具有某种保健功能。

(2)转移涂层。将涂层剂涂刮在有各种花纹、光泽的离型纸上,经烘干固化后再转移粘结在基布上,形成有各种花型的外观,是制作外衣甚至家具、箱包、鞋等的材料。

(3)湿法涂层。将基布经聚氨酯涂层剂涂刮或浸渍后在溶液中凝固成连续的微孔结构,再经磨毛、压花、轧光等工序制成酷似真皮的针织物,这类产品具有柔软、透气、无味、防霉等特点,是制作高档服装、商标、鞋帽、箱包、车船装饰的理想材料。

4. 生物整理 生物整理主要应用纤维素酶(可水解纤维素的蛋白质)来处理针织物。适当控制酶的酸碱值、作用时间、温度就可在一定程度上使棉纤维减量或脱色。用于牛仔服可替代石磨产生仿旧效果,且织物损耗由5%降至1%,对针织品可进行柔软处理。"生物抛光"是酶的新贡献,它可使针织物细小纤维变弱后再通过机械方法去除,让针织物组织表面纹理清晰、光洁柔软,较其他工艺节省能源,减少污染。

5. 其他整理技术 阻燃整理、芳香整理、负氧离子整理、抗紫外线整理、远红外整理、抗静电整理等后整理技术已经日益成熟并在相当的范围内使用。目前,又出现几大类新颖的功能性后整理技术,如有机硅整理技术、防水拒油整理技术、抗菌整理技术、差别化整理技术和纳米整理技术。

(1)有机硅整理技术。最佳的有机硅涂层可使针织物的顶破强力和拉伸强力都得到很大的提高。有机硅涂层能产生拒水效果,以致针织品不会吸收太多的水分,还可滤去阳光中大部分有害紫外射线,且手感柔软。有机硅涂层现已用于许多高性能运动休闲针织物的整理,也可用于热气球、滑翔伞、大帐篷、睡袋等面料。

(2)防水拒油整理技术。若在气态或液态活性介质中改性,光子处理能与疏水或疏油整理同时进行。进一步的研究工作是尽可能改善改性纤维表面的粗糙度和结合适当的疏水、疏油基团,以获得超级防护性能。这种自洁效果以及使用时所需维护少的特性,在高技术针织物上具有很大的应用潜力。

(3)抗菌整理技术。现有的抗菌整理运用范围很广,其基本作用方式有两方面:一是与细胞膜作用,在新陈代谢的过程中作用或在芯材中作用,氧化剂先攻击微生物的细胞膜或渗透细胞质;二是对其酶起作用,脂肪醇作为凝固剂,使微生物中的蛋白质结构不可逆地变性。

(4)差别化整理技术。差别化整理赋予棉针织物一种特殊功能或多功能性。当前国际市场要求棉针织物具有的功能是:在风格上有悬垂性、湿冷感、压缩性、回弹性、平滑性、凹凸感、表面滑爽或爽挺性;在运动功能性上有衣料尺寸稳定性、伸缩性、合体性、悬垂性、抗静电性;在保健、卫生功能性上有保温性、阻燃性、通气性、吸湿性、放湿性、渗透性、吸水性、放水性、抗过敏性、抗菌性、防污和耐热性等。

(5)纳米整理技术。纳米技术是指在以纳米(nm,10^{-9})数量级度量的尺度范围内,通过操纵原子、分子、原子团或分子团,使其重新排列组合成新物质的技术。我国已有 7 条纳米材料生产线投入生产或正在研发中,具有防紫外线、抗菌防臭、保温、阻燃等功能的纳米材料投入正式生产。具有超疏水、超疏油性(双超性能)的纳米材料应用在服装面料和成衣加工中,可使衣物具有防水、防油,防尘、抗起球、易护理等特殊功能。

四、针织产品设计方法

针织产品设计的原则是实用、新颖、具有可加工性,同时能为市场接受并能给企业带来经济效益。一般的设计方法有如下三种。

1. 仿制设计 通过分析样品的外观特性、产品风格、织物组织结构、使用的原料种类和规格、织物后整理风格等,制定产品的编织工艺和后整理工艺,仿制出与样品相同或类似的产品。一般样品的来源有两种:一种是由客户提供,另一种是对流行的产品进行仿造生产。

2. 改进设计 在仿制设计的基础上,根据实际情况或自己的需要,进行工艺上的变化或采用其他原料,以赋予产品更新的特性、更好的质量,并具有更低的成本。产品的改进设计可以从以下几个方面进行。

(1)改变原料。如通过改变原料的品种和类型,可改变产品的性能和风格;通过改变原料的线密度,可改变产品的单位面积重量。这些变化最终都将改变产品的生产成本。

(2)改变工艺参数。产品的工艺参数主要包括织物的密度、线圈长度、单位面积重量、厚度等。由于针织物各工艺参数之间是有互相联系的,这些工艺参数的变化最终将改变产品的外观风格和服用性能。

(3)改变针织物组织结构。针织物的组织结构设计是针织产品设计的主要内容之一,它直接关系到产品的外观风格和性能。在仔细分析研究原有针织产品性能的基础上,可以有目的地保留或改变针织物的一些性能,使改进设计的针织产品能更好地适合于某一使用目的或使用对象。如丝盖棉织物可以采用单面的添纱组织编织而成,也可以采用在双面针织机上的上下针单面编织和集圈编织组合而成,且这种双面编织又有多种不同的组合方式。这种单双面的织物结构以及双面编织中的不同组合方式将直接影响到丝盖棉织物的厚度、两种原料的覆盖性能和针织物的成本等,但这些丝盖棉织物均具有一种共同的特征,即针织物的一面是由一种原料(丝)构成,另一面则由另一种原料(棉)构成。

(4)改变针织物的色彩和花纹图案。色彩和由色彩构成的花纹图案给人第一视觉冲击力,只改变产品的色彩和花纹图案也是改进设计中较为常用和容易做到的一种方法。在设计出一种新的产品后,可以通过改变产品的色彩和花纹图案的方式,派生设计出系列产品,以满足不同消费者对色彩及图案的要求。

(5)改变产品的性能或功能。这种改进设计,大多采用后整理或功能整理的方式,或采用引入新型纱线的方式来进行,可以弥补原有针织产品在某些性能方面的不足或增加产品的某些功能,以提升产品的附加值。随着目前新型纱线的开发和染整后整理加工工艺的不断出现,赋予织物不同功能的功能性产品也越来越多。

3. 创新设计　创新设计一般有两种方法。一种方法是根据原料的特性,选择相应的织物组织结构、编织工艺和后整理工艺,在特定的机器上编织出具有某种特性的产品,以满足人们的某种需求。另一种方法是先设计某种具有特定用途,满足某些要求的产品构思,然后分析该织物的性能特点,选择原料、织物组织结构和编织设备,制定编织工艺和后整理工艺,生产出性能各异的针织产品,从中选择质量优良,成本合适,具有市场潜力的产品。这种设计要求较高,要求设计人员具有多方面的知识和经验,需要企业投入较高的开发费用。

思 考 题

1. 通过阅读文献资料,了解针织产品的发展趋势,并以某功能性原料为例,简述该原料的特性及其在针织产品的应用。
2. 简述针织产品生产工艺流程。
3. 简述针织产品设计方法。

第一篇　圆形纬编产品设计

第一章　圆形纬编产品设计概述

> **本章知识点**
>
> 1. 纬编产品的分类。
> 2. 纬编产品的发展方向。
> 3. 圆形纬编产品设计依据、设计方法与设计内容。

第一节　纬编产品的分类与特点

一、纬编产品的分类与特点

纬编产品按照生产设备大类,总体分为圆形纬机上编织的圆形纬编产品和平形纬编机上生产的平形纬编产品,统称为纬编针织产品,简称纬编产品。产品设计分为两篇来介绍。

圆形纬编产品按照产品的最终用途可分为服饰用、装饰用和产业用三种。圆形纬编产品以服饰用为主,主要有内外衣用各种纬编织物,如在无缝内衣圆纬机上还可以生产成形服装。圆形纬编织物在装饰用和产业用领域,主要以绒类装饰和汽车内饰织物为主,少量用于家纺,其他方面的应用较少。

圆形纬编产品按照织物组织结构分为纬平针组织、罗纹组织、双反面组织、双罗纹组织等基本组织,提花组织、集圈组织、添纱组织、衬垫组织、毛圈组织、移圈组织、长毛绒组织、调线组织、绕经组织以及各种单、双面复合组织等花色组织。详细内容均在《针织学》书中描述,本书不再展开叙述。本书按照上述纬编组织结构分类,根据纬编基本组织、花色组织与复合组织形成的织物外观效应和风格不同,将圆形纬编产品分成:由三种针织基本结构单元——线圈、集圈和浮线,按一定的方式组合而成的具有不同外观效应的变换组织类产品(如单面斜纹类、灯芯条类、网孔类、凹凸类、浮线类、褶裥类和皱织物等,双面罗纹型和双罗纹型复合组织织物等)、将纱线垫放在按花纹要求所选择的某些织针上编织成圈或集圈,未被选中的织针不垫纱成圈的提花类产品、绒类产品(如衬垫、毛圈、长毛绒和其他后整理方式获得的绒类织物等)、无缝内衣类产品、通过转移线圈形成的移圈类产品、调线和绕经(吊线)类产品以及弹性织物产品等,并依此体系介绍圆形纬编产品设计。

圆形纬编产品的特点主要取决于纬编织物所用的原料种类和特性、织物组织结构以及后整理方式。总体上说,纬编织物具有手感柔软、弹性和延伸性好等特点,缺点是织物不够挺括,尺寸稳定性较差。

二、纬编产品的发展方向

近几年来,纬编产品的发展方向主要体现在以下几方面。

1. 轻薄　为了适应人们生活与工作环境的改善和穿着舒适性的要求,越来越多的针织面料采用较细的纱线和较高机号的针织机来编织。例如,圆纬机的最高已达 $E44$,横机也达到 $E18$,最轻薄的面料每平方米重量只有几十克。

2. 弹性　除了一些泳装、专业运动服等具有较高的氨纶含量和较大的弹性外,许多日常穿着的服饰加入 2% ~10% 的氨纶,使面料具有较小的弹性,主要是为了提高面料与服装的保形性,洗涤后易护理。

3. 舒适　涉及面料与服装的热湿传递性能,皮肤的触觉和对人体的压力。可以通过采用导湿、保暖等功能性纤维与纱线和针织物结构的合理设计来改善热湿传递性能。通过对纱线的前处理和织物的后整理改善与消除对皮肤的不舒适触觉,如苎麻织物和羊毛织物的刺痒感等。通过原料选配,织物结构与服装款式的优化设计,使服装对人体的压力保持在一个合理舒适的水平。

4. 功能　目前市场上的功能性面料与服装,如医疗保健、防护屏蔽、抗菌、保暖、护肤保健、吸湿排汗等,主要是借助功能性原料的研制与开发以及后整理技术来实现的。

5. 光洁　为了减少面料的毛羽和在服用过程中的起毛起球现象,改善服用性能,围绕纤维改性、纺纱技术、后整理工艺等方面开展了一系列研究并取得了一些进展。

6. 绿色环保　一些新型环保纤维正在被推广应用,完全或部分实现了加工过程无污染,用弃后可降解的环保要求。

7. 整体编织与无缝内衣　传统的针织服装加工是将面料先裁剪成衣片再缝制而成。为了提高产品的档次与整体服用性能,全成形织可穿针织毛衫和无缝针织内衣等产品正在流行。其在高档针织服装市场所占的比重正日益增加。

第二节　圆形纬编产品设计方法

一、设计依据

纬编产品的设计依据是产品用途、流行趋势、规格、原料性能和来源、设备情况等。

1. 产品用途　圆形纬编产品传统是销售成衣,所以针织产品设计以服装为主,面料为辅。设计面料时必须优先考虑服装的类型,要以最终用途作为设计依据。

2. 产品流行趋势　市场流行产品经常在变化,尤其是外销市场变化很大。因此,设计者不但要了解当时的流行情况,还要预测产品流行趋势。

3. 产品规格　产品规格主要指幅宽和单位面积重量。幅宽与服装裁剪有关,单位面积重量与成本有关,也与产品质地、风格有关。

4. 原料性能和来源 设计新产品时,要了解原料的性能、规格与物理指标、成本等,要考虑产品投产时原料的来源问题。

5. 设备情况 包括纬编针织设备、染整后加工设备和服装缝制设备。如对于纬编织造设备,在设计花色类针织产品时,还需要了解编织设备选针机构、成圈系统数、机号(针距)、总针数、最大花型范围等。

总之,针织产品的设计要设销对路,充分考虑产品的最终用途与服用性能,使经济、实用、美观相结合,创新与规范相结合,设计、生产、销售相结合。

二、设计步骤

在进行针织产品设计时,需要明确设计产品的最终用途、使用目的和使用对象。人们一般是根据产品的用途、使用目的和使用对象来确定产品的品种、类别和应具有的外观风格及性能特点。一般设计按照以下步骤进行。

1. 选择原料的种类及纱线的组合规格,充分考虑原料的性能与产品最终性能的关系。

2. 设计坯布组织结构及规格,花色图案与配色,成品款式。

3. 设计准备工序、编织工序、染整工序及成衣工序的工艺与参数。

4. 确定坯布的物理指标。

5. 进行用纱量及成本计算。

6. 制定详细的产品生产工艺流程。

三、设计方法和内容

纬编针织产品的设计与开发涉及原料的选用与组合,织物结构和花型设计与编织技术,后整理工艺,最终产品的设计与制作等各个方面,其中原料的选用与组合以及后整理工艺对产品的性能、风格、功能和质量起着越来越重要的作用。

1. 原料选用与组合 圆形纬编产品设计时,要根据产品最终用途合理选择原料。如针织内衣要求柔软、弹性和延伸性好,吸湿透气,具有一定的保温性,穿着舒适并具有保护皮肤的功能。原料选择时,考虑选择棉和具有舒适功能性的新型化纤。又如外衣,要求尺寸稳定性好,不易变形,具有一定的硬挺性,免烫性,外形美观并具有一定的风格,适宜选用合成纤维或其他新型原料。国际市场流行的针织品,选用多种天然纤维经过改性处理或经过特殊后整理工艺加工而成。混纺纱线具有多种原料优势互补的特点,提高产品的服用性能。交织类针织产品既可保持各种原料的性能,又可提高产品的档次,而且在一定程度上可降低生产成本。

2. 纬编组织结构设计 针织物组织可分为基本组织和花色组织两大类。基本组织是常用组织,各有特点。搭配好常用组织,发挥色纱和花色组织的结构特色,可以开发出丰富多彩的针织面料。同时,圆形纬编产品在组织结构设计时,要根据产品最终用途选择不同的组织结构。如内衣要求柔软、弹性好,一般选用纬平针组织、罗纹组织、双罗纹组织、提花组织等;保暖内衣要求轻薄保暖,一般选择复合组织;外衣要求挺括、尺寸稳定,保形性好,悬垂性好,有一定的弹性和柔软性,在设计时,除选用一般的花色组织外,还应充分运用各种组织特点适当搭配进行创新性设计。

3. 确定物理指标　在圆形纬编产品设计时,常规的物理指标应该达到国家标准,如强力、缩水率等。但有些物理指标要根据产品的不同要求由设计者决定,如织物的单位面积重量、坯布幅宽(门幅)、织物密度、线圈长度等。

(1)织物的单位面积重量。单位面积重量与针织机的机号有关,机号越低,可加工的纱线越粗,织物的单位面积重量也越高。一般情况下,每一种机号都有它适宜加工的织物平方米克重范围。产品要求不同,织物的单位面积重量也不同。

(2)织物的幅宽。幅宽关系到成品服装的裁剪。织物幅宽与针织机筒径、机号,织物密度、单位面积重量,纱线种类(如化纤类、天然纤维类、混纺或交织类)和纱线线密度、织物组织结构、后整理方式和工艺、环境气候等诸多因素和参数有关。因此,很难用一种公式表达,实际生产中通常按照经验估算获得。

(3)织物的密度。针织物的密度与织物组织结构、线圈长度和纱线线密度直接相关。一般情况下,已知纱线线密度(或直径)和线圈长度,可以根据经验公式来计算织物的密度。如确定平针组织密度的经验公式(棉纱)为:

$$A = 0.20l + 0.022\sqrt{Tt}$$
$$B = 0.27l + 0.047\sqrt{Tt}$$

式中:A——圈距,mm;

B——圈高,mm;

l——线圈长度,mm;

Tt——纱线线密度,tex。

确定双罗纹组织密度的经验公式为:

$$A = 3.5d \sim 4.5d$$

式中:d——纱线直径,mm,棉纱 $d = 0.039\sqrt{Tt}$。

采用棉纱时:

$$B = \frac{l - 3.6d}{4}\text{或} B = CA$$

式中:C——密度对比系数,$C = 0.8 \sim 0.95$。

(4)线圈长度。纬编针织物的线圈长度是针织物的重要参数,它与控制织物质量、改善服用性能有密切关系,越来越引起人们的重视。测量织物线圈长度通常有两种方法:实测和计算。实测法一般用于已有织物试样或在生产织物的机器上测量。计算法通常用于针织物设计和上机参数的计算,如设计弯纱深度和计算送纱速度等。常用的计算方法有以下两种。

①理论推导,通过线圈结构分析,采用平面投影、分段计算。

②建立简便的经验公式进行计算。这种公式关系源于理论,而公式中的系数来源于实

践,具有一定的现实意义。如纬平针组织线圈长度为$l = \frac{\pi}{2}A + 2B + \pi d$。

4. 选用针织设备并设计上机编织工艺 根据产品要求选择与所用织物结构和花型特点相适应的纬编针织机种类、型号以及适当的机号(针距),设计出适合的上机编织工艺。

5. 选用新型染化料和助剂 "绿色纺织品"正日益受到人们的喜爱;短流程、少污染、高效节能是今后发展方向。同时注意正确使用新的助剂,如供漂染加工用的渗透剂、助练剂、稳定剂、洗涤剂、添加剂、匀染剂、消泡剂、防皱剂、分散剂、涂料用黏合剂、染色增深剂等,以及供多种整理技术用的多种助剂,如柔软剂、硬挺剂、抗静电剂、卫生整理剂、涂层剂、水洗砂洗整理剂、起毛磨绒整理剂等。

6. 选择好后整理工艺 好的后整理工艺将提高最终产品的质量和档次。圆形纬编织物经过多种整理技术,能得到更好的手感,更好的稳定性,更好的外观和多种特殊的功能,提高产品的附加值和档次。如生物酶整理可使织物表面的纤维尖端的绒毛完全去除,织物表面光洁,纹路清晰,光滑平整,具有柔软的手感和优良的悬垂性,吸湿性好,抗起毛起球效果好。目前整理技术很多,有改善手感和外观的柔软、硬挺、碱减量、仿麻整理;有改变外观的起毛、剪毛、烧毛、轧光、轧纹等整理;有使织物具有特殊功能的防缩、防皱、防静电、吸水速干,抗起毛起球、抗菌防臭、抗静电、阻燃等整理技术。

思 考 题

1. 请以针织内衣为例,说明产品设计中应该综合考虑哪些因素?

2. 圆形纬编织物组织有哪些? 试列出它们的名称。

3. 纬编产品分哪几类?

第二章 变换组织类产品与设计

本章知识点

1. 单面变换组织类织物主要有哪些种类、各自的结构特点、性能和用途。代表性织物形成花色效应的原理、编织采用的机型以及相应上机编织工艺设计举例。
2. 罗纹型变换组织类织物主要有哪些种类、各自的结构特点、性能和用途。代表性织物形成花纹效应的原理、编织采用的机型以及相应上机编织工艺设计举例。
3. 双罗纹型变换组织类织物主要有哪些种类、各自的结构特点、性能和用途。代表性织物形成花纹效应的原理、编织采用的机型以及相应上机编织工艺设计举例。

变换组织类织物是由三种针织基本结构单元——线圈、集圈和浮线,按一定的方式组合而成的纬编花色针织物。它可以形成某些结构效应,例如网眼、条纹、起皱、空气层等;若结合纱线种类、细度和色彩等的变化,还能设计出更丰富多样具有结构和外观效应的针织产品。变换组织类产品种类较多,难以采用统一规范的命名方法,一般以织物的外观特征和结构来称呼与命名。

变换组织类产品可分为单面和双面两类。对于完全组织较小的织物,通常在单面或双面多针道圆纬机(如单面四针道、双面上二下二针道、双面上二下四针道变换三角等)上编织;若产品的不同花纹纵行数较多,即完全组织宽度较大,则需要采用机械式或电子式选针的单面或双面提花圆纬机来进行生产。而当完全组织的高度较高即横列数较多时,则需要采用路数(成圈系统)较多且适合的提花圆纬机。

本章主要介绍一些常用的和典型的圆形纬编变换组织类织物实例、产生花色效应的原理、产品的主要性能和用途以及相关的编织工艺等。

第一节 单面变换组织类织物

一、斜纹类织物

斜纹类织物一般有单斜纹、双斜纹、重斜纹、人字斜纹等几种。

(一)单斜纹织物

图 2-1 表示一种单斜纹织物结构意匠图。在完全组织内每一横列的线圈数量均为一,另有一个集圈和一针浮线。此类织物形成斜纹效应的原理是:每隔一个横列,相邻的线圈向

左或向右偏移一个纵行,结果使织物反面的集圈悬弧和浮线的排列呈现出凸起的斜条纹,即织物反面是效应面。图2-2是与图2-1相对应的线圈图,可以看出在织物反面悬弧和浮线形成的斜纹。单斜纹织物可以在单面三针道或四针道圆纬机上生产。

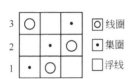

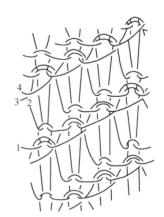

图2-1 单斜纹织物结构意匠图　　　　　图2-2 单斜纹织物线圈图

斜纹类织物还可以用字符来代表,如上述织物可表示为1/1/1。其中第一个数字表示一个完全组织中的每一横列上线圈的数量,第二、第三个数字分别代表集圈和浮线的数量。符号"/"表示右斜,"\"表示左斜。

单斜纹织物的斜纹效应不够明显,因此设计和生产中应用较少,使用较多的是双斜纹和重斜纹织物。

(二)双斜纹织物

它的特点是在一个完全组织内每一横列的线圈数量为二,其余是集圈和(或)浮线。图2-3表示一种双斜纹织物结构意匠图,也可以用字符2/1/1来表示。在4×4完全组织中,每一横列有两个线圈、一个集圈和一段浮线;且下一个横列,线圈排列向右偏移一个纵行,在织物反面形成了由集圈悬弧、浮线和沉降弧的排列而凸起的斜条纹。图2-4的线圈图清楚地反映了双斜纹的形成。

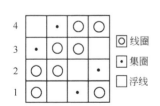

图2-3 双斜纹织物结构意匠图　　　　　图2-4 双斜纹织物线圈图

双斜纹织物具有机织哔叽织物的特点,结构紧密稳定,挺括,纵横向延伸小,抗起毛起球性好,可用作外衣、衬衣等的面料。

上述织物只有四种不同的花纹纵行,因此可以在单面四针道圆纬机上生产,需要用到四种不同踵位的织针。

图2-5表示双斜纹织物上机编织工艺图,为了便于读者加深理解,左上方是与图2-3相对应的编织图,左下方是排针图,有两种织针排列的表示方法:第一种用不同高度的竖线代表不同踵位的织针,即最高位置的竖线表示最高踵位的织针,其余依此类推,共用到了四种踵位高度不同的织针;第二种用字母 A、B、C、D(也可用数字1、2、3、4)分别代表最高、第二、第三、最低踵位的织针。实际制订上机编织工艺时,只需要选用其中一种织针排列方法即可。右下方是根据织针排列和编织图(或结构意匠图)

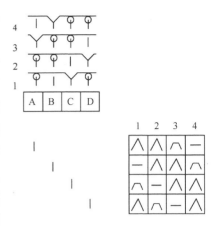

图2-5 双斜纹织物上机编织工艺图

作出的三角排列。上述双斜纹织物可采用18.5tex(32英支)棉纱在 E28 四针道针织圆纬机上编织,织物的单位面积重量为 225g/m²。也可以用16.7tex(150旦)涤纶低弹丝在 E24 四针道针织圆纬机上编织。

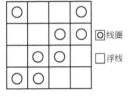

图2-6 双斜纹织物结构意匠图

图2-6表示另一种双斜纹织物的结构意匠图,用字符表示为 2/0/2。这种织物结构中没有集圈悬弧,反面主要由浮线形成的斜纹,效应不如2/1/1织物明显,质地较轻薄蓬松柔软,若原料、机型、机号同上,织物的单位面积重量为175g/m²。

(三)重斜纹织物

单斜纹或双斜纹的每一横列连续排列两次则称为重斜纹织物。图2-7表示一种重斜纹织物的编织图,用字符表示为 1/1/2 ×2。

重斜纹织物的结构更紧密厚实,反面的斜纹较粗,纵横向延伸性更小,可作外衣、休闲服、T恤衫等的面料。实例:采用19.7tex(30英支)棉纱,在 E24 单面四针道圆纬机上编织,织物的单位面积重量为 260g/m²。

(四)人字形斜纹织物

人字形斜纹是由一个左斜纹和一个右斜纹组合而成。

图2-8所示的实例为一个完全组织宽32纵行,高6横列的人字形

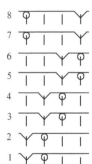

图2-7 重斜纹织物编织图

斜纹织物编织图与上机工艺图。其中第2、第4、第6横列由左斜单斜纹(1\1\1)和右斜单斜纹(1/1/1)组合而成,第1、第3、第5横列是线圈与浮线呈左斜和右斜分布。这样,6个横列组合形成了一个变化单斜纹(左斜)和一个变化单斜纹(右斜)。

尽管织物花纹宽32纵行,但是不同的花纹纵行只有3种(图中用 A、B、C 表示),因此可以在单面四针道圆纬机上编织。制订上机工艺时,字母 A 对应的纵行排最高踵位的织针,字母 B 和 C 对应的纵行分别排第二和第三踵位的织针,再根据编织图和织针排列就可以画出对应的三角排列图。

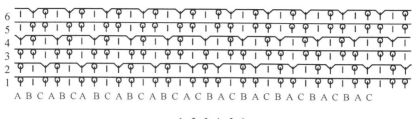

图2-8　人字形斜纹编织图与上机工艺图

采用19.7tex(30英支)棉纱,在E24单面四针道圆纬机上编织,织物的单位面积重量为195g/m²,可作T恤衫、内衣、衬衣等的面料。

二、灯芯条(纵条纹)类织物

图2-9表示双针单列交错集圈灯芯条织物的编织图和织针排列,形成灯芯条效应的原理如图2-10所示。交叉配置的双针单列集圈的悬弧跨越两个纵行,使这两个纵行处(A—A,B—B)较厚而呈现凸出的纵条;与此同时,未封闭的集圈悬弧力图伸直(如图2-9中箭头方向所示),会将与之相连的线圈向两侧推,从而使集圈悬弧与线圈相连的两个纵行之间(A与B,B与A)呈现凹进的纵条,如图2-10箭头方向所示。

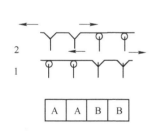

图2-9　双针单列交错集圈灯芯条

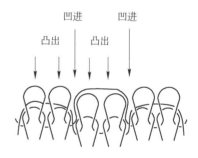

图2-10　形成灯芯条效应的原理

灯芯条织物可用来生产衬衣、T恤衫等。例如:采用16.7tex(150旦)涤纶变形丝,在E24单面四针道圆纬机上编织,织物的单位面积重量为195g/m²。

图2-11所示为另一种灯芯条结构(成圈与浮线组合灯芯条)的编织图与织针排列,织物的纵条纹外观不明显,质地较轻薄,若原料机号同上,织物的单位面积重量为165g/m²。

图2-12所示的假罗纹(1+1变化平针)也是一种纵条纹结构。在每个线圈背后的浮线将这些线圈向织物正面托起,并使与其相连的两纵行上的线圈靠近,从而形成了与1+1罗纹外观相似的纵条纹。

从灯芯条的结构可以看出,如果用两种色纱,奇偶数系统交替配置,利用集圈悬弧或浮线在织物正面不显露的特性,可以编织出彩色灯芯条织物。

三、网眼类织物

(一)集圈网眼织物

图2-13是单珠地网眼织物组织结构意匠图,产生网眼效应的原理如图2-14所示。交错配置的单针单列集圈中未封闭悬弧力图伸直,将部分纱段转移给相连的线圈,使该线圈变大变圆,从而在织物反面形成交错分布的蜂巢状网眼(小凹坑,而非通孔),织物反面是效应面。珠地网眼织物手感柔软,是制作T恤衫的常用面料。

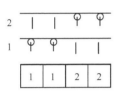

图2-11 成圈与浮线组合灯芯条   图2-12 假罗纹   图2-13 单珠地网眼织物

如采用 $18.5 \sim 28.1$ tex($21 \sim 32$ 英支)棉或涤棉纱,在 $E24 \sim E28$ 单面四针道圆纬机上编织单珠地网眼织物,织物的单位面积重量在 $150 \sim 170$ g/m² 之间。

图2-15是双珠地网眼织物的结构意匠图,由于连续两次集圈(单针双列集圈),反面的蜂巢状网眼比单珠地更为明显,织物的厚度与幅宽也增加。

变化珠地网眼织物的结构意匠图如图2-16所示,它是在单针单列集圈的基础上相间加入了平针线圈横列,织物反面的网眼效果不如双珠地网眼织物。

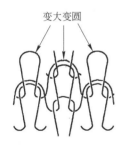

图2-14 产生网眼效应的原理   图2-15 双珠地网眼织物   图2-16 变化珠地网眼织物

(二)脱圈大网眼织物

通过选针使某些针在某一成圈系统不垫入新纱线,但正常脱圈,并在以后的成圈系统中借助针舌开启器的作用重新垫纱正常成圈,织物中某些地方造成了线圈纵行的中断,由于单面织物存在的卷边性,在线圈纵行中断处产生了大的网眼,网眼的大小与连续脱圈的针数有关。此类织物常用于女装以及装饰产品。图2-17为一块脱圈大网眼织物的实样。该织物采用19.7tex(30英支)棉纱,在E22具有选针功能和针舌开启器的单面提花圆纬机上编织,织物的单位面积重量为140g/m²。

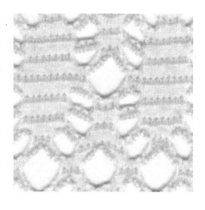

图2-17 脱圈大网眼织物

(三)粗细纱交织网眼织物

图2-18所示为粗细纱交织网眼织物编织工艺,包括一个完全组织(8纵行宽12横列高)的(a)编织图、(b)织针排列与(c)三角排列图。其中第1、第7横列采用很细的33.3dtex(30旦)无色半透明锦纶丝,其余横列为较粗的29.5tex(20英支)棉纱,在E20单面四针道圆纬机上编织,织物的单位面积重量为162g/m²,可做内衣等。

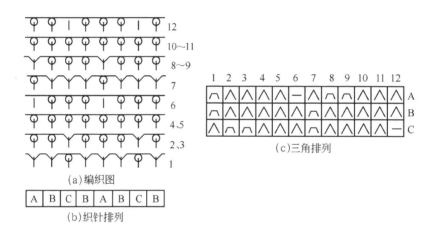

(a)编织图

(b)织针排列

(c)三角排列

图2-18 粗细纱交织网眼编织工艺

图中第1横列左起第3、第7个线圈在第2、第3横列连续两次不脱圈,被拉长变大,加之采用了很细的无色半透明锦纶丝,因此这两个线圈处呈现明显的网眼。而第1横列其余的集圈悬弧则在织物正面不显露。第7横列线圈和集圈产生的效应与第1横列相似。所以,在织物表面看到的是棉纱线圈和交错分布的网眼,粗细纱交织网眼织物效果如图2-19所示。

四、珠网形凹凸织物(菠萝丁织物)

图2-20表示菠萝丁织物意匠图。其中第1、第6横列采用77.7dtex(70旦)有色高弹锦纶丝,其余横列为16.7tex(150旦)有光涤纶长丝。菱形网格形成的线圈图如图2-21(见封二)所示,线圈A10、B5等上面各有5

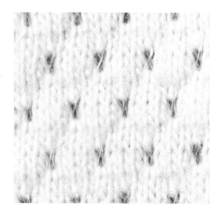

图2-19 粗细纱交织网眼织物

根集圈悬弧,其中悬弧A1,B6等拉得最紧,并呈交错配置,加上是高弹锦纶丝,所以它们呈菱形网格(菠萝丁状)排列在织物反面,形成以高弹锦纶丝为周界的凹凸效应。菠萝丁织物如图2-22(见封二)所示。菠萝丁织物可制作女内衣、衬衣、裙服等。

五、浮线花纹织物

图2-23表示一种浮线花纹织物的编织图,偶数横列连续4针的较长浮线按一定规律配置在织物反面,在反面产生了凸出于表面的斜线花纹,织物外观如图2-24所示。

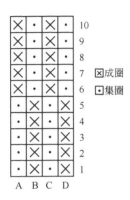

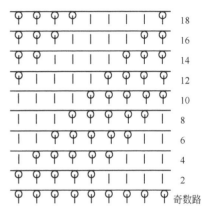

图2-20 菠萝丁织物意匠图   图2-23 浮线花纹织物编织图

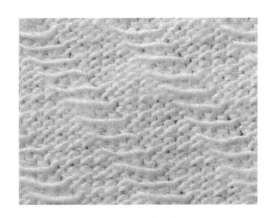

图2-24 浮线花纹织物外观

该织物有9种不同的花纹纵行,因此无法在单面四针道圆纬机上编织,但是可以在单面拨片式提花圆纬机上编织。一般拨片式选针机构有37档上下平行排列的拨片,对应的提花片也有37档齿。表2-1给出了上机工艺。需要用到9片留齿高度不同的提花片,每一片提花片保留28~36档齿(也可以是1~9档齿)中的某一档齿,并且留不同档齿的提花片按步步高(/)排列。根据提花片的排列和编织图,可以排出各个拨片式选针机构中28~36档拨片的位置。如果某一档拨片拨至中间位置,则它不作用到留同一档齿的提花片,该提花片上方的织针将正常退圈、垫纱和成圈;如果某一档拨片拨至左边位置,则它在一个成圈过程的开始阶段就作用到留同一档齿的提花片,将该提花片压入针槽,使其上方的织针不退圈,即不编织。

表2-1　单面拨片式提花圆纬机的上机工艺

选针机构（系统数）编号																			
1	2	3	4	5	6	7	8	9	10	11	12	13	14	15	16	17	18		
中	左	中	左	中	左	中	左	中	中	中	中	中	中	中	中	中	中	36	
中	左	中	左	中	左	中	中	中	中	中	中	中	中	中	中	中	左	35	
中	左	中	左	中	中	中	中	中	中	中	中	中	中	左	中	中	左	34	
中	左	中	中	中	中	中	中	中	中	中	中	左	中	左	中	左		33	拨片
中	中	中	中	中	中	中	中	中	中	左	中	中	中	左	中	左	中	32	档数
中	中	中	中	中	中	中	中	中	中	左	中	左	中	左	中	中	中	31	
中	中	中	中	中	中	中	左	中	左	中	左	中	中	中	中	中	中	30	
中	中	中	中	左	中	中	中	左	中	左	中	中	中	中	中	中	中	29	
中	中	中	左	中	左	中	左	中	左	中	中	中	中	中	中	中	中	28	

　注　中—成圈位，左—浮线位。

　　该织物奇数路采用24.7tex（24英支）棉纱，偶数路采用24.7tex棉纱加44dtex（40旦）氨纶，在 E24 单面拨片式提花圆纬机上编织，织物单位面积重量为 $195g/m^2$，可做女装、衬衣等。

六、褶裥织物

　　单面针织物产生褶裥效应的原理是：编织时某些线圈连续若干次不脱圈并且不垫入新纱线（浮线褶裥）或垫入新纱线（集圈褶裥），这些线圈被拉长抽紧，使该区域正常编织的平针线圈在织物反面产生凸起的褶裥。褶裥织物一般用于女装。

　　影响褶裥显著性的因素有线圈指数（某一线圈连续不脱圈的次数）的大小、纱线性质、织物结构等。采用低弹涤纶丝，线圈指数一般在 20~25，太小，褶裥不明显；但太大，则线圈张力过大，编织难以进行。

　　图 2-25 表示一种浮线褶裥织物结构意匠图，其中□代表成圈，□代表不编织。图中某些线圈连续16次不脱圈，即线圈指数为16。图 2-26 是该织物的外观，采用19.7tex（30英支）棉纱，在 E28 单面提花圆纬机上编织（也可在单面四针道圆纬机上编织，因为只有 3 种不同的花纹纵行，用到 3 种不同踵位的织针），织物的单位面积重量为

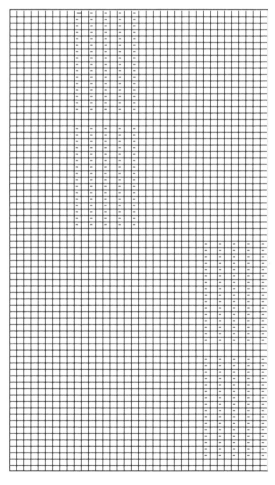

图 2-25　浮线褶裥织物结构意匠图

$200g/m^2$。

图 2 - 27 表示一种集圈褶裥织物结构意匠图，其中□代表成圈，区代表集圈，可见某些线圈连续 7 次不脱圈，即线圈指数为 7。织物的褶裥效应不如上一种显著。

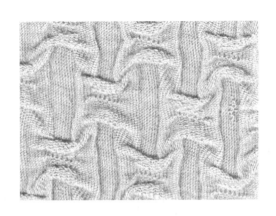

图 2 - 26 浮线褶裥织物外观

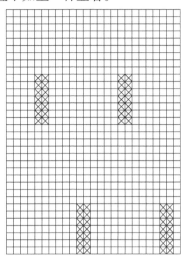

图 2 - 27 集圈褶裥织物结构意匠图

七、皱织物（仿机织乔其纱）

织物中的线圈无规则的扭曲变形，在反面形成具有分散且规律又不明显的细小颗粒状外观的起皱效应。皱织物对光线的漫反射给人以柔和的视觉，手感柔软弹性佳，贴身性好，适宜制作妇女衣裙。形成皱织物的方法有以下三种。

（一）高捻度纱

采用高捻度纱线编织平针组织，线圈因纱线捻度高欲退捻而形态不稳定，扭曲歪斜形成起皱效应。但在退绕和导纱时纱线易纽结，造成编织困难，故此法较少采用。编织前对纱线汽蒸定型可在一定程度上减小纱线纽结问题。

（二）假编纱（knit - de - knit）

假编纱生产皱织物的工艺流程为：热塑性纤维纱线→编织平针织物（拆编）→热定型→脱散（成为变形纱，即假编纱）→再编织平针织物（皱编）。

假编纱皱织物的起皱效应与参数 KDK 的值有关。

$$KDK = \frac{L_f}{L_0}$$

式中：L_f——第一次编织（拆编）时的线圈长度；

L_0——第二次编织（皱编）时的线圈长度。

对于纯涤纶织物来说，当 $KDK = 1.6 \sim 1.7$ 时起皱效应最佳。若大于或小于此数值，起皱效应将不明显甚至没有皱效应。假编纱生产皱织物的缺点是生产效率较低。

（三）组织点起皱

在平针组织的基础上，无规律地配置集圈，由于成圈与集圈组织点无规则的分布，线圈间产生不均匀受力,使之无规律扭转变形,从而形成起皱效应。为了获得较佳的皱效应,设计时应注意以下要点。

(1)集圈点的配置不能明显地呈现直条、斜纹或其他规律,尽可能地分布得无规律性。完全组织取大一些,有利于起皱效果。

(2)可将单针单列、单针双列、双针单列等集圈相互组合,并作无规律分布。

(3)避免出现成块平针区域(一般≤3×3或4×4)。

例如,图2-28表示一种组织点起皱织物结构意匠图,其中□代表成圈,▣代表集圈。一个完全组织为 B(宽,纵行)$\times H$(高,横列)$=36\times12$,不同的花纹纵行数 $B'=3$。该织物采用29.5tex(20英支)棉纱,在 $E22$ 单面提花圆纬机(或单面四针道圆纬机)上编织,织物的单位面积重量为 $175\mathrm{g/m^2}$。

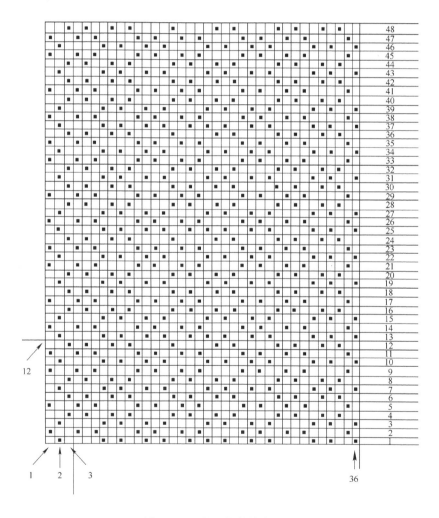

图2-28　皱织物结构意匠图

1. 在单面四针道圆纬机上编织组织点起皱织物

(1)基础单元设计。由于单面四针道圆纬机只有4种不同踵位的织针,最多只能产生4

种不同的花纹纵行,所以基础单元的不同花纹纵行数要 $B' \leqslant 4$。现取基础纵行 $B' = 3$,并确定基础单元为 $B' \times H = 3 \times 12$,再在该 $B' \times H$ 范围内按设计要点配置成圈与集圈点,结果如图2-29所示。

(2)完全组织设计。根据基础单元的纵行序号 1~3,排列一个完全组织(36×12)花纹时,先排第 1~第 3 纵行,后续纵行(第 4~第 36 纵行)的序号,在凡与基础纵行序号相同的后续纵行上配置相同的集圈点,最后检查一个完全组织中是否有不符合设计要点的地方,可对个别纵行作调整与删除。最后结果如图 2-28 所示。

(3)排列织针。基础纵行按步步低(\)排列不同踵位的针(即数字 1、2、3 分别代表最高 A、第二 B、第三 C 踵位的针),后续纵行按相同序号排列相同踵位的织针。

(4)排列三角。可以按照常规的方法,根据一个完全组织的结构意匠图(a)以及织针排列,作出三角排列。也可以用下面一种简便方法来排列三角,即将基础单元意匠图顺时针转过 90°,凡成圈点处换成成圈三角,集圈点处换成集圈三角,横列编号换成系统数编号,结果如(b)三角排列图。简便三角排列方法如图 2-30 所示。

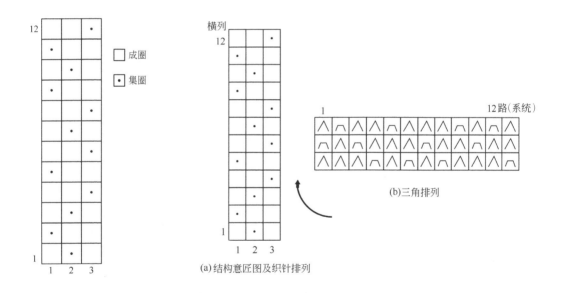

图 2-29 基础单元设计

图 2-30 简便三角排列方法

如果基础纵行按步步高(/)排列不同踵位的针,此时应将基础单元意匠图逆时针转过 90°,并按上述的简便方法来排列三角。

如果机器的成圈系统数超过完全组织的高度 H(例如 48 路),其余的成圈系统按照上述方法重复排列。

2. 在单面提花圆纬机上编织组织点起绉织物 提花物圆纬机简称提花圆机,以拨片式单面提花圆机为例,说明组织点起绉织物设计方法。

(1)基础单元与完全组织设计。与单面四针道圆纬机完全相同,绉织物只有 3 种不同的花纹纵行。

(2)排列提花片。基础纵行按步步低(\)排列留不同档齿的提花片(纵行号1、2、3分别对应自上向下数起留第36、第35、第34档齿的提花片),后续纵行按相同序号排列留相同档齿的提花片。

(3)设置各个拨片选针机构的各档拨片位置。将基础单元意匠图顺时针转过90°,凡成圈点处该档拨片置于中间,集圈点处该档拨片置于右边,横列编号换成系统数编号(即拨片式选针机构编号),拨片的设置结果如表2-2所示。由于针筒中只排列了留第36、第35、第34档齿的提花片,所以各拨片式选针机构中第1~第33和第37档拨片的位置对于编织没有影响。

表2-2 拨片的设置

选针机构(系统数)编号												
1	2	3	4	5	6	7	8	9	10	11	12	
中	右	中	中	右	中	中	中	右	中	右	中	36
右	中	右	中	中	中	右	中	中	右	中	中	35
中	中	中	右	中	右	中	右	中	中	中	右	34

右侧合并列:拨片档数

注 中—成圈位,右—集圈位。

也可以在一个完全组织宽度内,按步步低(\)排列留第1~第36档齿的提花片。此时应将完全组织的意匠图顺时针转过90°,并按上述的简便方法来设置拨片。

前一种方法提花片排列较费时,但拨片配置较简单(每一选针机构只需配置3档拨片)。后一种方法则相反,提花片排列较简单(按步步低法排),但每一选针机构需设置36档拨片。

如果机器的成圈系统数超过完全组织的高度 H,其余的成圈系统的拨片选针机构按照上述方法重复设置。

第二节 双面变换组织类织物

此类产品可分为罗纹型和双罗纹型织物两类,对应的圆纬机也分为以下两类。

1. 常用罗纹型配置圆纬机(上下针槽交错)

(1)普通罗纹机(上针盘1针道下针筒1针道,简称上1下1针道;一般三角可变换,即可在成圈、集圈、不编织三种状态中选择与变换)。

(2)多针道机(上2下2针道、上2下4针道,三角可变换)。

(3)提花机(上2针道三角可变换,下针选针)。

2. 常用双罗纹型配置圆纬机(上下针槽相对)

(1)棉毛机(即双罗纹机,上2下2针道,一般三角可变换)。

（2）多针道罗纹配置与双罗纹配置互换机（上2下2针道、上2下4针道,三角可变换）。

一、罗纹型织物

（一）两面派织物（又称双层织物、丝盖棉织物等）

采用两种不同的原料、细度、色彩的纱线分别在上下两个针床上成圈,另利用集圈在织物表面不显露的特性,靠集圈将上下两个针床上线圈连接起来使之成为一体的两面可具有不同的性能和外观等效应织物,称为两面派织物,又称双层织物、丝盖棉织物等,可制作内衣、外衣、运动服等。涤盖棉即是典型的产品。

1. 普通两面派织物 图2-31表示一种简单涤盖棉织物,两路即可编织一个完全组织上面一排方格表示针盘针,下面一排方格表示针筒针,上下方格交错对置表示实际的上下织针交错排列。这里用不同数字（或字母）代表不同踵位的针,其中数字1（或字母A）表示最高踵位的织针,数字2（或字母B）表示第二高踵位的织针,依此类推。也可以用不同长度或高度的竖线代表不同踵位的针。根据编织图和织针排列做出三角排列图。

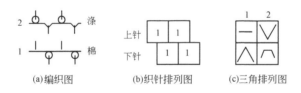

图2-31 简单涤盖棉

图2-32表示一种三路编织两面派织物。需要三路编织一个完全组织,两面分别为锦纶和羊毛线圈;而涤纶由于在上下针集圈故,在织物两面都不显露。

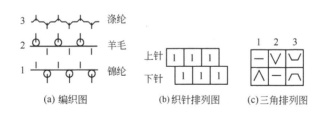

图2-32 三路编织两面派织物

图2-33表示一种六路涤盖棉织物。采用的原料为14.1tex（42英支）棉和111dtex（100旦）涤纶,六路编织一个完全组织。在$E28$双面上2下2（2+2）针道圆纬机上编织,图中A、B分别代表针筒与针盘的高踵针和低踵针以及高档和低档三角。织物的单位面积重量为

$195g/m^2$,可做外衣或运动服。

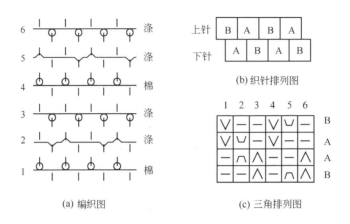

(a) 编织图   (c) 三角排列图

图 2-33 六路涤盖棉织物

2. 提花两面派织物 图 2-34 为一种提花涤盖棉织物的部分编织图,其中第 1、第 2、第 5、第 6 路根据花型意匠图选择下针编织,形成正面花型(局部),第 4、第 8 路由上针编织织物反面,第 3、第 7 路的集圈将正反面连为一体,一个完全组织所需的路数主要取决于正面花型的大小。该织物在 E28 双面提花圆机(上针 2 针道,下针选针)上编织,织物的单位面积重量为 $155g/m^2$,可做外衣面料。

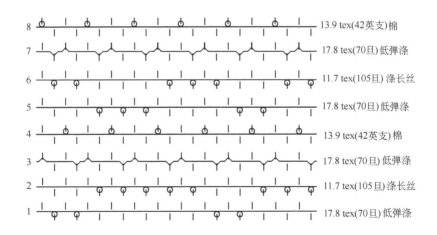

图 2-34 提花涤盖棉织物

根据两面派织物的最终用途,原料的选择与配置通常有两种。一种是织物外层采用化学纤维,如涤纶等;织物内层采用天然纤维,如棉等。这种面料外层耐磨挺括,内层柔软舒适,可作外衣、校服、外穿运动服等。另一种是内层采用疏水性化学纤维,如丙纶、涤纶等;外层采用亲水性天然纤维,如棉等。这种面料适宜作贴身穿运动服、T 恤衫、内衣等。借助内层疏水性纤维的毛细管芯吸效应,可将人体表面的汗水向外层传导,而外层亲水性纤维有利于迅速吸收内层传导的汗水并扩散和蒸发,这样使皮肤保持干燥。

(二)粗细针距织物

织物结构为两面派类型,但下针筒的针距是上针盘的一倍甚至几倍,下针采用较粗的纱线而上针采用较细纱线编织,结果织物正面(下针编织)的横密(甚至纵密)要小于反面(上针编织)。织物正面呈现粗犷的纵条,反面较平滑细密。此类织物可制作外衣、休闲服、内衣等产品。

图2-35为一种1∶2粗细针距织物编织工艺,正反面横密比为1∶2,纵密比为1∶1,在E20(针盘)/E10(针筒,☒代表抽针)双面多针道圆纬机上编织,织物的单位面积重量为270g/m²。

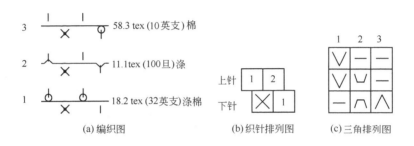

图2-35　1∶2粗细针距织物

图2-36为一种1∶4粗细针距织物编织工艺,正反面横密比为1∶4,纵密比为1∶2,在E16(针盘)/E4(针筒)双面多针道圆纬机上编织,织物的单位面积重量为200g/m²。

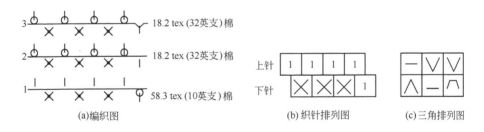

图2-36　1∶4粗细针距织物

(三)集圈织物

1. 华夫格　此织物由于两面具有华夫饼干表面那种凹凸小方格外观而得名。图2-37所示为一种六路华夫格织物编织图和排针图以及形成花纹效应的原理。一个完全组织由六路完成。在纵行方向每3针中抽去1针(用符号×代表),抽针处产生凹条,另2针成圈和集圈处形成凸条;在横列方向由于集圈悬弧力图伸直将转移纱段给与其相连的线圈使后者变大,从而使这两个横列凸出,全部成圈的那个横列的线圈相对较小因而凹进。这样在织物任

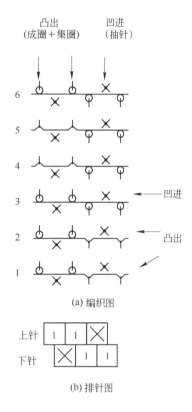

(a) 编织图

上针 | 1 | 1 | ⊠ |
下针 | ⊠ | 1 | 1 |

(b) 排针图

图 2-37　六路华夫格织物编织图

何一面都呈现凹凸小方格外观。

图 2-38 所示为华夫格织物外观,它采用 49.2tex(12 英支)棉纱,在 E10 罗纹机或双面多针道圆纬机上编织,织物单位面积重量为 270g/m²,可制作内衣或休闲服。

图 2-39 所示为一种八路华夫格的实例。一个完全组织八路,由于连续 3 路在上针或者下针集圈,所以织物的凹凸效应比六路华夫格要明显。它采用 28.1tex(21 英支)棉纱,在 E20 罗纹机或双面多针道圆纬机上编织,织物的单位面积重量为 290g/m²。

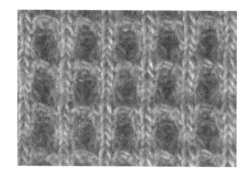

图 2-38　华夫格织物外观

2. 蜂窝布　图 2-40 所示为一种蜂窝布编织工艺,某些下针未封闭的集圈悬弧力图伸直,会将与之相连的上针线圈向两侧推,使它们之间产生蜂巢,蜂巢的长度与连续集圈次数

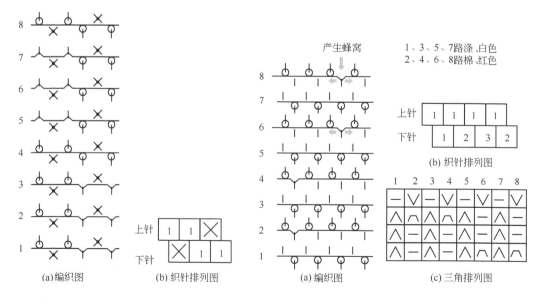

图 2-39　八路华夫格织物编织图

图 2-40　蜂窝布编织工艺

图 2-41　蜂窝布织物照片

成正比。另由于上下针线圈之间仅靠集圈连接，因此该织物还具有两面派效应，如图配置纱线，则下针编织的一面为白色涤纶线圈，上针编织的一面为红色棉纱线圈。

图 2-41 为蜂窝布织物照片，它采用 14.8tex 棉纱和 20tex 涤纶中空纱，在 E24 的双面 2＋4 针道圆纬机上编织，织物单位面积重量为 190g/m²，可制作外衣等。

(四)皱纹织物

图 2-42 所示为一种皱纹织物编织工艺，下针每路编织一个线圈横列，而上针两路才编织一个线圈横列，即下针编织的正面横列数是上针编织的反面横列数的一倍；而且正面每隔 9 个横列才与反面通过集圈连接一次，每 10 针中只有 1 针连接，正反面之间连接点少，未连接区域成架空状；织物下机后织物反面收缩，从而使正面呈现皱纹状外观。

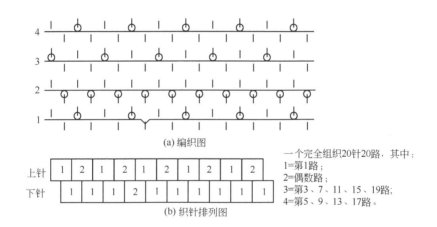

(a) 编织图

上针　| 1 | 2 | 1 | 2 | 1 | 2 | 1 | 2 | 1 | 2 |

下针　| 1 | 1 | 1 | 2 | 1 | 1 | 1 | 2 | 1 | 1 |

一个完全组织20针20路，其中：
1=第1路；
2=偶数路；
3=第3、7、11、15、19路；
4=第5、9、13、17路。

(b) 织针排列图

图 2-42　皱纹织物编织工艺

该织物采用 60dtex 腈纶和 22dtex 氨纶(奇数路)，76dtex 涤纶(偶数路)，在 E28 双面 2＋2 针道圆纬机上编织，织物单位面积重量为 345g/m²，可制作外衣等。

(五)绗缝织物

1. 通过线圈形成绗缝　图 2-43 表示一种绗缝织物编织工艺。在上下针分别进行单面编织而形成的夹层中衬入不参加编织的纬纱(第2、第6路，也可以不衬入纬纱，但绗缝效果不如前者)，然后由双面编织中下针选针成圈形成具有一定图案且连接正反面的绗缝。该菱形图案花宽25纵行，花高40横列，编织时第4、第8、第12、…、第156、第160行，通过下针选针形成绗缝花纹。

图 2-44 是该绗缝织物的外观，在 E24 带衬纬导纱装置的双面提花圆机上编织，织物单位面积重量为 230g/m²。

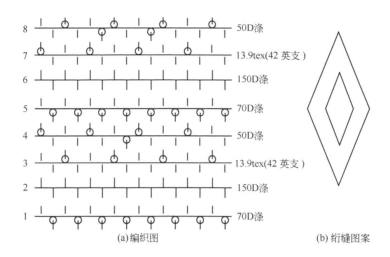

8	50D涤
7	13.9tex(42 英支)
6	150D涤
5	70D涤
4	50D涤
3	13.9tex(42 英支)
2	150D涤
1	70D涤

(a)编织图　　　　　　　　(b) 绗缝图案

图 2－43　绗缝织物编织工艺

2. 通过集圈形成绗缝　将上例的双面编织行中的下针选针成圈改为根据花型选针集圈,其他组成与前面的基本相同,形成的绗缝一般带有孔眼。图 2－45 是集圈连接绗缝织物的一个实例(又称柔软棉毛布),表面有曲折形带孔眼的绗缝。

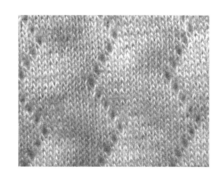

图 2－44　绗缝织物外观　　　　　　图 2－45　集圈连接绗缝织物

绗缝织物在夹层中储存较多的空气,故保暖性好,厚实丰满,正反面可由不同原料编织,衬纬纱常用低弹涤纶丝,以增加织物的弹性。该织物适宜制作保暖内衣、运动服、外衣、装饰产品等。

二、双罗纹型织物

(一)两面派织物

形成两面派的原理与罗纹型两面派织物相同，但双罗纹型两面派织物较为密实，覆盖性能较好，常用做外衣、运动服等。

图2-46表示一种常用的双罗纹型两面派结构，称之为健康布。它与罗纹型变换类织物排针的不同在于，表示针盘针的上面一排方格与表示针筒针的下面一排方格对置，即上下织针相对排列。

图2-47表示一种仿麂皮织物，在E24棉毛机上编织。其下针采用110dtex聚酯弹性纤维(PTT)，使织物具有较好的弹性；上针及其连接下针的采用110dtex涤锦海岛丝和77dtex涤纶高收缩丝，织物经过后整理和磨毛处理，涤锦海岛丝会分离成超细纤维，涤纶高收缩丝在收缩后提高了织物密度，因此在上针编织的一面形成了细密的绒毛，呈仿麂皮外观。

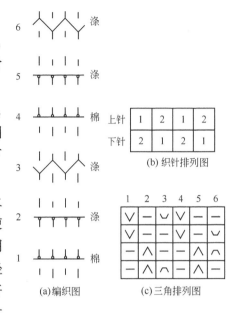

图2-46　健康布

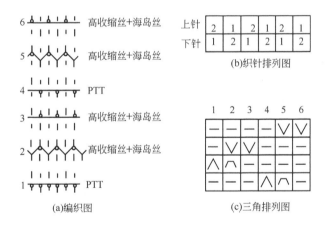

图2-47　仿麂皮织物

(二)粗细针距织物

图2-48表示一种双罗纹型粗细针距织物，它比罗纹型粗细针距织物紧密，横向延伸性要小。图中符号×表示抽针，织物正反面横密比与纵密比均为1∶2，在E16(针盘)/E8(针筒)双罗纹型多针道圆纬机上编织，织物的单位面积重量为180g/m²。该织物正面经过磨毛后整理，可制作外衣、休闲服等。

(三)横楞(横向凹凸条)织物

图2-49表示横楞织物的编织工艺图。其中第1、第2路编织一个完整的双罗纹线圈横列；从第3～第12路，上针在第3路编织一个反面线圈横列，下针每2路编织一个

正面线圈横列共4.5个横列,正面线圈横列数明显多于反面线圈横列数,而且正反面线圈之间没有联系,因此这部分正面线圈横列呈现凸出横条,而双罗纹线圈横列则呈现下凹横条。

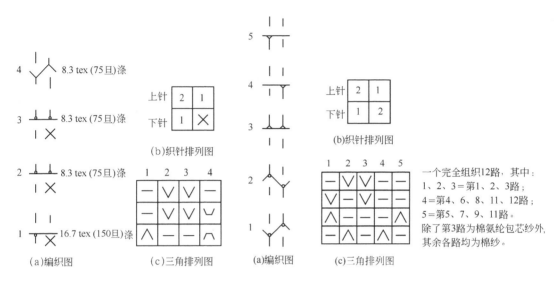

图2-48 双罗纹型粗细针距织物   图2-49 横楞织物

该织物采用19.7tex(30英支)棉纱和17.4tex(34英支)棉包氨纶纱,后者可增加织物的弹性,在E20带变换三角的双罗纹机上编织,织物的单位面积重量为320g/m²,可制作外衣、休闲服等。

(四)纵向条纹网眼织物

图2-50表示纵向条纹网眼织物编织工艺。其中上下针抽针处(符号×)在织物两面形成了纵向凹条纹,上下针编织与集圈处形成了纵向凸条纹;与此同时,第2路上针线圈连续两次集圈(不脱圈),使该线圈拉长变大,从而在凹条纹中呈现网眼效应。

图2-51是纵向条纹网眼织物的外观,其采用19.7tex(30英支)双股棉纱,在E20带变换

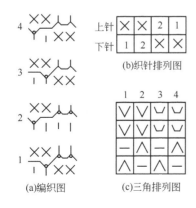

图2-50 纵向条纹网眼织物编织工艺

图2-51 纵向条纹网眼织物照片

三角的双罗纹(棉毛)机上编织,织物的单位面积重量为 $240g/m^2$,可制作内衣、T 恤衫等。

(五)间隔织物

它是由两个表面层和中间的间隔纱连接构成,间隔纱通常采用抗弯曲刚度较高的涤纶或锦纶单丝,因此能够将两个表面层撑起隔开,形成了具有一定厚度的储存较多空气的中间层。两个表面层的间隔距离即织物的厚度,可以在编织时通过调整圆纬机中针盘与针筒的垂直距离(筒口距)来改变。纬编间隔织物的结构特点和间隔纱的特性决定了它具有良好的抗压缩、透气、透湿、保暖、隔音、减震等性能。根据这些优点,可以开发出许多产品,例如新型针织服用材料、褥垫类产品、保温材料、医用产品等。

根据连接纱连接两个表面层方式的不同,间隔织物有以下几种常用结构(这里规定下针编织的一面作为织物的正面,上针编织的一面作为织物的反面)。

1. 连接纱在针盘针及针筒针上同时集圈　图 2-52 编织图表示六路形成一个完全组织:在第 2 路和第 5 路,反面用纱在针盘高踵针(或低踵针)上成圈;在第 3 路和第 6 路,正面用纱在针筒高踵针(或低踵针)上成圈;在第 1 路和第 4 路,连接纱在针筒和针盘的高踵针(或低踵针)上集圈,将正反两个表面层连接起来,形成整体的间隔织物。由于在完全组织中,每根织针都只成圈一次,所以织物两个表面平整。

2. 连接纱在针盘针添纱和针筒针集圈　由四路形成一个完全组织,编织图如图 2-53 所示。在第 1 路和第 3 路,反面用纱在针盘高踵针(或低踵针)上成圈。在第 2 路和第 4 路,正面用纱在针筒高踵针(或低踵针)上成圈。在第 1 路和第 3 路,连接纱在针盘高踵针(或低踵针)上成圈(添纱)、针筒高踵针(或低踵针)上集圈,将正反两个表面层连接起来。编织时需要采用具有双眼的特殊导纱器以使两根纱线在同一系统编织(第 1 路和第 3 路)。

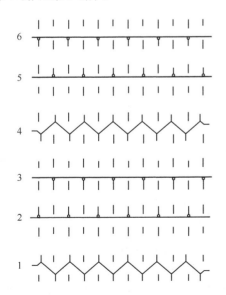

图 2-52　连接纱在针盘针和针筒针上同时集圈

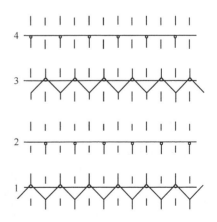

图 2-53　连接纱在针盘针添纱和针筒针集圈

3. 连接纱在针盘针添纱和针筒针集圈(凹凸效应) 图 2-54 所示编织图中,一个完全组织由八路形成。在第 1、第 3、第 5、第 7 路反面用纱在针盘的高踵针(或低踵针)上成圈。在第 2、第 4、第 6、第 8 路正面用纱在针筒高踵针(或低踵针)上成圈。连接纱在针盘的高踵针(或低踵针)上成圈,在针筒的高踵针(或低踵针)上集圈,将正反两个表面层连接起来。这种结构高踵针在第 2、第 4 路及低踵针在第 6、第 8 路在同一根针上成圈两次,可以产生凹凸效应及彩色效应。同一根针两次成圈还可减小漏针的危险。此外这种织物尺寸稳定,同时改善了弹性回复性。

4. 连接纱在针盘添纱和针筒集圈(减少集圈次数) 编织图如图 2-55 所示,也是由八路产生一个完全组织。上述的基本原理同样适用,但它有两个特点。

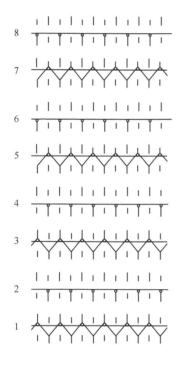

图 2-54 连接纱在针盘添纱和
针筒集圈(凹凸效应)

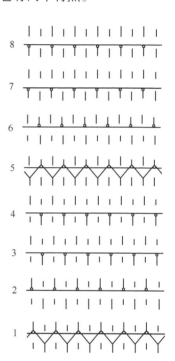

图 2-55 连接纱在针盘针添纱和针
筒针集圈(减少集圈次数)

(1)连接纱只在每隔三路才进行一次双面编织(第 1 路和第 5 路),从而减少了连接纱的耗用。

(2)一隔一针单面编织的系统,在针筒或针盘相同踵位的针上连续两路成圈,以产生凹凸或彩色浮线效应。

例如:一个间隔织物的编织图如图 2-54 所示。其中第 1、第 4 路采用 33dtex 涤纶单丝,第 2、第 5 路采用 70dtex/72f 涤纶加 33dtex 氨纶,第 3、第 6 路采用 78dtex/48f 锦纶加 33dtex 氨纶。在 E32 带变换三角的棉毛机或者双面多针道圆纬机上编织,织物的单位面积重量为 410g/m²,厚度 3.12mm。由于上下两个表面层都加有氨纶,所以织物表层较紧密,整体弹性和恢复性良好。该织物经热压定型可制作文胸,以及坐椅垫、医用褥垫等产品。

掌握了成圈、集圈、浮线的特点及其组合的规律、各种原料的性能、有关针织机的结构与编织原理,就可以设计出各种各样的变换组织类花色织物。

思 考 题

1. 圆形纬编斜纹类织物有哪几种? 其结构、性能和编织工艺有何不同?

2. 圆形纬编形成单面网眼织物有哪几种方法? 其结构、性能和编织工艺有何不同?

3. 圆形纬编纵条纹织物、菠萝丁织物、浮线花纹织物、褶裥织物形成花色效应的原理和设计与编织方法。

4. 圆形纬编形成皱织物有哪几种方法? 组织点起皱织物的设计要点、针织机型的选用以及相应的上机编织工艺。

5. 圆形纬编两面派织物有哪几种? 其结构、性能和编织工艺有何不同? 原料选用有何要求?

6. 圆形纬编利用集圈可以使双面变化组织类织物产生哪些结构和花色效应?

7. 圆形纬编间隔织物的常用结构哪几种? 可以产生什么效应? 原料选用、编织工艺以及改变织物厚度的方法。

第三章 提花类产品与设计

● **本章知识点** ●

1. 单面提花织物的种类、结构特点和用途、形成花纹效应的原理与方法、原料和采用的机型以及相应上机编织工艺。

2. 双面提花织物的种类、结构特点和用途、形成花纹效应的原理与方法、原料和采用的机型以及相应上机编织工艺。

3. 胖花织物的种类、结构特点和用途、形成花纹效应的原理与方法、设计时应考虑的因素、原料和采用的机型以及相应上机编织工艺。

提花类产品广义上指将纱线垫放在按花纹要求所选择的某些织针上编织成圈或集圈，未被选中的织针不垫纱成圈，所形成的一种纬编花色织物。它可以由线圈和浮线两种针织基本结构单元组成，也可以包含线圈、集圈和浮线三种基本结构单元。

圆形纬编提花类产品一般分为单面提花织物、双面提花织物和胖花织物三类。采用不同颜色纱线编织赋予织物色彩花纹图案，通过结构设计和配置不同种类、性质与细度的纱线，形成结构花型、凹凸、网眼等效应。提花类产品除了一些完全组织较小的可以在多针道（变换三角）圆纬机上编织外，通常需要采用机械式选针装置（如拨片式、推片式、插片式、提花轮式等）或电子式选针装置的单面或双面提花圆机来进行生产。

第一节　单面提花织物

纬编单面提花织物可以分为结构不均匀与结构均匀两类，又有单色、双色和多色提花之分。

一、结构不均匀单面提花织物

结构不均匀单面提花织物的特征是，在一个完全组织的各个纵行中的线圈数量不相等，各个线圈的大小不相同。图 3-1 表示一结构不均匀单面提花织物的结构意匠图，其中□表示成圈，日表示不编织，一个完全组织宽度和高度都是 36，可见各个纵行中的线圈数量不相等。

该织物采用的原料为 9 路（横列）一个循环：第 1～第 4 路 167dtex 黑色醋酸丝加 33dtex 氨纶（意匠图中用 L 表示加氨纶），第 5～第 9 路 167dtex 白色醋酸丝。在 E28 拨片式单面提花圆机上编织，织物的单位面积重量为 180g/m²。制定上机编织工艺时，可按步步低（＼）排列留第 1 ~ 第 36 档齿的提花片,并将完全组织的意匠图顺时针转过 90°,凡成圈点处换成拨片设置在中间位置,不编织点处换成拨片设置在左边位置,横列编号换成路(系统)数编号即可。

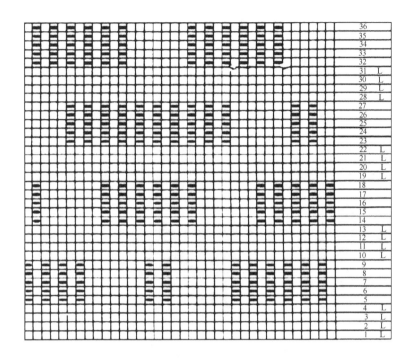

图 3-1 结构不均匀单面提花织物意匠图

图 3-2 显示了该织物的外观,它不仅有黑白两色的花纹图案,而且由于线圈结构的不均匀和氨纶丝的引入,使线圈横列弯曲并有凹凸感,可制作女衬衣、裙服等。

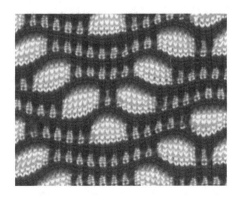

图 3-2 结构不均匀单面提花织物外观

二、结构均匀单面提花织物

结构均匀单面提花织物是指每枚织针在给定的纱线配置循环周期内只成圈一次,

并将某种纱线编织成一个线圈,其特征是在一个完全组织的各个纵行中的线圈数量相等,各个线圈的大小基本相同。在设计和编织结构均匀单面提花织物时,主要采用以下方法。

(一)采用不同颜色纱线形成花纹图案

图3-3显示了一种织物的结构意匠图,一个完全组织宽度36纵行,高度24横列。其中奇数路喂入色纱1(符号□),偶数路喂入色纱2(符号■),即纱线配置循环周期为2,每2路编织一个完整的线圈横列,一个完全组织需要用到48路。

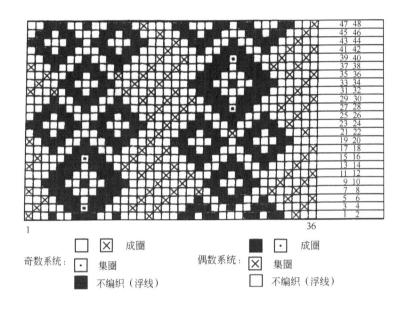

图3-3　结构均匀提花织物意匠图

当一种色纱的线圈在一个横列上连续排列较多时,另一种色纱则会在这些线圈的反面形成长的浮线,导致穿着时织物易勾丝,影响到服用性能。为此在设计和编织时引入了集圈,如图中的"⊠"和"⊡"符号(在奇数系统,"⊠"与"□"表示成圈,而在偶数系统,"⊠"表示集圈。同样原理,在偶数系统,"⊡"与"■"表示成圈,而在奇数系统,"⊡"表示集圈),利用集圈将长浮线锁在织物中,使织物反面的浮线长度不超过3个线圈纵行。图3-4给出了与图3-3第2横列左起第1~第16纵行相对应的编织图,由于集圈悬弧在织物正面不显露的特性,在正面看到的只是两种色纱线圈构成的图案。

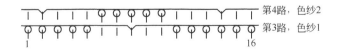

图3-4　结构均匀提花织物局部编织图

该织物采用两种颜色的50tex×2(20公支/2)毛腈混纺纱,在E8拨片式(或推片式、插片式等)单面提花圆机上编织,织物的单位面积重量为280g/m²,可制作毛衫、休闲服等。下面以拨片式和推片式单面提花圆机编织为例,说明上机工艺的制定。

1. 采用拨片式单面提花圆机　如图3-3所示织物的完全组织宽度为36纵行,因此可以按步步高(／)排列留第1~第36档齿的提花片,并根据简便三角排列方法和原理,将完全组织的意匠图逆时针转过90°,凡成圈点处换成拨片置于中间位置,集圈点处换成拨片置于右边位置,不编织点处换成拨片置于左边位置,横列编号换成路(系统)数编号即可。例如表3-1给出了编织第1、第2横列(第1~第4成圈系统)第1~第36档拨片的位置,其余拨片式选针装置各档拨片的设置原理相同。

表3-1　拨片的设置

拨片档数	拨 片 位 置			
	第1系统	第2系统	第3系统	第4系统
36	中	左	中	左
35	中	左	中	右
34	中	右	中	左
33	中	中	中	左
32	左	中	中	左
31	左	中	左	中
30	中	左	左	中
29	左	中	左	中
28	左	中	中	左
27	中	左	中	中
26	中	左	中	中
25	中	左	中	左
24	左	中	中	左
23	左	中	左	中
22	中	左	左	中
21	左	中	左	中
20	左	中	中	左
19	中	左	中	左
18	中	左	中	左
17	中	左	中	左
16	中	右	中	左
15	中	左	中	左
14	中	左	中	右
13	中	左	中	左
12	左	中	中	左
11	中	左	中	左
10	中	左	左	中
9	左	中	左	中
8	左	中	右	中
7	左	中	左	中
6	中	左	中	中
5	中	左	中	左
4	左	中	中	左
3	中	左	中	左
2	中	左	中	右
1	中	右	中	左

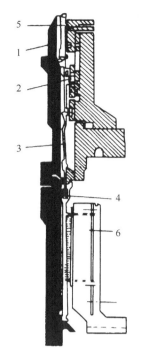

图 3-5 推片式提花机编
织选针机件配置

2. 推片式提花圆机的编织 选针机件的配置和选针原理在许多方面与拨片式提花圆机相似,图 3-5 显示了该机编织与选针机件的配置,在针筒 1 的同一针槽中自上而下安插了织针 2,挺针片 3 和提花片 4,5 是双向运动沉降片。提花片 4 上面有 39 档不同高度的齿,每片提花片只保留某一档齿,其余齿钳去。每一推片式选针装置 6 上面有两列彼此平行排列的推片。每列上的推片数均为 39,且各片的高度与提花片上的 39 档齿一一对应。自下向上第 1~第 37 档齿用于自由选针,而第 38 和第 39 档齿只用于快速设置编织基本的针织结构。每一档推片可以有进(靠近针筒)和出(离开针筒)两个位置。

选针原理如图 3-6 所示。若针筒沿箭头方向转动,则根据同一高度(档)左右两推片的进出位置,可以将织针选至成圈,集圈和不编织三个位置。如果某一档左右两推片 1 和 2 均出(图中 A),则留同一档齿的那片提花片 3 的片齿 4 不被推片压入针槽,由于提花片的上端与挺针片的下端呈相嵌状,所以挺针片片踵也不被压入针槽,这样挺针片可以沿挺针片三角上升到完全高度,从而将其上面的织针向上推至退圈位置,使织针正常成圈。如果某一档推片左出右进(图中 B),则留同一档齿的那片提花片在经过

左推片时不被压入针槽,在它上面的挺针片可沿挺针片三角上升至一定高度。当该提花片运动至右推片位置时被压进针槽,使挺针片片踵没入针槽,不再继续上升,因此其上面的织针只上升到集圈高度进行集圈编织。如果某一档推片左进右出(图中 C),则留同一档齿的提花片一开始就被压进针槽,使挺针片片踵被压进针槽,挺针片不能上升,从而其上面的织针不上升即不编织形成浮线。

在设计制定推片式提花圆机上机编织工艺时,也可以按步步高(/)排列留第 1~第 36 档齿的提花片,并将完全组织的意匠图逆时针转过 90°,凡成圈点处换成推片"左出右出",集圈点处换成推片"左出右进",不编织点处换成推片"左进右出",横列编号换成路(系统)数

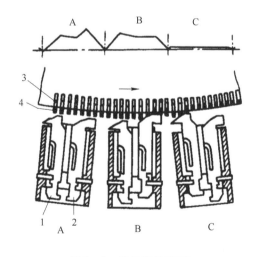

图 3-6 推片选针原理

编号。例如,表 3-2 给出了编织第 1、第 2 横列(第 1~第 4 成圈系统)第 1~第 36 档推片的设置,其余推片式选针装置各档推片的设置原理相同。实际操作时,可借助于专用电子控制装置来设置推片的进出。

表3-2 推片的设置

推片档数	第1系统		第2系统		第3系统		第4系统	
	左推片	右推片	左推片	右推片	左推片	右推片	左推片	右推片
36	出	出	进	出	出	出	进	出
35	出	出	进	出	出	出	出	进
34	出	出	出	进	出	出	进	出
33	出	出	进	出	出	出	进	出
32	进	出	出	出	出	出	进	出
31	进	出	出	出	进	出	出	出
30	出	出	出	出	进	出	出	出
29	进	出	出	出	出	出	出	出
28	进	出	出	出	出	出	进	出
27	出	出	进	出	出	出	进	出
26	出	出	进	出	进	出	出	出
25	出	出	进	出	进	出	出	出
24	进	出	出	出	出	出	进	出
23	进	出	出	出	进	出	出	出
22	出	出	进	出	进	出	出	出
21	进	出	出	出	进	出	出	出
20	进	出	出	出	出	出	出	出
19	出	出	进	出	出	出	进	出
18	出	出	进	出	出	出	进	出
17	出	出	进	出	出	出	出	进
16	出	出	出	进	出	出	进	出
15	出	出	进	出	出	出	出	进
14	出	出	进	出	出	出	出	进
13	出	出	进	出	出	出	进	出
12	进	出	出	出	出	出	出	出
11	出	出	出	出	出	出	出	出
10	出	出	出	出	进	出	出	出
9	进	出	出	出	进	出	出	出
8	进	出	出	出	出	进	出	出
7	进	出	出	出	进	出	出	出
6	出	出	进	出	出	出	出	出
5	出	出	进	出	出	出	进	出
4	进	出	出	出	出	出	进	出
3	出	出	进	出	出	出	进	出
2	出	出	进	出	出	出	出	进
1	出	出	出	进	出	出	进	出

(二)采用不同原料纱线形成花纹图案

图3-7显示不同原料纱线结构均匀提花织物意匠图,一个完全组织宽度72纵行,高度36横列。由于花型左右对称,所以只给出了一半的意匠图。每2路编织一个完整的线圈横列,一个完全组织需要用到72路。其中奇数路喂入的第一种纱线(⊡和□)为6.6dtex锦纶,偶数路喂入的第二种纱线(⊠)为98.4dtex(60英支)棉加44dtex氨纶。由于织物中第一种

纱线很细,成圈处形成了网眼稀薄区域,从而使第二种较粗纱线的线圈(図)产生了密实的花纹图案,其外观如图3-8所示。

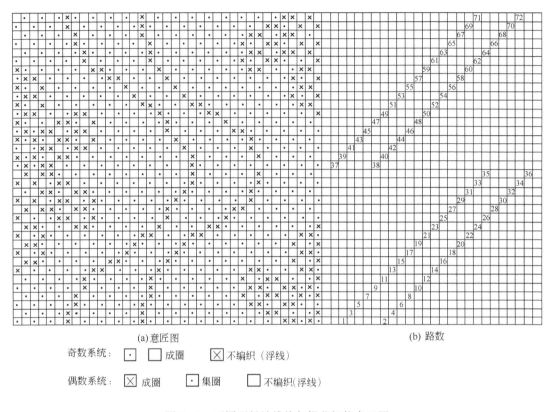

(a) 意匠图　　　　　　　　　　　　　　　　　　　(b) 路数

奇数系统:　·　□ 成圈　　区 不编织(浮线)

偶数系统:　区 成圈　　· 集圈　　□ 不编织(浮线)

图3-7　不同原料纱线均匀提花织物意匠图

该织物在 E28 拨片式(或推片式、插片式等)单面提花圆机上编织,织物的单位面积重量为68g/m²,可做女内衣、装饰布等。

(三)利用"先吃为大"原理配置色纱

对于结构均匀单面提花织物来说,在给定的纱线配置循环周期内,每一种色纱编织线圈的线圈指数范围是不相同的。如图3-9所示的两色提花织物,第1色纱的线圈指数有的是1(第1行A针),有的是2(第1行B针);而第2色纱的线圈指数有的是0(第2行C针),

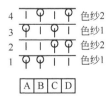

图3-8　不同原料纱线均匀提花织物外观　　　图3-9　两色提花织物线圈指数范围

有的是 1（第 2 行 D 针），即第 1 色纱的线圈指数范围大于第 2 色纱。图 3－10 所示的三色提花织物也有这种规律，第 1 色纱的线圈指数范围在 2～4（第 1 行 A、B、C 针），第 2 色纱的线圈指数范围在 1～3（第 2 行 D、E、F 针），第 3 色纱的线圈指数范围在 0～2（第 3 行 G、H、I 针）。上例说明，排序靠前色纱线圈指数的范围大于排序靠后的色纱。一般说来，某一线圈指数越大，其不脱圈次数越多，该线圈也就越大。因此第 1 色纱编织的线圈要比后续色纱线圈大，即所谓"先吃为大"。

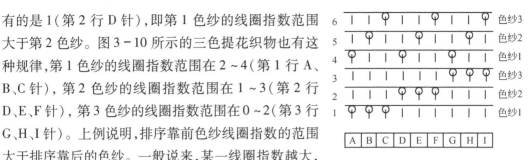

图 3－10　三色提花织物线圈指数范围

在设计多色纬编提花织物时，为了使某种色纱的线圈比较醒目突出，可以将该纱线配置为第 1 色纱，这对于小花型提花织物效果较明显。"先吃为大"原理对于纬编双面提花织物也适用。

　　以上实例都是在具有三功位（成圈、集圈、不编织，又称三位选针）的机械式选针单面提花机上编织。由于电子式选针提花机编织花型的大小不受限制，因此凡是在三功位机械式选针单面或双面提花圆机上编织的织物，都可以在三功位电子式选针单面或双面提花机上生产。有些花型较大（如不同的花纹纵行数超过 37）的织物，一般的机械式选针提花机上无法编织，则只能采用电子选针提花机。电子选针提花圆机织物的设计和上机工艺编排，需要根据不同的电脑针织机型，采用专用的计算机花型准备系统来完成。

第二节　双面提花织物

　　双面提花织物一般以提花圆纬机选针机构所在的下针编织的一面作为效应面（提花面、正面），而上针编织的一面作为反面。这类织物正面产生花纹效应的方法与单面提花织物差不多，但是在设计和编排上机工艺时，还要考虑织物反面的结构和正反面的连接方式等。

　　根据反面结构的不同，双面提花织物可分为完全和不完全两种类型，也有均匀、不均匀、单色、两色及多色之分。完全提花组织是指在编织反面线圈时，每一路成圈系统所有上针都参加编织，即一路（一根纱）形成一个反面线圈横列；不完全提花组织是指在每一路成圈系统上针一隔一参加编织，即二路（二根纱）形成一个完整的反面线圈横列。

一、反面花纹设计与上机工艺

　　双面提花织物的反面花纹有小芝麻点、大芝麻点、直条与横条（两色提花）等几种，由于小芝麻点花纹可以使几种纱线的反面线圈均匀分布，正面花纹清晰，避免织物正面的露底（反面线圈从织物正面显露），因此设计和生产中广泛采用小芝麻点花纹。

　　图 3－11 表示反面花纹设计与上机工艺，图（a）、（b）、（c）分别给出了两色、三色、四色双面提花织物的小芝麻点花纹反面花纹意匠图、织针排列（双面提花圆纬机的上针分高踵针

和低踵针两种,一般高低踵针相间排列)、对应的上三角排列(上三角有两条针道,编织两色、三色、四色小芝麻点花纹的反面完全组织,分别需要 4、6、8 路上三角)和色纱配置。

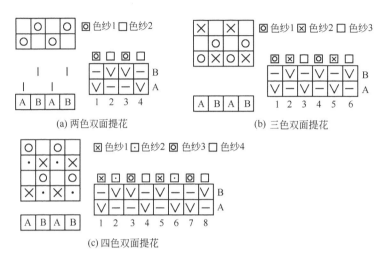

(a) 两色双面提花　　　　　　(b) 三色双面提花

(c) 四色双面提花

图 3-11　反面花纹设计与上机工艺

二、采用不同颜色纱线形成正面花纹图案

这一点与单面提花织物相似,在此不举例。但是双面提花织物的色纱,除了下针选针编织形成色彩图案外,在上针也编织成圈。它不会像单面提花织物那样,出现一种色纱的线圈在一个横列上连续排列较多时,另一种色纱则会在这些线圈的反面形成长的浮线的现象,所以不需要引入集圈来缩短浮线。

尽管从理论上来说,双面结构均匀提花织物(也包括单面结构均匀提花织物)采用的色纱数可以很多,但是随着色纱数的增加,编织一个完整的正面线圈横列所需的成圈系统数量也增多,例如六色提花织物需要六路(即六根纱线)编织一个完整的正面线圈横列,这将导致织物的用纱量、厚度、单位面积重量和成本的提高。因此实际生产中,常用的色纱数是 2~4。

三、采用不同原料纱线形成花纹图案

图 3-12 显示了有光与无光纱线交织双面提花织物外观,它采用了 29.5tex(20 英支)棉纱和 16.7tex 黏胶丝,尽管两种纱线颜色和线密度相近,但是黏胶丝有光泽而棉纱没有,结果在正面呈现了闪光黏胶丝线圈构成的花纹。该织物在 E20 电子选针双面提花圆机上编织,织物的单位面积重量为 180g/m²,可制作女衬衣、内衣等。

图 3-13 显示了粗细纱线交织凹凸双面提花织物外观,它采用了两根 35.7tex(28 公支)羊毛纱、19.7tex(30 英支)棉纱和 100dtex 涤纶丝,三种纱线线密度相差较大,并且光泽也不一样,因此在织物正面形成了由较粗羊毛纱线圈构成的密实凸出区域和较细棉纱和涤纶丝线圈构成的较稀凹陷区域,即除了色彩效应还有凹凸花纹。该织物在 E24 电子选针双面提花圆机上编织,织物的单位面积重量为 285g/m²,可做女装、外衣等。

图 3-12 有光与无光纱线交织
双面提花织物外观

图 3-13 粗细纱线交织凹凸
双面提花织物外观

图 3-14 显示了粗细纱线交织网眼双面提花织物外观,它采用一根 19.7tex(30 英支)棉纱和一根 22dtex 锦纶单丝,因此在织物正面形成了由较粗棉纱线圈构成的密实区域和较细锦纶丝线圈构成的网眼,网眼产生了菱形花纹。该织物在 $E20$ 电子选针双面提花圆机上编织,织物的单位面积重量为 $100g/m^2$,可制作女衬衣、内衣等。

四、变化结构提花织物

(一)双面集圈提花织物

图 3-14 粗细纱线交织网眼
双面提花织物外观

图 3-15 显示了双面集圈提花织物(局部)编织图,其中奇数路所有下针编织成圈,偶数路所有上针成圈下针选针集圈,每两路编织一个完整线圈横列,并通过集圈将下针编织的一面与上针编织的一面连接起来。由于未封闭的集圈悬弧力图伸直,会将线段转移给相邻的线圈,使后者变大,从而在上针编织的一面形成分布孔眼花纹(编织图中多边菱形处),使用时应将上针编织的一面作为效应面(正面)。图 3-16 显示了这种双面集圈提花织物的外观。

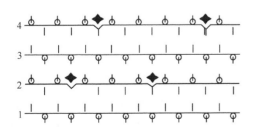

图 3-15 双面集圈提花织物编织图

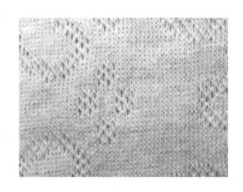

图 3-16 双面集圈提花织物外观

该织物采用19.7tex(30英支)单色棉纱,在 E18 电子选针双面提花圆机上编织,织物的单位面积重量为200g/m²,可制作女衬衣、内衣、T恤衫等。

（二）大小线圈双面提花织物

图3-17(a)显示了一种大小线圈双面提花织物(正面)意匠图,其中□表示下针成圈,⊠表示下针不编织。下针在奇数路根据花型选针编织,在偶数路全部成圈。由于有些下针在奇数路不成圈,造成上一路的正常线圈在这里被拉长形成大线圈,其余地方为正常小线圈,这实际上是结构不均匀双面提花织物。由于大小线圈对光线反射的差异,产生了图3-17(b)所示的大线圈隐形花纹图案。

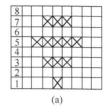
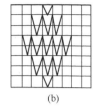

图3-17　大小线圈双面提花织物意匠图

纱线的配置可在奇数路喂入无光丝,偶数路喂入有光丝,使形成大线圈的为有光丝,则花纹和反光效应更加明显。织物反面的线圈可采用小芝麻点或纵条纹配置。

（三）脱圈双面提花织物

其编织原理是,在某些路被选中的下针只退圈不垫入新纱线,从而这些针上的线圈脱去,在织物正面形成由中断线圈纵行产生的凹陷花纹。下一路,脱圈下针的针舌被针舌开启器打开,垫入新纱线正常成圈。

图3-18(见封二)显示了这种脱圈双面提花织物的外观。它采用19.7tex(30英支)涤黏混纺纱(50∶50),在 E22 带针舌开启器的双面提花圆机上编织,织物的单位面积重量为195g/m²,可以用来制作女装。

第三节　胖花织物

胖花织物是按照花纹要求将单面线圈架空配置在双面纬编地组织中的一种双面纬编织物。形成胖花的单面线圈与地组织的反面线圈之间没有联系,而且在纵向单位长度内单面线圈的数量多于反面线圈的数量。编织时,被拉长的反面线圈下机后力图收缩,因而使单面胖花线圈呈架空状突出在针织物的表面,形成凹凸花纹效应。胖花织物一般分为单胖和双胖两种,按织物颜色有单色(素色)、两色和三色等。胖花织物一般重量较大,弹性较好,立体感较强,可制作外衣、装饰布等。

一、单胖织物

单胖织物就是某些下针(根据花纹通过选针)在一个完整线圈横列中仅有一次单面编织。图3-19显示了三色单胖织物(正面)花型意匠图。图3-20给出了与花型意匠图第1、第2横列左起第1~第8纵行相对应的编织图。该织物一个完全组织花宽36花高12。每3路编织一个完整的正面线圈横列,每6路编织一个完整的反面线圈横列,编织一个完全组织需要36路,单面胖花线圈与地组织的反面线圈的高度比为1∶2。图3-21显示了三色单胖织物上三角与色纱排列。

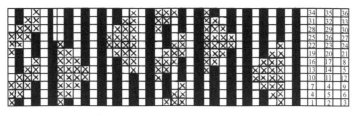

□ 色纱1：1、4、7、…路织地组织
■ 色纱2：2、5、8、…路织胖花1
⊠ 色纱3：3、6、9、…路织胖花2

图3-19　三色单胖织物花型意匠图

该织物地组织和胖花1（色纱2）采用110dtex涤纶丝，胖花2（色纱3）采用167dtex涤纶丝，在E18双面提花圆机上编织，织物的单位面积重量为160～200g/m²。织物中的"■"和"⊠"颜色单面线圈呈架空状凸出于正面，但是胖花2纱线较粗凸出更为明显，增加了立体层次感。

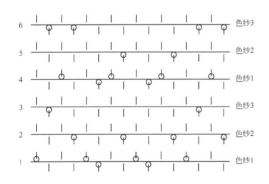

图3-20　三色单胖织物局部编织图

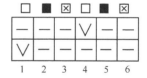

图3-21　三色单胖织物上三角排列

总体来说，由于单胖织物在一个线圈横列中只进行一次单面编织，针织物正面花纹凹凸效应不够明显，所以在实际设计和生产中常采用双胖织物。

二、双胖织物

双胖织物就是某些下针（根据花纹通过选针）在一个完整线圈横列中连续两路单面编织。图3-22显示了两色双胖织物（正面）花型意匠图，图3-23给出了与花型意匠图第1、第2横列左起第1～第6纵行相对应的编织图。图3-24显示了上三角与色纱的排列。该织物一个完全组织花宽36花高28。每3路编织一个完整的正面线圈横列，每6路编织一个完整的反面线圈横列，编织一个完全组织需要84路。由于地组织的正面线圈与反面线圈的高度比为1：2，在织物正面单面胖花线圈与地组织的正面线圈之比也为1：2，这样单面胖花线圈与地组织反面线圈的高度差异比单胖织物大，因此凹凸效应比较明显。

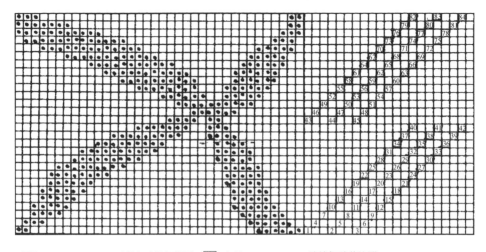

⦿ 色纱1：1、4、7、…路编织地组织线圈　　□ 色纱2：2、3、5、6、…路编织胖花线圈

图 3-22　两色双胖织物花型意匠图

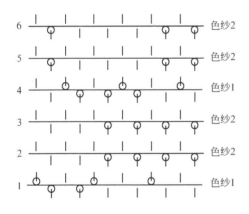

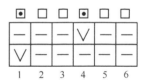

图 3-23　两色双胖织物局部编织图　　　　图 3-24　两色双胖织物上三角排列

　　该织物地组织采用 110dtex 涤纶丝，胖花采用 250dtex（40 公支）腈纶纱，在 E22 双面提花圆机上编织，织物的单位面积重量为 235g/m²。图 3-25 显示了两色双胖织物（正面）的外观，由于连续两路单面编织以及胖花纱线较地组织纱线粗，所以造成胖花部分（深色）较明

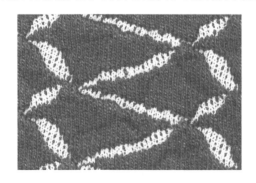

图 3-25　两色双胖织物外观

显地凸出。

三、变化胖花织物

变化胖花织物是把单胖或双胖组织结合在一起,或在其基础上变化而形成的。一个横列中有时进行一次单面编织,有时进行两次单面编织;或连续几次织地组织,再连续几次织胖花组织。此类织物仍具有胖花织物的立体感,其凹凸层次更富于变化,织物的外观也更为丰富多样。

图3-26显示了变化胖花织物编织工艺实例,该织物一个完全组织宽36纵行,36路编织(高18横列)。(b)是与第1~第18路对应的编织图,第19~第36路与前18路编织方法相似。

第1~第4、第10~第13路垫入150dtex涤纶低弹丝编织地组织。第5路垫入18tex棉纱编织胖花线圈及凸纹间的拉长线圈,该线圈约被拉长8横列。第6~第9、第14~第17路垫入18tex本色棉纱编织胖花凸条纹。第18路成圈系统不垫入纱线、不进行编织,只整理旧线圈,故在意匠图中称为假成圈。这样,第1~第18路共形成了9个完整的线圈横列。

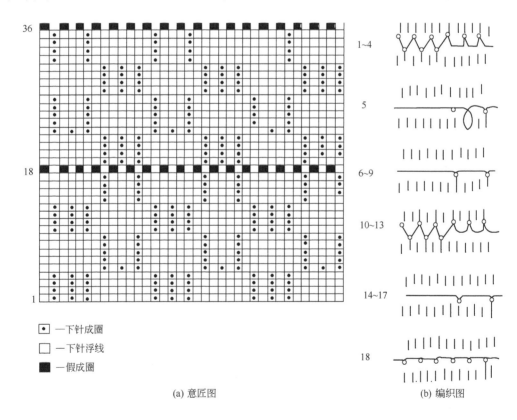

- ⊡ —下针成圈
- □ —下针浮线
- ■ —假成圈

(a) 意匠图　　　　　　　　　　(b) 编织图

图3-26　变化胖花织物

该织物在E24双面提花圆机上编织,36档提花片按步步高(/)排列,织物的单位面积重量为200g/m²。由于织物中连续4路编织地组织,再连续5路编织胖花,又在两条凸纹之间加用色纱编织的拉长线圈连接,因此织物立体感强且松软,适宜做女装面料。

思 考 题

1. 可采用什么方法来设计结构不均匀与结构均匀纬编单面提花织物？会产生哪些花纹效应？

2. 针织提花圆纬机中推片式选针装置的选针原理与拨片式选针装置有何不同？

3. 何谓"先吃为大"？设计时要考虑什么因素？适用于什么织物？

4. 如何来设计纬编双面提花织物的反面花纹,相应的上机工艺应如何编排？

5. 如何来设计纬编双面提花织物的正面花纹？

6. 结构变化的纬编双面提花织物有哪些？可以产生什么花纹效应？编织方法有何特点？

7. 圆形纬编胖花织物有哪几种？结构各有何特点？为了获得较好的凹凸效果,设计时应考虑哪些因素？

第四章　绒类产品与设计

> **本章知识点**
>
> 1. 衬垫织物的种类、结构特点和用途、形成花纹效应的原理与方法、设计时应考虑的因素、原料、选用的机型以及相应上机编织工艺。
> 2. 毛圈织物的种类、结构特点和用途、形成绒类效应的原理与方法、设计时应考虑的因素、原料、选用的机型以及相应上机编织工艺。
> 3. 长毛绒织物的种类、结构特点和用途、形成绒类效应的原理与方法、设计时应考虑的因素、原料、选用的机型、相应上机编织工艺以及一般的后加工工序。
> 4. 后整理方式形成纬编绒类产品的方法、产品风格和特点。

　　纬编绒类产品品种和花色较多,可以通过采用不同的原料、组织结构、不同针织加工和后整理工艺获得。按针织加工工艺和织物外观分,可以由衬垫组织经拉绒处理形成短绒(或薄绒)类产品,主要用于内衣、休闲服和运动服等;也可以由毛圈织物经割绒或剪绒处理形成中等绒长类的产品,主要用于内衣、休闲服和装饰布等;还可以由长毛绒织物经后整理方式获得长绒类产品,主要用于玩具、冬季服装里衬、大衣和装饰布等。按后整理方法分,针织绒类织物的形成方法主要还有拉绒、刷绒、磨绒等。纬编绒类织物具有质地厚实、手感柔软、弹性好,给人以亲切、舒适和温馨的感觉。再加上绒效应织物的品种花色多,可选择性广,近年来除了在服饰用内衣、外衣、休闲服装上应用外,在装饰类场合的应用也越来越多,如玩具、包装、旅游用品及室内装饰的铺、垫、罩、套、挂、围类用品等。

　　本章主要介绍一些常用的以不同的组织结构和后整理方式获得的绒类织物形成方法和原理、产品的主要性能和用途以及相关的编织工艺等。

第一节　衬垫织物

　　衬垫织物是以衬垫组织为基础形成的一类纬编绒类产品。衬垫组织是以一根或多根衬垫纱线按一定的比例在织物的某些线圈上形成不封闭的悬弧,在其余的线圈上呈浮线停留在织物的反面。衬垫纱不封闭的悬弧与浮线长度之比称为衬垫比。设计衬垫织物时,必须考虑是用于起绒织物还是不起绒织物。衬垫起绒织物是通过拉毛工艺,把浮在织物工艺反面的衬垫纱中的纤维抽拉出来,形成绒面效应。因此在设计时,要求选用捻度较低和纤维较软的纱线,如棉纱等。不起绒衬垫织物主要是通过衬垫纱在织物表面形成效应,因此在设计时,最好选用具有特殊花纹效应的纱线,如花式纱线等。在设计时还要考虑的一个因素是衬垫纱和地纱纱线粗细的比例,一般衬垫纱比地纱粗一到两倍。特别是在拉绒织物时,选用较粗的衬垫纱才能形成丰满的拉绒效应。

衬垫织物的种类有多种,根据地组织的不同可分为平针衬垫织物和添纱衬垫织物;根据形成每一横列所需的纱线根数可分为两线衬垫织物和三线衬垫织物。下面根据后一种分类方式进行介绍。

一、两线衬垫织物

两线衬垫织物形成一个完全横列需要两根纱线,即一根地纱和一根衬垫纱。普通的两线衬垫在一般的单面多针道圆纬机(如四针道)就能编织,而用衬垫纱形成较大花纹效应的衬垫织物则必须在单面提花机上编织而成。

(一)常规两线衬垫织物

常规两线衬垫织物是在平针地组织的基础上,每一横列通过集圈的方式衬入一根衬垫纱线,衬垫纱按一定的比例在织物的某些线圈上形成不封闭的悬弧,在其余的线圈上呈浮线停留在织物的反面。衬垫比是在衬垫织物设计时必须确定的一个重要的结构参数,它是指衬垫纱在地组织上形成的不封闭悬弧与浮线之比。常规两线衬垫织物是以平针为地组织,衬垫比多为1:2或1:3的衬垫织物。图4-1和图4-2分别为1:3衬垫织物的编织图和线圈图,四路为一编织循环。它通常在四针道的圆纬机上生产,图4-3为它的上机编织工艺图(织针排列和三角配置)。利用两针道也能编织。可采用19.7tex(30英支,地纱)和83.3tex(7英支,衬垫纱)的棉纱在$E20$或19.7tex(30英支,地纱)和53.7tex(11英支,衬垫纱)的棉纱在$E22$的多针道单面圆纬机上编织。

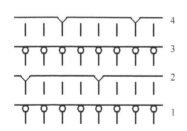

图4-1　1:3两线衬垫织物编织图

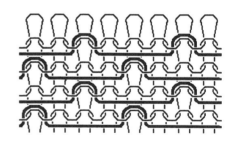

图4-2　1:3两线衬垫织物线圈图

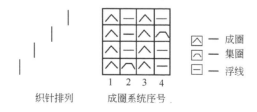

织针排列　　成圈系统序号

$\wedge$ — 成圈

$\curlyvee$ — 集圈

$\boxminus$ — 浮线

图4-3　1:3两线衬垫织物上机编织工艺图

常规两线衬垫织物主要用于生产起绒织物,具有良好的保暖性,但织物正面衬垫纱有"露底"现象。可制作内衣、运动衣和休闲服。

（二）斜纹衬垫织物

两线斜纹衬垫织物是利用衬垫纱的浮线在织物表面形成斜纹效应的一类衬垫织物,地组织仍为平针组织。常用的衬垫比有 1：1,1：2 或 1：3,斜纹有左斜和右斜。图 4-4 和图 4-5 分别显示了一种衬垫比为 1：2 斜纹织物的编织图和线圈图。图 4-6 为两线斜纹衬垫织物成斜纹效应,它衬垫比为 1：3,采用 19.7tex（30 英支/1）棉纱作为地纱,19.7tex（30 英支/1 + OP 氨纶）为面纱,在 E18 的四针道单面圆纬机上编织而成。

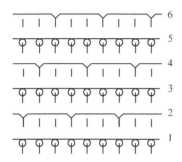

图 4-4　1：2 两线斜纹衬垫织物编织图

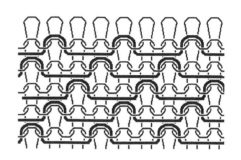

图 4-5　1：2 两线斜纹衬垫织物线圈图

这种织物不用起绒,直接利用衬垫纱形成斜纹效应,使用时工艺反面作服装正面,其特点是结构稳定,横向延伸性小,可用来制作外衣、T 恤衫,但容易钩丝。

（三）横条纹衬垫织物

横条纹效应是一种常用的花纹结构效应。在设计具有横条纹效应的衬垫织物时,可以采用不同的方法。第一种方法是利用不同颜色的纱线形成不同的彩横条效应,可在普通四针道圆纬机上通过色

图 4-6　两线斜纹衬垫织物

纱的排列或利用色纱在装有调线装置的四针道圆纬机上编织而成。采用普通四针道圆纬机编织时,由于受成圈路数的限制,只能形成花高小的彩横条效应,而采用装有调线装置的四针道圆纬机则可以编织花高大的彩横条效应。除了采用色纱编织外,任何常规的两线衬垫织物结构都可以采用。图 4-7（见封二）所示为两线调线织物外观,它是采用不同颜色的 19.8tex（30 英支）棉纱在 E28、装有四色调线机构的四针道单面圆纬机上编织而成,经起绒后可作内衣用。另一种方法是利用衬垫纱在某些横列上编织,在某些横列上不编织形成的一种结构横条纹效应,图 4-8 所示是两线横条纹衬垫织物。图中显示了两个横列有衬垫纱和两个横列没有衬垫纱的结构横条纹效应,该类织物可制作 T 恤衫。

（四）纵条纹衬垫织物

两线衬垫织物结构的一个特点是衬垫纱在集圈的地方容易显示在织物的工艺正面，形成"露底"。一般情况下，"露底"是一种不好的现象，它影响了织物外观的清晰度，但在某些情况下，可以利用"露底"来形成特殊的花纹效应。如图4-9是一种1:1两线纵条纹衬垫织物，利用衬垫纱在织物的正面"露底"的方式形成纵条纹。它由19.7tex(30英支，地纱)和74tex(8英支，衬垫纱)的棉纱在E16的单面四针道圆纬机上编织而成，衬垫比为1:1，反面经起绒而形成绒类织物。图4-10是它的编织图。该类织物要求采用较粗的衬垫纱，衬垫纱越粗，"露底"现象越明显，正面纵条效应就越突出，可制作内衣和休闲服。

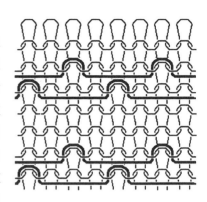

图4-8 两线横条纹衬垫织物

图4-9 1:1两线纵条纹衬垫织物

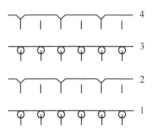

图4-10 1:1两线纵条纹衬垫织物编织图

（五）提花衬垫织物

在编织衬垫织物时，通过选针改变每根衬垫纱的垫放方式，如采用不同的衬垫比和衬垫方式，可以形成不同结构花纹相应。如图4-11和图4-12分别是一种纬编提花衬垫织物结构意匠图和织物外观图。它是在平针地组织的基础上，通过选针的方式使衬垫纱形成凹凸效应的结构花纹。被选上的织针编织悬弧，未选上的织针形成浮线。因此，每一个横列中衬垫纱的衬垫比根据花纹的要求而变化，编织一个横列需要两路。图4-12中的衬垫纱形成的是一种菱形图案，它由35.7tex×2(28公支/2，50:50的毛涤混纺纱，衬垫纱)和110dtex/36F涤纶纱(面纱)在E24的单面提花圆机上编织而成。织物结构紧密，具有大的凹凸花纹效应，可制作外衣和装饰。

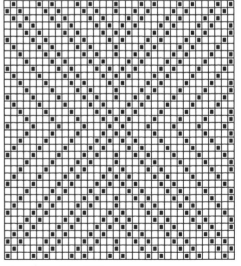

■—悬弧 □—浮线

图4-11 提花衬垫织物结构意匠图

二、三线衬垫织物

三线衬垫织物的每一横列由三根纱线形成,可分成两类。一类是在两色提花地组织的基础上衬入衬垫纱形成的三线衬垫织物,可在单面提花机上编织而成;另一类是在添纱地组织的基础上衬入衬垫纱形成的三线衬垫织物,可以在台车或单面三线衬垫圆纬机上编织而成。

图 4 - 12 提花衬垫织物外观

(一)两色提花衬垫织物

图 4 - 13 和图 4 - 14 分别是两色提花衬垫织物的编织图和经起绒后的正反面外观图。它的地组织由两色纱线通过提花的方式形成两色的提花花纹,衬垫纱以衬垫比为 1 : 3 的方式衬垫在提花地组织上,并经拉毛形成短绒状附在织物反面。该织物由两色 19.7tex(30 英支,提花组织)棉纱和 53.7tex(11 英支,衬垫纱)棉纱,在 E20 的单面提花圆机上编织而成。织物正面有提花形成的花纹效应,起绒后的织物还有良好的保暖性,可制作内衣和休闲服。

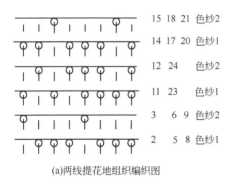

(a)两线提花地组织编织图

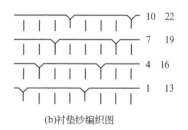

(b)衬垫纱编织图

图 4 - 13 两色提花衬垫织物编织图

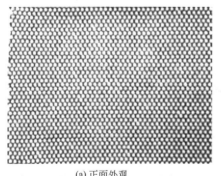

(a) 正面外观

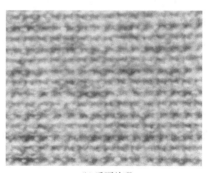

(b) 反面外观

图 4 - 14 两色提花衬垫正反面织物图

设计两色提花衬垫织物时,正面的花纹设计和普通的单面两色提花设计一样,而反面则必须选用合适的衬垫纱形成起绒织物。由于衬垫纱的"露底"问题,在设计正面花纹时,还必须考虑衬垫纱的"露底"对织物正面花纹的影响。

(二)添纱衬垫织物

添纱衬垫织物是一种最常用的衬垫织物,它是在添纱地组织的基础上,衬入衬垫纱形成的,每一完全横列由面纱、地纱和衬垫纱形成,垫纱比一般为1∶2或1∶3。图4-15所示为1∶3的添纱衬垫织物线圈图,图中1为面纱,2为地纱,3为衬垫纱。通常添纱衬垫织物的反面经拉毛形成起绒织物。衬垫纱被夹持在面纱和地纱之间,不会产生衬垫纱"露底"的现象,因此织物外观比一般的两线衬垫织物清晰。

图4-15　1∶3添纱衬垫织物线圈图

添纱衬垫织物可以在台车和单面四针道三线衬垫圆纬机上编织,但两种机器的编织方法不一样,纱线的喂入顺序也不一样。在台车上编织时,纱线喂入顺序为衬垫纱、地纱和面纱,衬垫纱悬挂在地纱沉降弧上,而在单面四针道三线衬垫机上编织时,纱线喂入顺序为衬垫纱、面纱和地纱,衬垫纱悬挂在面纱沉降弧上。目前用得最多的是单面四针道三线衬垫机。和普通的单面四针道针织圆纬机相比,这种机器采用了特殊的双片颚沉降片。设计添纱衬垫织物时,必须考虑面纱、地纱和衬垫纱的合理配比,一般面纱和地纱选择同样的纱线,而衬垫纱选用较粗的纱线。常用的原料有棉纱和涤棉混纺纱,如采用19.7tex(30英支,面纱和地纱)和36.9tex(16英支,衬垫纱)的棉纱在$E24$的单面四针道三线衬垫圆纬机上编织的添纱衬垫织物,织物的单位面积重量为$300g/m^2$。起绒后的添纱衬垫织物有很好的保暖性,多用于制作绒衫裤产品等。

第二节　毛圈织物

圆形纬编毛圈织物是由平针线圈和拉长沉降弧的毛圈线圈组合而成。根据毛圈处于织物的一面还是两面可分为单面(一面)毛圈与两面毛圈;根据是否提花可分为普通毛圈与提花毛圈;根据毛圈的分布可分为满地毛圈与凹凸毛圈;根据地纱与毛圈纱的覆盖关系可分为正包毛圈与反包毛圈等,其中提花毛圈与凹凸毛圈均属于花色毛圈。

毛圈织物经剪绒或起绒后可形成天鹅绒与双面绒类织物。毛圈织物具有良好的保暖性与吸湿性,产品柔软、厚实,适于制作睡衣、休闲服装、浴衣、毛巾毯等,起绒后的织物还适于制作各种内外衣、装饰布等。

一、 单面(一面)毛圈织物

(一)普通毛圈

1. 圆形纬编普通毛圈织物的编织工艺 纬编普通单面毛圈织物的地组织为平针组织,构成地组织的纱线称为地纱,形成拉长沉降弧的纱线称为毛圈纱。普通毛圈组织是指每一只毛圈线圈的沉降弧都被拉长形成毛圈。通常把在每一枚针上将地纱和毛圈纱编织成圈,且使毛圈线圈形成拉长沉降弧的结构称为满地毛圈。毛圈织物中,将地纱显露在织物的工艺正面,毛圈纱显露在织物工艺反面的纱线配置称为"正包毛圈",而将经特殊的编织技术,使毛圈纱同时显露在织物两面的纱线配置称为"反包毛圈"。

图4-16所示为满地正包单面毛圈组织的线圈图,图4-17表示毛圈织物的形成,为采用毛圈沉降片编织毛圈织物的示意图。毛圈织物一般在带有毛圈沉降片的毛圈机上编织而成。其基本方法是:毛圈纱垫放在沉降片的片鼻上弯纱(位置较高)形成拉长的沉降弧(即毛圈),而地纱垫放在片颚上弯纱(位置较低)。毛圈长度与沉降片的片鼻高度有关,可通过更换不同片鼻高度的沉降片,来改变毛圈的长度。

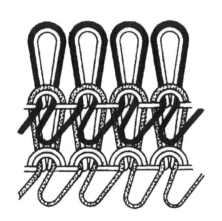

图4-16 单面毛圈织物线圈图

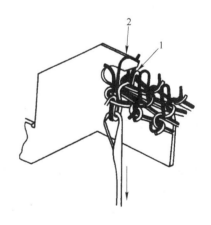

图4-17 毛圈织物的形成

毛圈织物的质量好坏取决于毛圈能否紧固在地组织中以及毛圈高度是否均匀一致。若地纱采用具有一定弹性的纱线,或在地组织中引入高收缩丝,或与具有一定弹性的纱线进行交织,可以改善地组织对毛圈纱线的紧固程度,提高毛圈织物产品的质量。织物中毛圈高度的均匀一致性,可以采用特殊沉降片来控制,不同型号的毛圈机有不同的沉降片结构。图4-18所示为一种特殊毛圈沉降片,其片鼻较长较宽,在编织过程中,当沉降片向针筒中心挺进时,能伸进前几个横列形成的毛圈织物中,将毛圈线圈抽紧,使毛圈高度均匀一致。图4-19所示为反包毛圈的形成,图中1为毛圈纱,2为地纱,3为沉降片片鼻上的一个台阶。使用特殊沉降片,当沉降片向针筒中心挺进时,利用台阶3可将毛圈纱推向针背,使脱圈后毛圈纱线圈显露在织物工艺正面,工艺反面仍是拉长沉降弧的毛圈线圈。

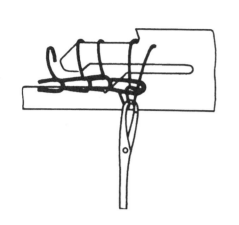

图4-18 特殊毛圈沉降片

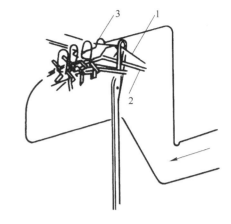

图4-19 反包毛圈的形成

图4-20(见封二)所示为一普通单面毛圈织物的实例,地纱采用110dtex(100旦/24F)半消光"Z"捻锦纶和77dtex(70旦)×44dtex(40旦)锦纶氨纶空气包覆纱,毛圈纱采用19.7tex(30英支)精梳棉,在 $E20$ 的普通毛圈圆纬机上编织而成,织物的单位面积重量为365g/m²,可用于制作外衣和休闲服装等。图4-21(见封二)所示为彩色横条单面毛圈织物的实例,其地纱采用110dtex(100旦/36F)涤纶丝,毛圈纱采用19.7tex(30英支)天丝纤维纱线,在 $E18$ 的普通毛圈圆纬机上编织而成,织物的单位面积重量为190g/m²,可用于制作内衣和针织时装等。

2. 纬编针织天鹅绒生产工艺 一般正包毛圈织物经后整理工艺,将反面毛圈起绒形成的绒类织物称为针织天鹅绒。天鹅绒产品一般可以采用棉、腈纶、涤纶、黏胶纤维、醋酸丝、丙纶和锦纶等不同原料交织而成。采用不同的地纱将直接关系到天鹅绒织物的拉伸弹性、强度、挺括度以及对毛圈的握持牢度。地纱采用弹性纱线或与高收缩丝交织,可增加对毛圈纱的握持牢度,减少剪毛后的掉毛现象。毛圈纱的性能将直接影响到产品的风格、光泽、绒毛丰满度和手感,黏胶纤维和醋酸丝作毛圈纱时,得到的天鹅绒产品光泽明亮、手感滑爽;棉或超细纤维纱线做毛圈纱时,得到的天鹅绒产品绒毛丰满、手感柔软舒适。天鹅绒产品可以有白织染色和色织,工艺流程举例如下。

(1)白织、匹染产品。原料检验→(视原料情况确定纱线是否需要汽蒸)→络纱→编织→剖幅→转笼烘干→初剪(顺、逆各一次)→缝接→染色→柔软处理→脱水→转笼烘干→复剪→定型。

(2)色织产品。原料检验→松式络筒→筒子染色(或回框成绞→绞丝染色)→络丝→编织→剖幅→转笼烘干→初剪→洗油→转笼烘干→复剪→定型。

天鹅绒织物具有柔软、富有弹性、厚实、手感丰满、穿着舒适、保暖等特点,广泛用于针织内外衣、休闲服装、沙发套、汽车坐垫、舞台帷幕等。

例如,纬编单面弹性天鹅绒织物,地纱采用110dtex/32f的涤纶,毛圈纱采用19.7tex(30

英支)棉纱,为使毛圈纱紧固于织物底布,采用 44dtex 氨纶纱以添纱方式织入地组织中。在 E20 的普通毛圈圆纬机上编织,织物的单位面积重量为 225g/m²。在后整理工艺中采用割圈和剪毛处理获得天鹅绒织物,适于制作内衣和休闲服装。

在后整理工序中,可对反包毛圈织物正反两面进行起绒整理,形成双面绒类织物,市场上流行的摇粒绒织物就是采用该方法获得的。图 4-22(见封二)所示为摇粒绒织物实例,其中地纱采用 100dtex/24f 锦纶,毛圈纱采用 167dtex/96f 涤纶,在 E20 的单面毛圈圆纬机上编织,织物的单位面积重量为 350g/m²,适于制作休闲服和外衣等。

(二)花色毛圈

圆形纬编花色毛圈织物是指通过毛圈在织物表面形成花纹图案和效应的毛圈组织产品。根据所形成的外观效应不同,可分为具有色彩效应的提花毛圈织物和具有浮雕效应的凹凸毛圈织物。花色毛圈织物可以使用 2~4 针道变换三角和导纱器配合的多针道毛圈圆纬机编织,也可以用电子提花的毛圈圆纬机编织,后者又有选针和选沉降片两种编织方法。选针编织一般可以形成具有色彩效应的提花毛圈织物,选沉降片编织一般可以形成具有浮雕效应的凹凸毛圈织物。

1. 多针道毛圈圆纬机产品上机工艺设计　图 4-23 所示是在 2 针道变换三角的毛圈圆纬机上形成具有一隔一交替毛圈效应的编织图和上机工艺配置。该织物为 2 横列 2 纵行一个完全组织,地纱在每枚针上垫纱成圈,而毛圈纱则在一隔一针上交替形成拉长沉降弧。织针排列图中,数字"1"、"2"分别表示针踵位的高和低;三角配置图中的"A"表示控制针吃毛圈纱与地纱,"B"表示仅控制针吃地纱;纱线配置中的"⊠"表示毛圈纱,"□"表示地纱。

图 4-24 所示为毛圈与浮线交替的一隔一毛圈织物编织图和上机工艺配置。其地纱在一隔一针上交替成圈与不工作,三角配置图中的"—"表示织针不工作,在织物表面形成二分之一的毛圈,但比毛圈与成圈交替织物单位面积重量大。如果喂入不同色彩的毛圈纱线,可以形成彩条毛圈织物。

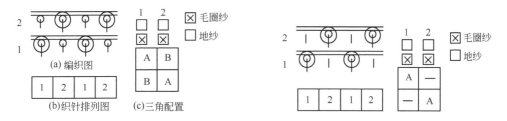

图 4-23　毛圈与成圈交替织物的编织工艺图　　图 4-24　毛圈与浮线交替织物的编织工艺图

在多针道毛圈机上,也可以利用成圈、集圈、不工作(即浮线)三种方式组合形成具有 $\frac{1}{4}$ 毛圈的织物,图 4-25 显示该织物的编织图和上机工艺配置,三角配置图中的"C"表示三角仅控制织针吃地纱且集圈。该织物 4 横列 4 纵行一个完全组织,奇数路成圈系统仅地纱进行成圈和集圈交替工作,偶数路成圈系统地纱和毛圈纱交替成圈和不工作(浮线)。

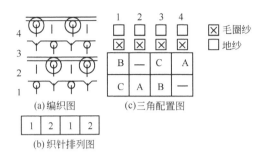

图4-25 成圈、集圈、浮线交替毛圈织物的编织工艺图

2. 提花毛圈产品 纬编提花毛圈产品有选针编织和选沉降片编织两种工艺,分别可以得到具有色彩效应的提花毛圈产品和具有浮雕效应的凹凸毛圈产品。

(1)在选针编织的提花毛圈圆纬机器上:可以采用双沉降片和预弯纱技术进行编织。其基本原理是地纱和各色毛圈纱先分别单独预弯纱,最后一起穿过旧线圈,形成新线圈。关于具体的编织工艺和编织方法,可参见《针织学》教材。目前在选针编织的提花毛圈圆纬机上所使用的色纱数最多可达12种颜色,可编织满地提花毛圈。图4-26(见封二)所示为三色提花纬编毛圈天鹅绒,地纱与毛圈纱均为167dtex涤纶,在E18的电脑提花毛圈圆纬机上编织,织物的单位面积重量为420g/m²,该类产品适合制作外衣、休闲服、装饰布等。

(2)在选沉降片编织的提花毛圈圆纬机上:可通过圆盘某一槽中有(或无)钢米,选择对应的沉降片向针筒中心挺进(或不挺进),可以在该沉降片上形成(或不形成)毛圈,该编织方法原理如图4-27所示,可形成具有浮雕效应的凹凸毛圈织物。图4-28(见封二)所示为浮雕凹凸毛圈织物的实例,其地纱采用156dtex/36f/1锦纶和19.7tex(30英支)棉纱,毛圈纱亦采用19.7tex(30英支)棉纱,在E20的提花毛圈圆纬机上编织,织物的单位面积重量为215g/m²,适宜制作外衣和休闲服等。

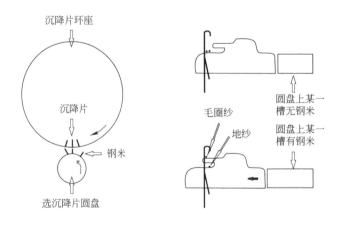

图4-27 选沉降片编织方法原理图

将具有浮雕效应凹凸毛圈织物经后整理后,可分别得到天鹅绒类织物和摇粒绒类织物,如图4-29(见封二)所示。其中图4-29(a)为具有方格效应的天鹅绒面料,适于制作内衣和家居服饰;图4-29(b)为具有动物图案的摇粒绒类织物,适于制作童装等。

二、双面(两面)毛圈

(一)普通双面毛圈

纬编双面毛圈是指在织物的两面均形成毛圈的织物组织,如图4-30线圈图所示。该织物由三根纱线编织而成,纱线1编织地组织,纱线2形成正面毛圈,纱线3形成反面毛圈。编织这种织物的毛圈机,可使用双沉降片,两种沉降片单独运动。其中一种沉降片的片鼻位置较高,用来形成反面毛圈,另一种沉降片的片鼻位置较低,用来形成正面毛圈,其成圈过程如图4-31所示。

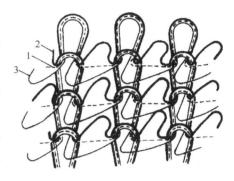

图4-30　双面毛圈线圈图

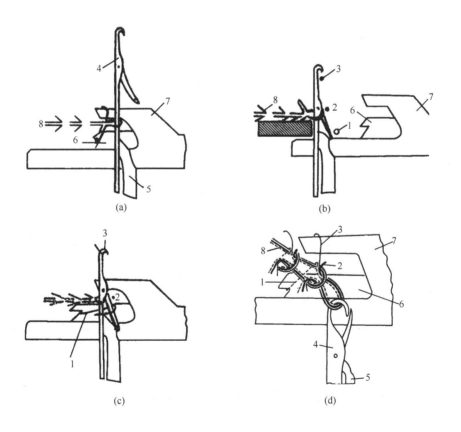

(a)　　　　　　　　(b)

(c)　　　　　　　　(d)

图4-31　双面毛圈成圈过程图

退圈过程如图4-31(a)所示,织针4上升到最高位置完成退圈。

垫纱过程如图 4-31(b)所示,每一成圈系统必须垫三根纱线:正面毛圈纱 1、地纱 2 和反面毛圈纱 3。其中反面毛圈纱 3 必须垫放在地布 8 和沉降片 7 的片鼻之上。正面毛圈纱 1 垫放在沉降片 6 的片喉位置线上,但必须在地布 8 之下。地纱 2 垫在正、反面毛圈纱之间,处于沉降片 6 的片鼻之上,沉降片 7 的片喉位置线上。

图 4-31(c)、(d)所示为织针下降进行闭口、套圈、脱圈、弯纱与成圈过程,随着织针逐渐下降,沉降片向针筒中心方向挺进,反面毛圈纱 3 被针钩带下并搁在沉降片 7 的片鼻上,形成一个拉长的沉降弧。地纱 2 进入沉降片 7 的片喉中。正面毛圈纱 1 进入沉降片 6 的片喉中,弯成毛圈。织针继续下降,织针钩着三种纱线穿过旧线圈,而两种毛圈纱线圈的沉降弧分别为上片鼻、下片喉所带住,形成两面毛圈。反面毛圈的长度取决于沉降片 7 的片鼻高度,而正面毛圈的长度取决于沉降片 6 的下片喉水平地挺进的深度。因此,调节沉降片三角的位置,可调节正面毛圈的长度。

例如,一普通纬编双面毛圈织物,地纱采用 14.1tex(42 英支)棉纱,正面毛圈纱采用 24.6tex(24 英支)棉纱,反面毛圈纱采用 19.7tex(30 英支)棉纱。该织物可在 $E18$ 的普通双面毛圈圆纬机上编织,织物的单位面积重量为 470g/m²,可制作内衣、休闲服等。

(二)一面提花的双面毛圈

可在提花双面毛圈圆纬机上编织而成。该机可仍采用双沉降片来编织,但是借助圆盘式选沉降片机构(槽中有或无钢米),可以对各个沉降片进行选择,使其形成或不形成毛圈,从而在织物的一面产生凹凸提花毛圈外观,另一面则是满地毛圈。

图 4-32(见封二)是一面提花的双面毛圈织物实例,地纱采用 44dtex/42f 锦纶,正、反面毛圈纱采用 100dtex/44f 涤纶,在 $E18$ 的提花双面毛圈圆纬机编织,织物的单位面积重量为 295g/m²,可制作外衣和休闲服等。

图 4-33 是一面具有浮雕凹凸效应的提花双面毛圈织物实例,地纱采用 44dtex/42f 锦纶,正、反面毛圈纱均采用 100dtex/44f 涤纶,在 $E18$ 的提花双面毛圈圆纬机上编织,织物的单位面积重量为 295g/m²,并经过后整理形成双面绒类织物,可制作外衣和休闲服等。

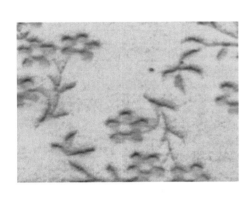

图 4-33　一面浮雕提花的双面毛圈织物

第三节　长毛绒织物

纬编长毛绒织物是绒长最长的一种针织绒类织物。根据织物的外观效应不同可分为普通长毛绒与提花长毛绒两类,根据加工方法不同可分为毛条喂入式长毛绒织物和毛纱割圈式长毛绒织物两种。长毛绒织物手感柔软,保暖性好,可仿制各种天然毛皮,在外衣、长毛绒玩具、拖鞋、装饰织物等方面有许多应用。

一、毛条喂入式长毛绒织物

毛条喂入式长毛绒织物是在编织过程中将毛条与纱线一起喂入编织成圈，毛条中的纤维束以绒毛状附着在纬编针织物的表面，又称为纬编针织人造毛皮。图4－34所示为普通长毛绒组织线圈图。长毛绒组织的性能主要取决于原料的选择和后整理工艺。目前在毛条喂入式人造毛皮生产中，毛条纤维的原料主要有腈纶、涤纶及其改性纤维，线密度范围一般为1.7～33dtex，长度一般在38～127 mm。地纱一般为36.9tex（16英支）、28.1tex（21英支）、

图4－34 普通长毛绒
组织线圈图

18.5tex（32英支）等纯纺纱或混纺纱，也可采用16.7tex（150旦）左右的涤纶拉伸变形丝（DTY）。后整理工艺包括底布上浆定型、刷毛、烫光、剪毛等工序以及工艺参数，其主要影响因素和工艺关键有如下几项

（1）底布上浆和定型。底布上浆是保证产品尺寸稳定、不掉毛的关键。目前底布浆料主要有两类：丙烯酸酯涂层烘干后形成的表面薄膜不溶于水，柔软、不脱浆、产品易定型；醋丙烯酸酯涂层性能脆弱，手感粗糙、能溶于水、不易定型。长毛绒底布弹性较大，经上浆定型后尺寸基本稳定，但后工序加工中的张力仍对产品幅宽有一定的影响。为了确保产品的有效幅宽，一般定型幅宽应比最终产品幅宽略宽2%。

（2）刷毛。刷毛的作用是将毛纱的捻度解开，使其尽量呈单纤状，直接影响到成品的外观质量和重量。刷毛针布的选配、长毛绒织物喂入刷毛机的方向、刷毛辊与托布刀之间的刷毛隔距是主要的工艺参数。

（3）烫光。目的是烫直纤维卷曲，使其进一步散开且方向一致，赋予毛绒纱光泽。烫光温度和次数、烫光压力、坯布喂入烫光辊的方向是主要的工艺参数。

（4）剪毛。剪毛次数和剪毛长度是主要的工艺参数。每次烫光后进行一次剪毛效果较为理想。剪毛长度主要取决于产品风格及剪毛前后的毛绒高度。

毛条喂入式人造毛皮产品，按照坯布织造工艺分为普通长毛绒产品和提花长毛绒产品；按照后整理工艺不同分为不经剪毛处理的仿兽类产品和经剪毛工艺处理的产品，剪毛工艺又有平剪毛、花色剪毛和滚球式处理等多种。

（一）普通长毛绒

图4－34即为毛条喂入式普通长毛绒组织线圈结构图，纤维束在每个地组织线圈上均成圈，圆形纬编人造毛皮机的每一成圈系统需要附加一套毛条梳理喂入装置，可将毛条纤维喂入织针进行成圈编织。普通长毛绒织物，根据其外观效应和后整理方式的不同，还有仿兽类长毛绒、平剪毛类长毛绒、滚球绒类长毛绒等。

1. 仿兽类长毛绒 为了模仿天然兽皮，毛条通常由不同线密度的纤维混合而成。线密度大的纤维（10～22dtex）用作刚毛，线密度中等的纤维（3.3～10dtex）用作立绒，线密度小的纤维（1.7～3.3dtex）用作底绒。一般三种线密度的纤维各占30%～40%。

(1)毛条喂入式纬编针织人造毛皮的毛绒高度取决于其用途。作为装饰用短绒产品,剪毛后毛高8~14 mm。长毛绒织物大多用作防寒服装里料或大衣,不需剪毛,产品的毛高可达60 mm甚至更长,又称落水毛产品,或海派长毛绒产品。此类产品由于不经剪毛处理,其生产的工艺路线主要为:散纤维拆包、染色→和毛→梳条→并条→编织→检验→修布→底布上浆烘干→烫光整理→成品检验。

(2)实例。图4-35(见封二)所示8种仿兽类纬编人造毛皮织物产品实例,图4-35(a)产品采用腈纶毛条,地纱采用28.1tex(21英支)涤棉纱,在E18的毛条喂入式长毛绒圆纬机上生产,织物的单位面积重量为700 g/m²,毛高60 mm,适宜制作外衣和玩具等产品。图4-35(b)织物的单位面积重量为600 g/m²,毛高300 mm。图4-35(a)、(b)两种产品一般称为落水毛。图4-35(c)织物的单位面积重量为750 g/m²,毛高24 mm;图4-35(d)织物的单位面积重量为750 g/m²,毛高25 mm。图4-35(c)、(d)两种产品一般称为仿兽绒。

如通过一定的后整理,还可以改善仿兽类人造毛皮织物外观。图4-35(e)所示为毛尖退色织物,图4-35(f)所示为毛尖染色织物,图4-35(g)所示为毛尖印花织物,图4-35(h)所示为毛尖退色印花织物。

2. 平剪毛类长毛绒　需要经过普通剪毛处理,其生产的工艺路线主要为:散纤维拆包、染色→和毛→梳条→并条→编织→检验→修布→预烫剪→底布上浆烘干→剪毛→烫光→剪毛(二道)→整理→成品检验。

图4-36(见封二)所示为平剪毛类人造毛皮织物产品实例,采用腈纶毛条,地纱采用16.7tex(150旦)涤纶,在E18的毛条喂入式长毛绒圆纬机上编织,织物的单位面积重量为820 g/m²,毛高16 mm,适宜制作装饰布和外衣等产品。如采用花色剪毛工艺,还可以得到花色外观效应,花剪毛类人造毛皮织物如图4-37(见封二)所示。

3. 滚球绒类长毛绒　滚球绒类纬编长毛绒产品又称为仿羔羊皮或羊羔绒产品。在后整理过程中需要经过滚球处理,其生产的工艺路线主要为:散纤维的拆包、染色→和毛→梳条→并条→编织→检验→修布→预烫剪→滚球处理→底布上浆烘干→整理→成品检验。

图4-38(见封二)为滚球绒类人造毛皮织物产品实例。其中图4-38(a)纤维毛条由高收缩腈纶(10%~30%)与腈—氯纶(90%~70%)混合而成,地纱采用28.1tex(21英支)棉纱,在E18的毛条喂入式长毛绒圆纬机上编织并经缩绒(滚球)机热湿处理,织物的单位面积重量为520 g/m²,毛高7 mm,适宜制作装饰布和外衣等产品。图4-38(b)产品的单位面积重量为630 g/m²,毛高10 mm。

(二)提花长毛绒

纬编提花长毛绒有结构花纹和色彩花纹之分。图4-39所示为结构花纹的提花长毛绒线圈图,在有花纹的地方纤维束与地组织一起编织,而在没有花纹的地方,仅地纱编织成圈,从而在织物的表观形成凹凸效应(又称浮雕效应)。

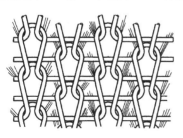

图4-39　结构花纹长毛绒组织线圈图

图 4-40～图 4-42 为具有色彩花色效应的纬编提花长毛绒产品。与纬编提花织物一样,常用的为 2～4 色提花长毛绒,如图 4-40 所示为二色提花长毛绒,经滚球后整理后形成羊羔绒表观效应。其中图 4-40(a)为织物效应面(通常称为织物正面),图 4-40(b)为织物反面。图 4-41(见封二)所示为三色提花长毛绒,其中图 4-41(a)为织物正面,图 4-41(b)为织物反面。图 4-42(见封三)所示为四色提花长毛绒,其中图 4-42(a)为织物正面,图 4-42(b)为织物反面。生产此类提花长毛绒织物的圆纬机需要有电子选针或机械选针机构,编织过程中可对经过每一毛条纤维束输入区的织针进行选针,使选中的织针退圈并获取相应的纤维束。

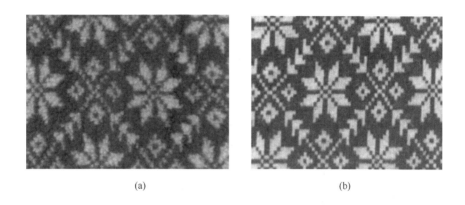

(a)　　　　　　　　　　　　　　　(b)

图 4-40　二色提花长毛绒(羊羔绒)织物

在花色长毛绒织物中,也可以通过选针与选沉降片提花编织,将色彩效应和结构效应结合,形成具有凹凸感的色彩花纹,三色凹凸提花长毛绒织物如图 4-43 所示。

(a)织物正面　　　　　　　　　　　　(b) 织物反面

图 4-43　三色凹凸提花长毛绒织物

二、毛纱割圈式长毛绒织物

毛纱割圈式长毛绒织物是由毛绒纱在某些圈弧上形成不封闭的线圈,而在其余圈弧上呈拉长的延展线,此特长的延展线在编织过程中被特制的刀针割断,形成一定高度的毛绒。织针和特制的刀针如图4-44所示。其组织结构一般采用在纬编平针组织的基础上拉长延展线的衬垫组织,常用组织结构如图4-45意匠图所示,分普通组织和混色组织,意匠图中的"⊠"表示毛绒纱和地纱一起垫入成圈,"□"表示仅地纱成圈。

图4-44 织针和特制的刀针

图4-45(a)、(b)、(c)均为普通组织。其中图4-45(a)为毛绒纱1隔1衬入,绒毛高度一般可达4~6 mm;图4-45(b)为毛绒纱1隔3衬入,绒毛高度一般可达7~15 mm;图4-45(c)为毛绒纱1隔5衬入,绒毛高度一般大于15 mm;图4-45(d)为毛绒纱1隔3衬入的双编织的混色组织,其绒毛高度与(a)类似。

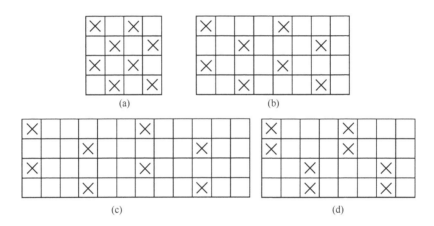

图4-45 常用组织结构

例如,图4-45(a)中,毛绒纱以1隔1衬入,其编织示意图、织针和三角排列图如图4-46所示。图4-46(a)所示为编织示意图。图4-46(b)所示为织针与刀针排列。每一行有二排,上面一排表示织针,下面一排表示刀针,与编织示意图中下方的织针(三个踵位)和刀针(二个踵位)配置相对应。图4-46(c)所示为三角配置,上面三横列为控制织针的上三角,下面二横列为控制刀针的下三角。上三角A、B控制织针1、2垫毛绒纱,上三角A_1、B_1、C_1控制织针垫地纱;下三角A'、B'控制刀针$1'$、$2'$垫毛绒纱,下三角A_2、B_2控制刀针$1'$、$2'$割断毛绒纱。纱线配置中的空格表示地纱,"⊠"表示毛绒纱1,"⊙"表示毛绒纱2。

毛纱割圈式长毛绒织物中毛绒的高度与毛纱割圈式圆纬机上针盘口与下针筒口的间距有关,如图4-47所示,一般在4~16 mm,要小于毛条喂入式产品。

割圈式长毛绒产品的毛绒纱多采用49.2~28.1tex(12~21英支)腈纶膨体纱(纤维线密度3.3~11dtex,长度76~126 mm),地纱多采用36.9tex(16英支)左右纯纺或混纺纱,或33.3tex(2×150旦)涤纶拉伸变形丝(DTY)。毛纱割圈式长毛绒产品主要有平剪绒类(平绒、压花绒、印花绒等)和仿兽类织物。

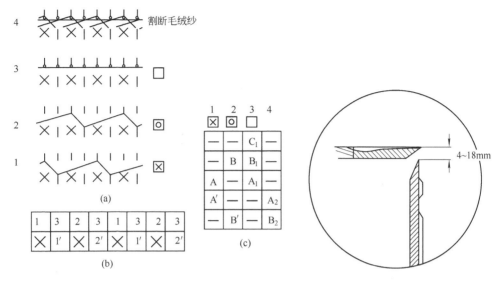

图4-46　1隔1衬入的普通组织编织和工艺配置图　　图4-47　上针盘口与下针
　　　　　　　　　　　　　　　　　　　　　　　　　　　　　　筒口的间距配置

图4-48(见封三)为毛纱割圈式普通平剪绒,毛绒纱采用49.2tex(12英支)腈纶膨体纱,地纱采用33.3tex(2×150旦)涤纶拉伸变形丝(DTY),在E18的毛纱割圈式圆纬机上编织,毛高10~16 mm,织物的单位面积重量为650 g/m²,适用于制作装饰布和外衣等产品。

图4-49(见封三)为毛纱割圈式压花绒,毛绒纱采用49.2tex(12英支)腈纶膨体纱,地纱采用33.3tex(2×150旦)涤纶DTY,亦在E18的毛纱割圈式圆纬机上编织,毛高16~20 mm,织物的单位面积重量为730 g/m²,适用于制作装饰布和外衣等产品。

图4-50(见封三)为毛纱割圈式印花绒,毛绒纱为49.2tex(12英支)腈纶膨体纱,地纱为33.3tex(2×150旦)涤纶DTY,在E18的毛纱割圈式圆纬机上编织,毛高10~16 mm,织物的单位面积重量为680 g/m²,适用于制作装饰布和外衣等产品。

图4-51(见封三)为毛纱割圈式混色绒,毛绒纱为49.2tex(12英支)腈纶膨体纱,地纱为33.3tex(2×150旦)涤纶DTY,在E18的毛纱割圈式圆纬机上编织,毛高10~12 mm,织物的单位面积重量为590 g/m²,适用于制作装饰布和外衣等产品。

第四节　其他绒类织物

这里所指的其他绒类织物,主要指通过后整理方式获得的具有绒类效应的织物。从后整理角度来说,绒类织物的形成方法主要有拉绒、刷绒、磨绒、植绒、砂洗、缩绒等。

一、拉绒织物

拉绒主要用于毛、棉及腈纶等纱线编织的纬编针织物的起绒起毛。织物在干燥状态下起毛时绒毛蓬松而较短;湿态时由于纤维延伸度较大,表层纤维易于起毛。因此,喷湿后起毛可获得较长的绒毛,浸水后起毛可得到波浪形长绒毛。棉织物宜用干起毛。

拉绒整理方法是指将织物(绒坯)覆于回转的拉毛滚筒上,使绒坯织物与拉毛滚筒作相对运动,逐渐拉出织物中的纤维,直至拉断形成绒毛为止。一般拉绒织物组织多采用具有较长浮线的衬垫组织或一些双面变化组织和复合组织,织物结构比较稀松;用于编织浮线等需拉绒的纱线一般比较粗,捻度较低;若所需的绒长比较长,一般采用化纤原料。经拉绒整理后的绒毛层可提高织物的保暖性,并使手感丰满、柔软。若将拉绒和剪毛等工艺配合,可提高织物的整理效果。

图4-52(见封三)所示为一纬编绗缝组织的拉绒布,该织物采用14.7tex(40英支)混纺纱(莫代尔25%+黏胶纤维45%+棉30%)、28.1tex(21英支)中空涤棉混纺纱,为提高织物的弹性,引入4.4tex(40旦)氨纶交织,在E22的四针道双面提花圆机上编织,其中工艺正面选针编织花纹,由14.7tex光洁的混纺纱构成;工艺反面为纵条纹,分别由14.7tex和28.1tex的混纺纱构成,其中将28.1tex中空涤棉混纺纱为工艺反面的起绒纱线,织物的单位面积重量为368 g/m²。图中(a)为该织物的工艺正面,(b)为该织物经拉绒整理后的工艺反面。

图4-53(见封三)所示为一三色提花拉绒布,采用18.5tex(32英支)精梳棉色纱(红色、深麻灰、浅麻灰)、28.1tex(21英支)中空涤棉混纺纱,为提高织物的弹性,引入4.4tex(40旦)氨纶交织,在E16的双面提花圆纬机上编织,其中工艺正面选针编织花纹;工艺反面编织三色小芝麻点配置,为使28.1tex中空涤棉混纺纱起绒,色纱配置为:每6路成圈系统循环中,第1、第3、第5路依次为三种色纱,同时4.4tex氨纶仅在上针成圈,第2、第4、第6路仅为起绒纱。织物的单位面积重量为343 g/m²。(a)为该织物的提花工艺正面,(b)为该织物经拉绒整理后的工艺反面。

二、刷绒织物

刷绒与拉绒的基本原理相似。目前适用于纬编针织物的刷绒设备有两种,一种适用于平幅针织物,另一种适用于单层圆筒形针织物连续性处理。前者可赋予织物表面桃皮绒效果,一般配有多只独立电动机驱动的张力辊,用于调节织物张力;同时也配有多只主动辊,用于调节织物与研磨辊(可由多只毛刷辊组成,材质可为碳化硅等)的接触角,以获得不同的起绒效果。后者适用于所有纤维,一般处理织物的最大幅宽为1300 mm。

纬编刷绒针织物的组织结构一般比较平整,可以是单面平针、双面罗纹、双罗纹组织等,织物结构比较紧密。

实例如双罗纹刷绒织物。采用18.5tex(32英支)精梳棉纱(50%为长绒棉)和4tex(36旦)氨纶交织,在筒径为762 mm(30英寸)、在E22普通双罗纹圆纬机上编织,氨纶一隔一路喂入随精梳棉纱成圈。后整理过程中对该织物经刷绒整理,织物的光坯扎幅宽度为1250 mm,有效幅宽1200 mm,织物的单位面积重量为300 g/m²。

三、磨绒织物

磨绒是对纬编针织物进行机械整理,在织物表面产生极细的绒毛,不损害针织物的结构,并赋予织物特殊的绒毛表面,以改善手感和丰满度,使织物更柔软、更富有弹性,改善穿着舒适性。

磨绒的方法是采用高速旋转的砂磨辊,使包覆在辊筒表面砂皮上随机排列的磨粒与织物紧密接触,借助于磨粒锐利的刀锋和尖角,首先将纱线中的纤维拉出并割成 1~2 mm 长的单纤维状,再磨成绒毛(原来卷曲的纱线也磨削扁平)。磨绒产品以表面具有微细而密集的短绒面为特征。在磨绒加工过程中,织物的强力损失较大,容易产生破洞。因此,针织磨绒织物一般选择表面平整度好、强力较高的产品作坯布,如纬平针、双罗纹组织等织物。

近年国际市场上流行花式磨绒。其原理有两种:一是利用组织或原料的差异,使起绒机的钢丝不易刺入纤维表面,从而实现局部不起毛绒的花式效应;另一种是采用花式磨绒(磨花)机,通过特殊的磨绒滚筒形成局部起毛绒。滚筒表面需要磨花的地方凸出,使砂皮上的磨粒与织物紧密接触,拉出并割断纤维,再磨成绒毛;不需要磨毛的地方滚筒表面凹进,以避免磨毛。一般磨花织物都为较厚实的织物,如麂皮绒、桃皮绒等织物可通过花式磨绒,可使织物获得丰满的绒感,改善手感,而且赋予织物具有类似于结构花纹的效果。

四、植绒织物

植绒是采用机械或静电的方式将绒毛"种植"在织物底布上形成绒毛效应。植绒的方法主要有两种:一种是簇绒,即利用丝线或绒头纱线采用栽植方法在织物底布上形成绒毛效应,常见的有喷射法和手工植绒法。簇绒织物具有较好的使用性能,产品有簇绒地毯、簇绒床罩、簇绒被单等,织物底布以机织物为主;另一种是静电植绒,即利用高压静电形成电场,使预先准备好的带电荷的短纤维绒毛,在电场的作用下,沿一定方向植立于涂有树脂的底布上,经过干燥、定型等处理,使短纤维与底布牢固地粘合在一起,形成绒效应外观。因其绒面密集、整齐度好,所以应用较广。

用于植绒的纤维有棉、黏胶纤维、腈纶、锦纶、涤纶、丙纶等,其中以棉、黏胶纤维和锦纶、涤纶为主。近年来,由于微细和超细涤纶纤维的比表面积大、各项性能好,其植绒织物手感细腻,书写效应明显,具有独特的风格,广泛用于高档植绒。植绒织物手感柔软、立体感强,目前还可根据特殊需求赋予产品减震、吸音、防潮、防蛀、阻燃等功能。

五、砂洗织物与产品

砂洗起绒一般以机织物为主,是一种特殊的后整理工艺,其基本原理是将织物或成衣放在专用的砂洗设备中,在特定条件下,通过机械及化学药剂的作用,使织物表面起绒,从而导致其特征发生变化,原有风格和服用性能得到改善。

织物砂洗按加工所达到的触觉、视觉效果可分为仿桃皮加工、仿麂皮加工、仿羚羊皮加工等,按加工工艺可分为物理加工和化学加工。物理加工主要包括砂磨、磨绒机磨绒和钢丝起绒机起绒,一般适合于厚实织物尤其是强度好的织物;化学加工的原理是使织物处于松弛状态,通过化学助剂使纤维膨化、疏松,再经特殊的助剂结合机械加工产生动态阻力摩擦,使裸露于织物表面的绒毛挺立,最终获得松软、柔顺、悬垂效果,具有丰满绒毛的砂洗织物。与物理加工的织物相比能显著降低织物的缩水率,适合于轻薄织物特别是真丝绸的起绒。从原料角度而言,砂洗织物主要有真丝、棉、化纤及其混纺织物。

六、缩绒织物与产品

常规的缩绒是指针织羊毛(或羊绒)衫在一定的温湿度条件下,受到不同方向力的反复作用和化学助剂的作用,导致羊绒衫等织物的经纬向收缩,面积变小,单位面积重量增加,从纱线中突出的纤维在毛衫表面产生一层绒茸,使毛衫外观丰满,手感柔软、滑爽、有身骨,色泽改善,缩绒后的毛(绒)衫品质与缩前有明显差异,缩绒毛衫的单位面积重量增加,从而保暖性、弹性都得到提高。

缩绒的工艺条件主要有缩绒液的浴比、温度(包括浸泡温度、洗涤温度、烘干温度)、时间(包括浸泡时间、洗涤时间、烘干时间)、pH值、助剂、纤维的品质、纱线和针织物组织结构。

缩绒针织品一般用于制作冬季针织毛衫,具有厚实、保暖性好、手感丰满柔软等特点。

思 考 题

1. 纬编产品中,可以分别采用哪些针织组织结构方法形成绒类织物? 其产品风格和特点有何不同?

2. 两线衬垫织物和三线衬垫织物,在产品的组织结构、外观效应方面有何特点?

3. 何谓正包毛圈? 何谓反包毛圈? 其形成纬编绒类产品的特色如何?

4. 采用选针编织和选沉降片编织两种工艺,分别可以获得何种外观效应的纬编花色毛圈产品?

5. 毛条喂入式长毛绒和毛纱割圈式长毛绒两类纬编产品,在产品风格和外观效应上有何特点?

6. 采用哪些后整理方式可以获得纬编绒类织物? 其产品有何特点?

第五章 其他产品设计

本章知识点

1. 移圈织物的种类、结构特点和用途、形成花纹效应的原理与方法、原料和编织选用的机型以及相应的上机编织工艺举例。
2. 调线织物的种类、结构特点和用途、形成花纹效应的原理与方法、原料和编织选用的机型以及相应的上机编织工艺举例。
3. 绕经织物的种类、结构特点和用途、形成花纹效应的原理与方法、原料和编织选用的机型以及相应的上机编织工艺举例。
4. 弹性织物的种类、组织结构的选用、氨纶丝喂入的方式和比例与织物弹性大小的关系、弹性织物编织和后整理工艺要点。
5. 无缝内衣产品的种类、常用组织结构特点、产品成形的方法、原料的选用以及相应的编织工艺举例。

第一节 移圈织物

圆形纬编针织机编织技术,可以通过移动针编弧或沉降弧来编织移圈织物。移动针编弧的织物称为纱罗织物,通常称为移圈织物;移动沉降弧的织物称为菠萝织物。设计移圈织物时,除了要考虑如何通过移圈来达到所需的花纹结构效应和功能效果外,还要考虑针织机的移圈功能和限制。移圈过程中由于线圈变形大,对纱线的强度要求比较高,因此在选用纱线时,纱线强度是一个必须重要考虑的因素。

一、纱罗织物

在针盘和针筒配置的圆纬机中,纱罗织物主要是由单向移圈的方式形成的,通常线圈从针筒针移向针盘针。通过单向移圈可以形成凹凸和孔眼等效应。

(一)移圈凹凸效应织物

利用移圈设计凹凸效应的织物时,其方法是通过移圈使双面组织变成单面组织的方式形成的。双面组织凸出在单面组织之上产生凸出效应,或者是单面组织凹陷在双面组织之中产生凹进效应,两种效应相互配置就会得到凹凸效应。图5-1和图5-2分别显示了一种具有菱形凹凸效应移圈织物的编织图和意匠图,图中凸出与凹进效应,都是通过把正面线圈移到反面线圈的单向移圈方式形成的。移去线圈的针筒针移圈后退出工作,什么时候再进入工作取决于花纹的要求。利用单向移圈改变组织,使正面线圈凸出在反面线圈之上的方法,可以编织出各种几何形状并具有凹凸效应的移圈织物。例如,图5-3(见封三)为一凹凸效应移圈织物实例,用167dtex/2的涤纶丝,在E15具有移圈功能的双面提花圆纬机上编织而成。该类织物可制作外衣或装饰布。

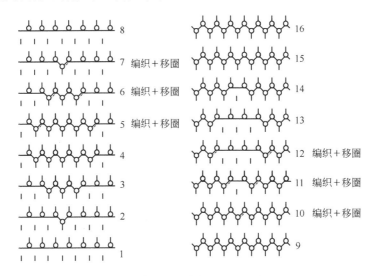

图5-1 菱形凹凸效应移圈织物编织图

(二)移圈孔眼织物

设计移圈孔眼织物时,其方法是把正面线圈移到反面线圈上,使正面线圈纵行中断,形成孔眼。孔眼的分布根据花纹要求设计。图5-4显示了一种孔眼效应移圈织物,把正面线圈移到反面线圈而形成具有孔眼效应的双面移圈织物,它是采用34.7tex(17英支)的棉纱,在E15、具有单向移圈功能的双面电脑提花圆纬机上编织。与形成凹凸效应的移圈方式不同,在编织移圈孔眼织物时移去线圈后的针筒针继续编织,移圈的织针由花纹决定,通过选针实现。移圈处因移去线圈使正面线圈纵行中断而产生小的孔眼效应。织物不仅具有孔眼形成的花纹效应,而且透气性也好,可制作T恤衫。

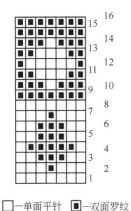

□—单面平针 ■—双面罗纹

图5-2 菱形凹凸效应移圈织物意匠图

图5-4 孔眼效应移圈织物图

（三）提花调线移圈织物

利用提花和调线与单向移圈配合可形成各种特殊花纹效应的织物。图5-5显示了一种提花调线移圈织物，采用19.7tex（30英支）棉纱，在E18且具有移圈和调线功能的双面提花圆纬机上编织。通过移圈形成的凹凸效应和孔眼效应配置在不同色纱编织的提花织物上，形成了一种特殊的花纹效应。该类织物可制作T恤衫。

二、菠萝织物

菠萝织物通常在平针组织的基础上，通过移动沉降弧，使沉降弧窜套在新形成的线圈上编织而成。移去沉降弧的地方由于线圈纵行中断而形成孔眼效应。移去的沉降弧可以套到一个线圈上，也

图5-5　提花调线移圈织物图

可以套到两个线圈上；移去的沉降弧可以是一个，也可以是多个，即把同一线圈纵行相邻的几个沉降弧一同移去，以增大孔眼效应。菠萝织物中，由于移动针编弧后，线圈受力不匀，织物强力受到影响。因此，在设计菠萝织物时，除了选用强度较高的纱线外，还必须考虑移圈位置的合理分布，避免移动针编弧的地方集中，造成某些区域织物强力的过多下降。

图5-6所示为一菠萝织物，采用24.6tex（24英支）棉纱，在E18且带有沉降弧移圈装置的单面提花圆纬机上编织而成的菠萝织物的正反面。每一个孔眼都是通过把同一线圈纵行上相邻两个线圈的沉降弧移到右侧的新线圈上而形成的，其地组织为平针组织。该类织物不仅通过沉降弧的转移形成孔眼花纹效应，还增加了织物的透气性，可用于制作T恤衫。

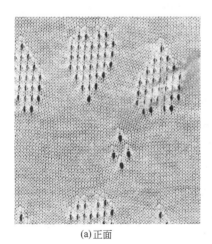

(a)正面

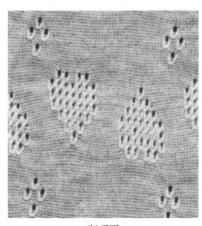

(b)反面

图5-6　菠萝织物

第二节 调线与绕经织物

一、调线织物

调线织物是在编织过程中轮流改变喂入的纱线,用不同种类的纱线组成各个线圈横列的一种纬编花色组织织物。调线织物的外观效应取决于所选用的纱线的特征。例如,最常用的是不同颜色的纱线轮流喂入,可得到彩色横条纹织物;还可以用不同细度的纱线轮流喂入,得到凹凸条纹织物;用具有不同光泽的纱线轮流喂入,得到不同反光效应的条纹等。

调线织物可以在任何纬编组织的基础上得到,如单面的平针组织、变换组织、毛圈组织和提花组织等,双面的罗纹组织、双罗纹组织、变换组织和提花组织等。由于调线织物在编织过程中线圈结构不起任何变化,故其性质与所采用的基础组织相同。

调线织物主要形成彩色横条、凹凸横条纹等具有横条纹的效应。编织该类织物需要在机器上带有调线装置,一般为 4 色调线、6 色调线,由电脑控制调线装置调换导纱指,最常用的是 4 色调线圆纬机。电脑控制的调线圆纬机,花型设计时可根据一个完全组织花高的意匠图和具体的计算机花型准备系统,来编制与输入花型程序。

调线织物主要用于生产针织 T 恤衫、运动衣和休闲服饰等。

(一)普通调线织物

普通调线织物可以在普通的单面平针、衬垫、毛圈或双面罗纹等组织的基础上形成彩色横条纹。

1. 平针调线织物 图 5-7(见封三)所示为单面平针调线织物,采用 19.7tex(30 英支)棉纱,在 $E24$ 带四色调线装置的单面四针道圆纬机上编织。该织物的单位面积重量为 120 g/m^2,适宜制作针织 T 恤衫等。

2. 罗纹调线织物 图 5-8(见封三)(a)所示为 1+1 罗纹调线织物,采用 29.5tex(20 英支)精梳棉纱,在 $E24$ 带四色调线装置的双面圆纬机上编织,织物的单位面积重量为 240 g/m^2;图 5-8(b)所示为 2+2 罗纹调线织物,采用 29.5tex(20 英支)精梳棉纱,在 $E24$ 带四色调线装置的双面圆纬机上编织,织物的单位面积重量为 225 g/m^2。该织物适宜制作针织 T 恤衫、休闲服饰等。

3. 衬垫调线织物 图 5-9(见封三)所示为两线衬垫调线织物,衬垫纱采用 28.1tex(21 英支)棉纱,地纱采用 18.5tex(32 英支)棉纱,在 $E24$ 带四色调线装置的单面衬垫圆纬机上编织,织物的单位面积重量为 240 g/m^2,适用于制作内衣、休闲服等。

4. 毛圈调线织物 图 5-10(见封三)为单面毛圈调线织物,地纱采用 110dtex/36F 涤纶,毛圈纱采用 19.7tex(30 英支)精梳棉纱,在 $E24$ 带四色调线装置的单面毛圈圆纬机上编织,织物的单位面积重量为 210 g/m^2,适宜制作外衣、休闲服等。

(二)提花调线织物

如图 5-11(见封三)所示,在底组织结构为双面提花的基础上,采用 19.7tex(30 英支)棉纱,在 $E18$、带四色调线装置的双面电脑提花圆纬机编织,获得提花调线织物,织物的单位面积重量为 175 g/m²,适宜制作 T 恤和衬衣等。

(三)提花移圈调线织物

如图 5 - 12(见封三)所示,在底组织为双面提花与移圈复合的基础上,分别采用 167dtex 涤纶和 110dtex 涤纶,在 E18、带四色调线装置且具有移圈功能的双面电脑提花机上编织,织物的单位面积重量为 120 g/m²,适宜制作 T 恤衫和衬衣等。

二、绕经织物

绕经纬编织物简称绕经织物,俗称吊线织物,即在某些纬编单面组织的基础上,绕经纱沿着纵向垫入,并在织物中呈线圈和浮线的一种纬编花色组织结构的织物。其线圈结构如图 5 - 13 所示,其中图 5 - 13(a) 为一个完全组织中,绕经纱仅在一个线圈纵行上垫绕;图 5 - 13(b) 所示为在一个完全组织中,绕经纱在相邻的四个纵行上垫绕,均构成纵条纹效应。图 5 - 13 中每一绕经组织均由两部分构成,图中的"Ⅰ"区为绕经区,"Ⅱ"为地组织区。

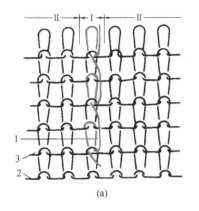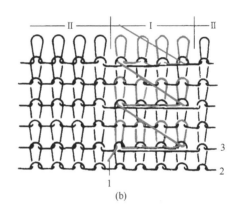

(a)　　　　　　　　　　　　(b)

图 5 - 13　绕经织物线圈图

利用绕经结构,可以方便地形成色彩和凹凸的纵条纹,再与其他花色组织结合,可形成方格等效应。绕经织物除了用作 T 恤衫、休闲服饰等面料外,还可生产装饰织物。

绣花圆袜产品是在单针筒吊绒(绣花)圆袜针织机上编织,以单色、两色、三色等绣花吊线纱在单面平针地组织正面某些位置上形成添纱花纹图案。这是成形圆形纬编绕经吊线产品的一个典型品种。

绕经纬编织物产品设计时,地组织一般为平针、集圈、提花和衬垫组织。一般绕经线圈采用色纱,为突出花色效应,可以采用较粗的色纱,以增加纵向凹凸效应。绕经纱花纹可采用多种形式设计,如纵向条纹、曲折条纹和曲折花纹等。

绕经织物的编织,需要在单面圆纬机上加装绕经装置,使绕经纱与针筒同步回转,并将绕经纱垫绕在被选中一枚或一组织针上进行成圈,故该机还需要具有选针系统(多针道、机械式选针或电子单针选针等)。

图 5 - 14 所示为一种绕经调线彩色方格珠地网眼织物外观。该织物采用 36.9tex(32 英

支/2）棉纱，在 $E18$、具有绕经机构和四色调线机构的单面圆纬机上编织，织物的单位面积重量为 $215\ g/m^2$，适宜制作 T 恤衫和衬衣等。

图5-15是该织物的绕经花纹意匠图。该织物的地组织为集圈珠地网眼。一个完全组织中有3条绕经纵条纹，在每2条绕经纵条纹之间有21个纵行宽的珠地网眼，为简化起见，图中仅用3个纵行表示。图5-16所示为该织物绕经花纹的编织图和上机工艺配置图，其中第1、第2、第4、第5路编织地组织纱，第3、第6路编织绕经纱。该织物可在四针道圆纬机上编织。

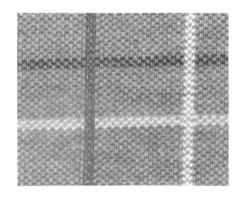

图5-14　绕经调线彩色方格珠地网眼织物

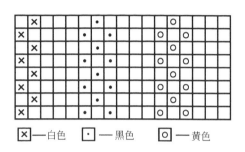

☒—白色　　·—黑色　　○—黄色

图5-15　绕经花纹意匠图

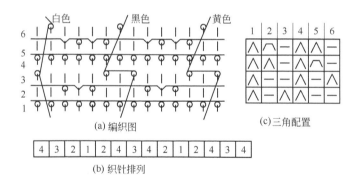

(a) 编织图

(c) 三角配置

(b) 织针排列

图5-16　绕经花纹编织图和上机工艺

第三节　弹性织物

针织物由线圈穿套而成，因而具有一定的弹性和延伸性。在纬编针织物中加入适当的氨纶等弹性纤维或纱线可以显著地提高与改善织物的弹性和延伸性能。一般来讲，织物中的氨纶含量越多、衬入越均匀，织物的弹性和延伸性越好。本节所指的弹性织物，主要为织物中采用不同的弹性纤维或纱线编入，或采用不同的织物组织结构，以及直接采用弹性纱线编织的具有一定弹性特征的圆形纬编针织物，简称弹性针织物，按其弹性大小，大致可以分为三类。

（1）高弹针织物，又叫强制类织物，其延伸率在30%～50%，回复性减弱小于5%～6%，主要用作滑雪服、游泳衣、运动衣等。

（2）中弹针织物，又叫行动类织物，其延伸率在20%～30%，回复性减弱小于2%～5%，称为舒适弹性，适用于制作日常衣着和室内装饰用。

（3）低弹针织物，又叫舒适类织物，其延伸率在20%以下，适用于制作一般衣着。

下表显示了不同弹性针织物及其用途。

不同弹性针织物

分　类	用　途	延伸率（%）
强制类	技巧运动衣	50～200（纵横向）
	滑雪衣	40～60（纵向）
	舞蹈紧身衣	50～200（纵横向）
	妇女贴身衣	50～150（纵横向）
行动类	运动衣、教练衣	20～30（纵横向）
	戏　装	25～40（纵横向）
	妇女儿童便裤	20～30（纵横向）
舒适类	衬衣、妇女短衫	10～15（横向）
	工作服、制服	10～15（横向）
	短上装、便套	15～20（纵横向）
	男女外衣套装	10～25（横向）

影响纬编针织物弹性大小的因素很多，主要有原料、织物组织结构、织物密度、氨纶弹性纱线的线密度、送纱量、送纱比例、编入方式、织物的后整理工艺等。弹性针织物产品设计主要可以从织物组织结构的选择、氨纶弹性纱线的编入以及其他弹性纱线的选择等方面来综合考虑。

一、弹性针织物的组织结构选用

织物的组织结构也会影响到织物的延弹性。

1. 纬平针组织　纬平针组织的横向弹性要比变化平针织物的横向弹性好。这是因为纬平针织物全部由线圈串套组成，而变化平针组织是由线圈和浮线组成，织物受到拉伸时，纬平针组织的线圈转移程度要比变化平针组织大。

2. 罗纹组织　罗纹组织是由正面线圈纵行与反面线圈纵行相间配置而成。连接正面线圈与反面线圈的一段沉降弧受较大的弯曲和扭转，由于纱线的弹性，每一面的线圈纵行相互毗连。因此，在横向拉伸时，具有较大的弹性。采用同样的纱线和工艺条件，由于1＋1罗纹组织在相同针数的范围内连接正反面线圈的沉降弧数目比其他罗纹组织多，因此在罗纹组织中具有最佳的横向弹性。实践表明，在一定范围内增加罗纹组织的密度，可以提高罗纹针织物的弹性。另外，适当加长线圈沉降弧和缩短针编弧，可使罗纹针织物弹性增加、条纹清晰。

3. 双反面组织　双反面组织是由正面线圈横列与反面线圈横列相互交替配置而成,线圈圈干的曲面在线圈纵行方向上发生倾斜,造成纵向缩短,纵密和厚度增加。圈干倾斜的程度与纱线的弹性、线密度和针织物密度等因素有关。由于圈干的倾斜使双反面组织具有良好的纵向弹性。采用同样纱线和工艺条件时,由于 1+1 双反面组织具有较多倾斜的线圈圈干,因而在双反面结构中纵向弹性最好。

由于线圈结构的特点,罗纹组织具有良好的横向弹性,双反面组织具有良好的纵向弹性,可以满足一般弹性要求的场合。如果对针织物的弹性有更高的要求,可以借助于弹性纱线的应用。

二、氨纶弹性纱线编入织物

氨纶纤维的大分子结构中有柔性链段和刚性链段两种链段组成,使得氨纶纤维有很强的弹性和延伸性,最大可伸长到原长的 700% ,而伸长在 500% 时弹性回复率可达 95% 以上。氨纶纱有裸丝、包芯纱、包缠纱等形式,可以衬垫、衬纬和添纱等方法编入地组织,加强地组织的弹性,目前弹性产品中尤以添纱方式编入地组织者为多。

1. 衬垫和衬纬方式编入织物　在纬平针组织中,用 1:1 的衬垫比衬垫氨纶纱,织物下机后会产生类似 1+1 罗纹的外观效果,横向弹性好,常用于单针筒袜机袜口的编织。

在 1+1 罗纹组织中,衬入不成圈的氨纶纬纱,由于氨纶纱直接承受外力,回弹时受到的摩擦阻力小,能使针织物具有更好的横向弹性。采用此种方式,虽然能节省氨纶纱的用量,节约成本,但不能用于需裁剪再缝制的针织品。

2. 添纱方式编入织物　若氨纶纱与地纱一起参与每一线圈的成圈,称全添纱。采用全添纱方式垫入氨纶纱用量大(最高达针织物重量 40% 左右),成本高。如在弹力锦纶平针织物和罗纹织物中,采用全添纱方式织入氨纶纱,能大大提高横向弹性,适用于泳装、体操服、滑冰服等要求弹性、回复力度大的服装。

目前弹性织物中,通常采用将氨纶纱与部分地纱一起编织成圈,称局部添纱。如在平针织物和罗纹织物中,每隔一路或几路编入氨纶纱;在双面组织中可以采用仅在一面针上(通常为针盘针)同地纱一起编织成圈,或仅在一隔一路成圈系统中垫入氨纶纱并与地纱一起成圈。部分添纱方式编入氨纶纱,也可应用于其他各种针织组织,在增加织物弹性的同时,还能改善手感、悬垂性和尺寸稳定性等其他性能,以满足对针织物多方面的需求。

影响此类弹性织物弹性大小的因素有以下几种。

(1)织物密度。织物受到拉伸后,在各种应力的作用下织物要回缩,密度不同,回缩的应力也不一样。例如,密度适中的织物要比密度较稀的织物回弹性好。

(2)氨纶的线密度。较粗氨纶的弹力要比较细的大,织成织物的弹性要好。

(3)氨纶的送纱量。氨纶的送纱量也就是氨纶送纱时的牵伸倍数,适当的牵伸倍数可以使氨纶的弹性达到最佳状态,织成织物的弹性指标也较优。

(4)氨纶的送纱比例。氨纶的送纱比例是指上机时氨纶与其他纱线的送纱比例,这个比例直接关系到织物中氨纶的含量,也会影响到织物的弹性指标。

(5)后整理工艺。

①一般弹性纬编织物的工艺流程为:针织 →预定型→净洗预处理→染色→脱水→烘干→定型→打卷或折叠包装。

②平幅弹性织物工艺流程为:针织→剖幅→预定型→平幅水洗(或缝合前处理)→染色→退捻扩幅、柔软轧水(或退捻开幅、剖幅、柔软轧水)→复定型→打卷或折叠包装。

③圆筒形弹性织物工艺流程为:针织→圆筒预定型→绳状预处理、染色→退捻剖幅、柔软轧水、平幅定型(或退捻扩幅→柔软轧水→平幅定型)。

3. 氨纶弹性织物工艺要点

(1)编织工艺。某薄型单面添纱弹性莱卡织物的部分工艺参数如下。另列举六个实例说明单面和双面纬编弹性针织物在圆型纬编机上的编织工艺。

弹性莱卡丝(裸丝):2.2tex ~ 3.3tex(20 旦 ~ 30 旦);

输纱比:5% ~ 8% ;

进纱张力:<1.96cN;

织物下机单位面积重量:110 ~ 150g/m²

——单面纬平针弹力织物,采用 18.5tex(32 英支)精梳棉纱 + 2.2tex(20 旦)氨纶,在 762mm(30 英寸)筒径,E28 的单面圆纬机上编织,氨纶丝每路与地组织一起织入织物,进线张力:3.92 ~ 5.88cN,开幅幅宽(门幅)为 165cm(有效幅宽 155cm),织物的单位面积重量为 200g/m²,氨纶含量为 4.7% 。

——单面纬平针弹力织物,采用 11.1tex(100 旦)锦纶 + 11.1tex(100 旦)有光丝 + 4.4tex(40 旦)氨纶,在 E28 的单面圆纬机上编织,进线方式:11.1tex 锦纶(6 路)织入氨纶 + 11.1tex有光丝(3 路),进线张力:3.92 ~ 5.88cN,开幅幅宽为 118cm(有效幅宽 108cm),织物的单位面积重量为 128g/m²,氨纶含量为 16.1% 。

——单面纬平针弹力织物,采用 8.3tex(75 旦)coolmax + 2.2tex(20 旦)氨纶,在 762mm(30 英寸)筒径,E28 的单面圆纬机上编织,氨纶丝每隔一路与地组织一起织入织物,进线张力:3.92 ~ 5.88cN,开幅幅宽 177cm(有效幅宽 167cm),织物单位面积重量为 84g/m²,氨纶含量为 7% 。

——双面罗纹弹力针织物,采用 9.8tex(60 英支)混纺纱(莫代尔 50/棉 50) + 4.4tex(40 旦)氨纶,在 864mm(34 英寸)筒径,E18 的双面圆纬机上编织,氨纶丝以全添纱的方式与地组织一起织入织物,进线张力:3.92 ~ 5.88cN,开幅幅宽为 165cm(有效幅宽 160cm),织物的单位面积重量为 180g/m²,氨纶含量高达 16% 。

——双面罗纹弹力针织物,采用 14.7tex(40 英支)普梳棉纱 + 23.3tex(210 旦)氨纶,在 E14.5 的双面圆纬机上编织,氨纶丝一隔一路仅在上针盘上与地组织一起织入织物,进线张力:1.96 ~ 3.92cN,织物的单位面积重量为 230g/m²,氨纶含量高达 12.5% 。

——双面双罗纹弹力针织物,采用 14.7tex(40 英支)混纺纱(莫代尔 50/棉 50) + 3.3tex

(30旦)氨纶,在E24的双面圆纬机上编织,氨纶丝一隔一路与地组织一起织入织物。织物的单位面积重量为460g/m²,氨纶含量为3.5%。

(2)预定型。预定型的目的是为了稳定织物中氨纶纤维线圈内较强的内应力,并松弛其线圈内的应力、应变,使线圈尽快达到稳定,消除织物下机后产生的表面细皱纹和鸡爪痕。预定型工艺有以下几项。

温度:145~195℃。

超喂:直向0~14%,横向10%~20%。

机速:15~18 m/min(根据定型机烘箱长度而定)。

定型时间:30~40s。

坯布直横向超喂量根据坯布密度和氨纶弹性纤维性能而定,以消除织物表面细皱纹和轧痕、线圈整列稳定为标准,测试其沸水缩水率来检验定型效果。预定型温度不宜过高,时间不宜过长,否则影响织物弹性和手感。

(3)水洗预漂。经过预定型的坯布,以平幅状或绳状进行水洗和预漂,去除坯布表面油污渍和氨纶弹性纤维表面的油剂,改善坯布毛细管效应,提高坯布染色效果。在连续平幅水洗设备上可以连续进行水洗、预漂、柔软整理,机速25~50m/min;在绳状水洗预漂处理机上处理坯布之前,需将预定型后的平幅坯布重新缝接,以在绳状染色机上前处理和染色;在经轴染色机上染色后的坯布在机内真空状态脱水后,进入复定型。

(4)染色。可以在绳状溢流染色机、经轴染色机、雾化染色机、气化染色机、悬浮低张力染色机上进行染色。以染色后坯布表面无折皱、轧痕、不起毛作为其考核指标。染色工艺流程为:前处理→染色→退捻轧水→打卷(或折叠)→定型。

(5)烘燥—定型。平幅织物进入复定型、热定型机后,要求热定型机有良好的、反应灵敏的整纬装置,强有力的剥边机构,高灵敏度的超喂机构,箱体内热风风速均匀、横向温差小的烘房。烘燥—定型工艺有以下几项。

温度:55~198℃,比预定型温度高2~5℃。

超喂:根据织物含氨纶的比例、弹性和织物尺寸稳定性的要求来控制其直向超喂量和横向的拉幅。直向超喂5%左右,车速15m/min。定型后坯布门幅略大于成品门幅2~3cm,织物缩水率控制在6%~8%。

圆筒形织物进入定型后,织物的两边无轧痕印,织物表面线圈排列整齐、尺寸稳定、弹性佳。该方式尤其适用于圆筒氨纶针织物连续化生产,工艺流程短。

三、其他弹性纤维

采用弹性纱线直接织入织物,可以获得弹性和延伸性优异的弹性织物。随着化纤新型弹性原料的开发,有许多弹性纤维纱线可以直接用于纬编针织物的生产。

弹力锦纶是较早开发应用的弹性纱线。它与氨纶纱配合使用能生产高弹性针织物,由于弹力锦纶具有很高的耐磨性,良好的吸湿性和染色性能,能够单独编织成圈,价格比较低,品种规格多,因此仍然广泛应用于普通袜品和针织服装面料的生产。新型锦纶(Tactel)具有柔软、舒适、光泽好、弹性佳、色牢度好、耐穿等特点,根据最终产品的需要,又有超细、深浅不同的双色层次变化、透湿气、柔软而有不同光泽效应、特殊光泽和垂性等系列产品,分别适用于不同风格的针织运动休闲服饰面料。新型锦纶(Tactel)与氨纶结合使用,已广泛用于针织无缝内衣产品。新型锦纶(Supplex)是继 Tactel 后推出的新型锦纶 66 产品,具有柔韧、质轻、吸湿、弹性、易护理等特点,可制作 T 恤衫、衬衣、女上装、运动服、休闲服、内衣裤、短袜等产品,新型锦纶(Supplex)可以加工成空气变形丝或加弹丝,生产各种纬编针织面料与服装。

新型聚酯(PTT)弹性纤维具有良好的回弹性、蓬松性、抗污性和化学稳定性,湿态下尺寸稳定性好,玻璃化温度高于室温,常温常压下可染色等特点。其短纤维适于女式紧身衣、女式睡衣、休闲服、泳衣、运动装、外套、袜类等针织产品;其长丝还可以与其收缩率不同的化纤长丝合股交织生产仿毛针织产品,织物经过后整理会产生不等的缩率,呈现出各种凹凸立体花纹。

高弹纯棉纱和弹力真丝是新型的改性天然纤维纱线,它们既具有原有天然纤维的优良特性,又增加了弹性,可以单独编织成圈,产品弹性极佳,穿着柔软、贴身、舒适,特别适用于高档内衣的生产。

第四节 无缝内衣

传统针织内衣(棉毛衫裤、汗衫、背心、短裤等)的生产,都是将光坯布裁剪成一定形状的衣片,再缝纫制成最终产品。因此,在内衣的两侧等部位具有缝迹,对内衣的整体性、美观性和服用性能有一定影响。

无缝针织内衣是近几年流行的新型高档针织产品,其加工特点是在专用针织圆纬机上一次基本成形,下机后稍作裁剪、缝边及后整理,便可成为无缝的最终产品。无缝针织内衣产品除了一般造型的背心和短裤之外,还包括吊带背心、文胸、护腰、护膝、高腰束腰裤、短裤、泳装、健美装和休闲装等。

一、无缝内衣常用的组织结构与生产设备

1. 无缝内衣类产品常用的组织结构 除毛圈组织、平针组织、添纱组织外,还有外观类似于罗纹的变化平针(假罗纹)组织。

无论是平针组织还是假罗纹组织,一般均以添纱方式形成每一个线圈。地纱大多用弹力锦纶丝或氨纶包芯丝,面纱为棉纱。

常用的假罗纹有 1+1、2+1、3+1、3+2 等结构,前面一个数字代表凸条纹线圈的纵行数,后面一个数字代表凹条纹线圈的纵行数,1+1假罗纹结构意匠图如图 5-17 所示。图中"☒"表示成圈,"□"表示浮线。第2、第4纵行的织针在奇数成圈系统处不参加编织成圈,而形成拉长线圈,其线圈大而松,且在线圈后面有浮线,使线圈纵

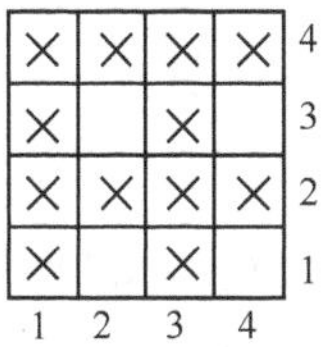

图 5-17 1+1假罗纹结构示意图

行正面拱起,形成凸条纹。第1、第3纵行的织针在每个成圈系统处均参加编织成圈,线圈中

的纱线,一部分被转移到相邻不参加编织的拉长线圈中去,因此线圈小而紧密,凹陷在织物后面,形成凹条纹,织物外观很像罗纹的效果,简称假罗纹。改变织物中凹条纹和凸条纹的比例,可以得到不同表观效果的假罗纹,即 1 + 1、2 + 1、3 + 1、3 + 2 等结构。

2. 无缝针织内衣的产品生产设备 无缝针织内衣产品可在电脑全成型针织圆纬机上编织(意大利,胜歌),该机型有 8 个成圈系统(路),每个成圈系统有 7 个喂纱嘴,两个电子选针器,相互配合可以实现三功位选针。针筒直径 305 ~ 406mm(12 ~ 16 英寸),均为 E28,大多用于生产薄型纬编无缝内衣产品。

二、无缝内衣产品的设计

(一)美体上衣的设计

美体上衣可分为左右衣袖及大身两部分。图 5 - 18 为圆筒形美体上衣的大身。整件大身由下摆、束腰、文胸、肩袖、领口五个部分组成。

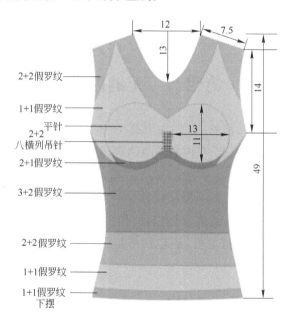

图 5 - 18 美体上衣的大身(正面)

上衣的形态变化是依靠组织结构的变化来实现的。如文胸采用单面平针及 1 + 1 假罗纹,中心的起绉(抽褶)效应是采用 2 + 2 连续 8 个横列为一循环的假罗纹结构,使文胸具有向中间收紧和向上吊起的外观(又称吊针)。吊针结构意匠图如图 5 - 19 所示,其中"☒"表示成圈,"□"表示浮线。

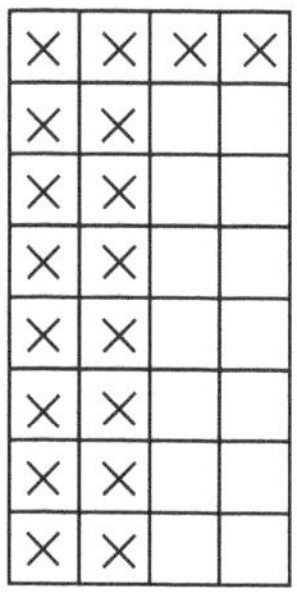

美体上衣采用的原料和穿纱方式为:每一路的 2 号喂纱嘴穿 33dtex 锦纶丝作为地纱,第 1、第 3、第 5、第 7 路的 7 号喂纱嘴穿 10tex 棉纱及第 2、第 4、第 6、第 8 路的 7 号喂纱嘴穿 22/77dtex 的氨、锦纶包

图 5 - 19 吊针结构示意图

芯丝作为面纱。由于每隔一路的面纱采用氨、锦纶包芯丝,使织物弹性更好,凹凸条纹更显著。为了增强产品下摆部段的弹性,第4、第8路的3号喂纱嘴穿233dtex高弹锦纶丝,只在编织下摆部段时进入工作,其他部段退出工作。

编织时,每一路的成圈三角全部进入成圈位置。每一路只需一个选针器进入工作。各部段的结构变化,是由每一路选针器的选针设计来实现织针的编织与不编织,从而形成不同的凹凸条纹。

美体上衣的衣袖并不是无缝的,而是将下机后的圆筒形织物一分为二,再各自拼缝成为一件衣服的两只袖子。

衣袖所采用的原料及穿纱方式同编织大身时一样。衣袖的袖口编织是采用平针双层扎口方式进行起口的,如图5-20所示。其余部位均由选针器控制织针作结构变化。

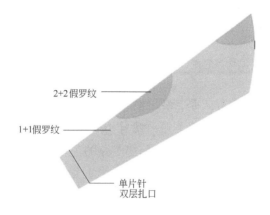

图5-20　美体上衣的衣袖

(二)无缝毛圈类内衣的设计

图5-21为无缝毛圈类内衣的款式及尺寸简图,内衣的下摆采用平针双层扎口。

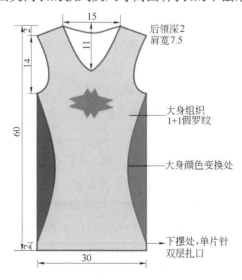

图5-21　毛圈类内衣的款式及尺寸简图

该产品的圆筒形大身组织均为 1+1 假罗纹,其织物组织正面的部分结构意匠图如图5－22所示,织物反面的毛圈结构如图5－23所示。

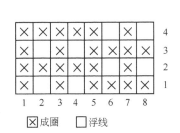

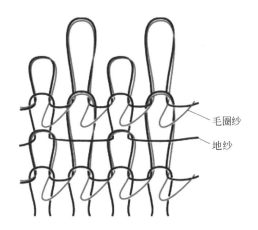

毛圈纱

地纱

☒成圈　☐浮线

图5－22　毛圈内衣的结构意匠图

图5－23　毛圈内衣线圈结构图

该产品采用的原料和穿纱方式是,每一路的 2 号喂纱嘴均为 22/77dtex 的氨/锦包芯纱作为地纱;第 1、第 3、第 5、第 7 路的 7 号喂纱嘴穿 10tex 的绿色彩棉作为面纱,5 号喂纱嘴穿10tex 的普通棉纱作为毛圈纱;第 2、第 4、第 6、第 8 路的 7 号喂纱嘴穿 10tex 的白色棉纱作为面纱。这样,第 1、第 3、第 5、第 7 纵行形成凹条纹;第 2、第 4 纵行形成白色凸条纹;第 6、第 8纵行形成绿色凸条纹,织物正面形成 2 隔 2 白、绿相间的纵条纹。胸部的菱形花纹是通过变换导纱器的垫纱方式来实现的。由图 5－23 的线圈结构所知,该产品是一隔一横列形成毛圈,因此织物反面的毛圈比较稀薄。

编织时,每一路的成圈三角全部进入工作,每一路只需一个选针器参加工作。为了使第 1、第 3、第 5、第 7 路的毛圈纱在形成毛圈后比较稳定,因此第 2、第 4、第 6、第 8 路的弯纱深度略大于第 1、第 3、第 5、第 7 路,从而使第 2、第 4、第 6、第 8 路编织的线圈长度较大,在第 1、第 3、第 5、第 7 路编织毛圈时确保有足够的纱线回退,达到稳定毛圈线圈的作用。

毛圈内衣的衣袖口不做毛圈,起口采用平针双层扎口方式。袖身的组织结构都采用1＋1 假罗纹结构,每一路的穿纱方式与圆筒形大身的穿纱方式相同。

（三）隐带上衣的设计

隐带上衣是非常典型的无缝针织内衣类产品,其结构和工艺比较简单,如图 5－24 所示。下机后为圆筒形坯布,经后整理和稍作裁剪及包边、上带,即可形成最终产品。

该产品所用原料和穿纱方式是,每一路的 2 号喂纱嘴穿 22/33dtex 氨/锦包芯纱作为地纱;第 1、第 3、第 5、第 7 路的 7 号喂纱嘴穿 S 向的 77dtex/68F 弹力锦纶丝和第 2、第 4、第 6、第 8 路的 7 号喂纱嘴穿 Z 向的 77dtex/68F 弹力锦纶丝作为面纱;第 4、第 8 路的 3 号喂纱嘴穿 233dtex 氨纶裸丝,在编织下摆时进入工作,增加下摆部段的弹性。

编织时,每一路的成圈三角进入工作,每一路只需一个选针器进入工作,织针由一个选

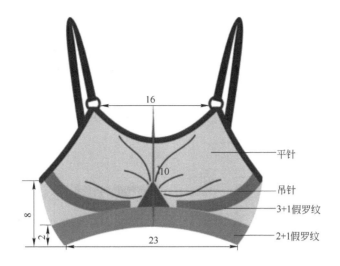

图 5 - 24　隐带上衣款式图

针器选择参加编织或不编织,使产品的各部段形成不同的凹凸条纹。

(四)吊带衫的设计

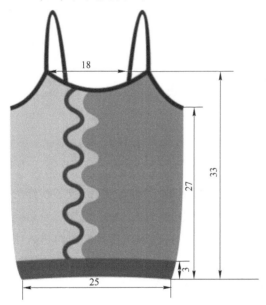

　　吊带衫也是典型的无缝内衣产品之一,其款式如图5-25所示。其组织结构采用1+1与5+1假罗纹结构。将下机后的圆筒形坯布,沿切割线将领口、袖口裁剪成形,然后包边和上肩带。图5-26为吊带衫的组织结构意匠图。

　　该产品所用的原料和穿纱方式是,每一路的2号喂纱嘴穿22/77dtex 氨/锦包芯纱;第1、第3、第5、第7路的7号喂纱嘴穿10tex的黑色

×	×	×	×	×		×		4
×		×		×	×	×	×	3
×	×	×	×		×			2
×		×		×	×	×	×	1
1	2	3	4	5	6	7	8	

图 5 - 25　吊带衫款式图　　　　　图 5 - 26　吊带衫组织结构示意图

棉纱,第2、第4、第6、第8路的7号喂纱嘴穿10tex 白色面棉纱;为了增加下摆部段的弹性,第4、第8路的3号喂纱嘴穿122dtex 氨纶裸丝,只在编织下摆时进入工作。该产品一个完全组织为4个横列8个纵行,第1、第3、第5、第7纵行形成凹条纹;第2、第4纵行形成淡黑凸条纹,第6、第8纵行形成灰色凸条纹,织物外观具有黑、灰相间的条纹。

　　编织时,每一路的成圈三角进入工作,每一路只需一个电子选针器选择织针实现编织与不编织,使织物形成1+1假罗纹表观。

（五）美体裤的设计

美体裤分三个部段：裤管口、裤身和裤腰。裤管口和裤腰均采用平针双层扎口结构，臀部由平针组织、1+1 与 3+1 假罗纹等组织组合编织形成，以适合人体体形。织物下机后，将裤管内侧沿切割线 A 切割、缝合即可形成最终产品。

美体裤结构如图 5-27 所示，图 5-27（a）为美体裤的后半部分结构示意图，图 5-27（b）为美体裤的前半部分结构示意图。

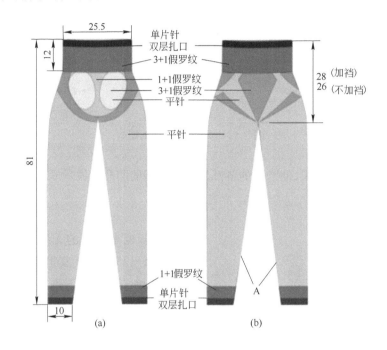

图 5-27　美体裤结构图

美体裤采用的原料和穿纱方式为：每一路的 2 号喂纱嘴穿 22/77dtex 氨/锦包芯纱作为地纱；每一路的 7 号喂纱嘴穿 10tex 棉纱作为面纱，显露在织物的表面。为了增加裤管口与裤腰的弹性，在第 4、第 8 路的 3 号喂纱嘴穿 233dtex 氨纶裸丝，只在编织裤腰部段时进入工作；在第 2、第 6 路的 3 号喂纱嘴穿 122dtex 氨纶裸丝，只在编织裤管口时进入工作。由于氨纶丝的规格不同，可使裤腰部段的弹性大于裤管口的部段的弹性。

编织时，每一路的成圈三角均进入成圈位置。每一路只需一个电子选针器进入工作，并由选针器选择织针参加编织与不编织，使美体裤的各个部段获得不同的凹凸条纹外观。

（六）毛圈平脚裤的设计

毛圈平脚裤是较为典型的无缝内衣产品之一。该产品为满地毛圈，如图 5-28 所示。

该产品所采用的原料和穿纱方式为：每一路的 2 号喂纱嘴及 7 号喂纱嘴分别穿上 77dtex/68F 的锦纶弹力丝和 22/77dtex 氨/锦包芯纱，作为地纱和面纱。每一路的 5 号喂纱嘴穿 14tex 棉纱作为毛圈纱。图 5-28 为毛圈平脚裤结构图。图 5-28（a）为圆筒形的后半部分，图 5-28（b）为圆筒形的前半部分。织物下机后，将裆部缝合即可形成一件产品。

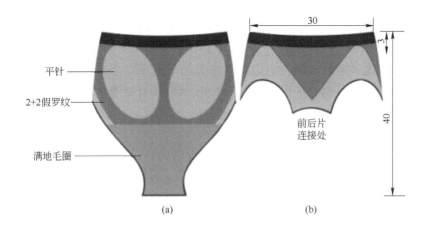

图 5－28　毛圈平脚裤结构图

编织时,每一路的成圈三角全部进入工作位置。每一路只需一个电子选针器进入工作,实现满地毛圈的编织。

(七)花式短裤的设计

花式短裤其裤身部段采用浮雕花纹结构,即由集圈组织形成孔眼效应外观,款式如图5－29所示。集圈花型的组织结构意匠图如图5－30所示,为一个完全组织,每一横列由成圈(⊠)和集圈(□)组成。

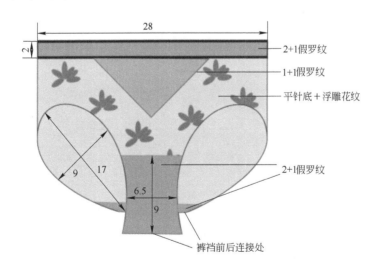

图 5－29　花式短裤款式

该产品采用的原料和穿纱方式为:每一路的 7 号喂纱嘴穿22/33dtex氨/锦包芯纱作为添纱;第 1、第 3、第 5、第 7 路的 2 号喂纱嘴穿和第 2、第 4、第 6、第 8 的 2 号喂纱嘴分别穿 10tex 棉纱及 33dtex 锦纶弹力丝作为地纱。为了增加裤腰部段的弹性,在第 4、第 8 路的 3 号喂纱嘴穿 233dtex 氨纶裸丝,只在编织裤腰部段时进入工作。

图 5－30　集圈结构
　　　　意匠图

编织时,每一路的成圈三角全部进入工作,每一路均为两个电子选针器必须全部参加工作。当某一织针均被两个选针器选上,该织针上升至成圈高度,同时可垫上添纱和地纱,形成正常的线圈。当某一织针被第一个选针器选上而未被第二个选针器选上,该织针上升至集圈高度后被第二个选针器打进针槽而不再上升,这一织针只能垫上地纱(棉纱或锦纶弹力丝),形成集圈线圈,另一添纱在织物反面形成浮线,从而具有镂空立体浮雕的表观。

思 考 题

1. 纱罗组织可以形成哪些外观效应的织物?

2. 调线织物主要形成何种外观效应的产品?可以在哪些常用的组织结构上形成?

3. 举例说明编织绕经织物的完全组织需要有几路成圈系统?绕经花型的大小与哪些因素有关?

4. 影响织物弹性大小的因素有哪些?

5. 如将氨纶弹性纱线编入织物,一般可以采用何种方式编入织物?

6. 无缝内衣常用假罗纹结构形成起绉(抽褶)效应。请问 $1+1$、$2+1$、$3+1$ 假罗纹与 $1+1$、$2+1$、$3+1$ 罗纹组织相比,在组织结构和编织方法方面有何不同?

第二篇 平形纬编产品设计
第六章 平形纬编产品设计概述

● 本章知识点 ●

1. 平形纬编产品的概念,产品分类及其一般生产工艺流程。
2. 成形毛衫的定义、生产特点及其服用性能。
3. 横机机号与毛纱线密度的匹配关系。

第一节 平形纬编产品分类

一、平形纬编产品的概念与分类

平形纬编产品泛指在平形纬编针织机上编织而成的各类针织服装和纺织品。可分为服用、装饰和产业用三大类产品。本章主要讲述服用类平形纬编产品,主要包括羊毛衫、手套、帽子、围巾、袜子和披风等,其中尤以毛衫类产品的生产最具有代表性。毛衫类产品包括各种开衫、套衫、背心、大衣、裤、裙、童装等。

鉴于目前在毛衫产品中,众多新原料的应用已大大超出了以往人们专以动物毛纱为原料编织毛衫的习惯做法。因此,从专业的角度出发,毛衫类服装统称为成形针织服装,专指编织下机的衣片、袖片和附件具有符合人体特征的轮廓线而无需裁剪或仅需少量裁剪即可缝合成衣的针织服装。

成形毛衫具有弹性好,手感柔软,穿着舒适且保暖、健美等优点。相比于传统的裁剪服装,成形毛衫裁剪损耗少、原料成本降低,生产工艺流程短、翻改品种快、适宜小批量生产,能满足市场的需求。成形毛衫在新原料,新款式和流行色的运用方面能紧贴市场的需求,品种繁多,款式新颖,深受广大消费者的喜爱,在消费市场上的份额越来越大,已形成内衣外穿和时装化的趋势。

二、平形纬编毛衫类产品分类

平形纬编毛衫类产品按原料种类可分为纯毛类、纯化纤类、纯棉类、混纺类和交织类;按纺纱工艺可分为粗纺类、精纺类和花色纱类;按款式可分为开衫类、套衫类、背心类、大衣类、裙类和裤类等;按组织结构又可分为单面类、四平针类、三平针类、四平空转类、鱼鳞类、胖花类、绞花类、网眼类和镶拼(嵌花)类等。

三、平形纬编毛衫类产品生产工艺流程

平形纬编毛衫产品的一般生产工艺流程为:原料进厂→检验→络纱(摇纱、倒纱)→坯件织造→检验→预定形→部分裁剪→缝合→检验→洗烫定型→检验→分等、包装、入库。

在平形纬编产品生产中,一般采用色纱编织,进厂原料大多为绞纱。在前道准备阶段采用摇纱和倒纱两道工序,使绞状毛纱改装成具有均匀张力的筒装毛纱,并加以上蜡,确保顺利编织。在小批量素色产品生产时,可采用成品染色生产工艺,既避免了缝制工序中可能产生的配色色差,又能够灵活地适应客户对各种产品颜色的需求,因而目前该工艺日益受到生产厂家的重视。

第二节　机号与毛纱线密度的匹配

为了使平形纬编产品具有较好的紧密度和柔软性,一定线密度的毛纱应选择一定机号的横机进行编织。在编织平针和罗纹组织时,通常可采用经验公式来推算两者的匹配关系:

$$T_t = \frac{K'}{E^2} \text{或} N_m = \frac{E^2}{K}$$

式中:T_t——纱线线密度,tex;

N_m——毛纱公支支数;

E——机号;

K'——介于 7000~11000 间的常数,通常取 9000;

K——介于 7~11 间的常数,通常取 9。

经验公式应用举例:

例 6-1:求适宜加工 20/2 公支 ×2 毛纱的横机机号?

解:20/2 公支 ×2 相当于 5 公支,取常数 $K=9$,则:

$E = (N_m \times K)^{1/2} = (45)^{1/2} = 6.7$

取 7 针横机。

例 6-2:现有 12/2 公支毛纱,试问能否在 9 针横机上编织平针或罗纹组织?

解:$K = \frac{E^2}{N_m} = 81 \div 6 = 13.5$

因为 K 值过大,超出 K 值的取值范围,所以不能编织。

经验公式显示,当横机机号一定时,毛纱公支支数与 K 值成反比关系。K 值过大,表明毛纱太粗,不能编织;K 值过小,表明毛纱太细,编织出的织物过于稀松。

国内毛纺织行业中,对于毛纱的线密度有人仍习惯上采用传统的公支制,但我国法定纱线线密度量纲采用国际标准线密度量纲为 tex(特或特克斯)。

在一般情况下,上述经验公式具有较高的匹配性。但在选择特粗型和特细型横机的加

工纱线时会出现较大的偏差。同时,在使用该公式时,需兼顾编织时的工艺条件。当两根或两根以上毛纱合并编织时,由于毛纱可以在针和针槽壁的间隙中移位,因此实际可采纳的毛纱线密度数值可增加25%～30%。此外,毛纱的种类、毛纱的表面处理效果、毛纱的断裂伸长率以及毛纱的打结状况均会影响经验公式的匹配程度。

下表列出了国际羊毛局"纯羊毛标志"毛衫品质标准与品质控制须知中提供的编织单面平针与罗纹组织时,纱线线密度与横机机号的部分匹配关系数据,可供工艺设计时参考。

横机机号与纱线线密度匹配关系

机号 E	纱 线				
	计算值（K = 7～11）		标准匹配参考值		
	线密度 tex	公支	线密度 tex	公支	相当 K 值
3	1222～778	0.8～1.3	500～444	2～2.25	4.5～4
4	687～438	1.5～2.3	333	3	5
5	440～280	2.3～3.6	267～250	3.75～4	6.6～6.25
6	305～194	3.3～5.1	200	5	7.2
7	224～143	4.5～7	200～167	5～6	9.8～8.2
8	171～109	5.8～9.1	125	8	8
9	135～86	7.4～11.6	118	8.5	9.5
10	110～78	9.1～14.3	100	10	10
11	100～58	11～17.3	87	11.5	10.5
12	76～48	13.1～20.6	77	13	11
14	56～36	17.8～28	62.5	16	12.25
16	42～27	23.3～36.6	41	24	10.7
18	21.6～34	46.3～29.5	—	—	—

思 考 题

1. 平形纬编毛衫产品的一般生产工艺流程有哪些?

2. 横机机号与毛纱线密度的匹配经验公式如何应用?

3. 服用类平形纬编产品主要包括哪些种类? 其中最具代表性的是哪类产品?

4. 成形毛衫生产特点是什么?

第七章　平形纬编产品设计

> ● 本章知识点 ●
>
> 1. 平形纬编产品设计的定位方法及其设计要领。
> 2. 平形纬编产品表观肌理的加工手段。
> 3. 纬编针织成形毛衫各部位的常用组织结构。
> 4. 纬编针织成形毛衫产品密度的确定方法和密度简易回缩法。
> 5. 纬编针织成形毛衫工艺计算方法。
> 6. 成形毛衫工艺设计过程。

第一节　产品设计定位与要领

一、平形纬编产品设计定位

平形纬编产品多为成形编织,经适当成衣与后整理后即可面对消费者。因此,产品突出了产品设计定位,即产品设计师通过市场调研和社会分析,充分了解不同消费层的生活模式,并根据企业的特点,充分利用企业的设备优势和技术优势,找出生产和消费双方的结合点,以确定设计产品的类别及其加工工艺。产品投放市场后能够刺激消费对象的消费心理,引起购买欲望,导致购买行动,从而达到满足社会需求和获得经济效益的双重目的。产品设计师应充分考虑以下因素。

（一）消费对象

应充分了解产品消费对象的性别、年龄、职业、经济收入、文化程度、家庭结构、生活方式以及民族地区和风俗习惯等基本情况,从而使产品的款式、用料、色彩和价格能符合消费者的需求和消费能力。

（二）消费功能

应区分产品的不同功能,根据实用休闲功能类产品和社交功能类产品的不同的款式特点设计出相应的产品。

（三）款式类型

服装产品设计师应充分掌握各种产品的款式特点和结构特征,区分内穿毛衫、时装毛衫、休闲毛衫、职业毛衫、运动毛衫和礼服类毛衫等品种的产品档次,结合市场的需求,采用不同的用料、配色和组织结构设计出相应的产品。

（四）服用季节

服装产品的设计与服装的穿着季节应相符合,需根据季节的变化适时调整产品。区分薄型、厚型、浅色调、深色调、全毛型、混纺型和差别化纤维型等毛衫适穿的季节。

（五）销售地区

不同的销售地区具有不同的消费习惯、消费水平和风俗习惯。销售地区应区分南方、北方地区；城镇、乡村地区；亚洲、欧美地区等。

（六）加工与销售方式

产品的加工与销售方式应考虑到加工批量（数量与规格）、加工精度（前道和后道）、加工场地（内制与外发）、原料档次（种类与品质）、宣传手段（广告与展示）、销售形式（包装与售货环境）等因素。

二、产品设计要领

（一）重视"传达"

纺织品设计的目的在于传达。它较多地采纳客观的信息，再经主观加工形成作品，最终传达给消费者。它必须得到消费者的理解或认可，因此它与人们的日常生活密切相关。设计师必须以市场为导向，充分了解消费者的需求，重视"传达"，并恰当地加入符合时代潮流的设计元素，才能获得成功。

（二）功能和形式的统一，形式服从于功能

在成形针织产品的设计中，要区分各种不同功能的服装并赋予其应有的外观形式。设计形式应符合产品功能的需要。例如，实用休闲性服装，其形式应便于活动，轻松方便，易洗免烫；社交礼仪性服装，其形式应体现穿着者的身份、地位与修养。

（三）避免"加法"，重视"减法"

成形针织服装装饰的一般规律是款式新颖的服装少加或不加装饰；款式简洁大方的服装应考虑加以装饰点缀；装饰性设计元素应达到画龙点睛的效果，避免喧宾夺主而破坏了服装产品的整体效果。

三、平形纬编产品结构设计手段

（一）设备提花

设备提花指在具有提花功能的横机上进行选针编织，包括单双面选针提花、单面无虚线提花和电脑提花等。设备提花主要产生图案色彩或结构与凹凸图案花纹。

（二）原料交织

在横机上可以采用两种或两种以上不同原料或色彩的毛纱按设计要求进行交替编织。利用原料的不同质感可在产品上产生不同的视觉和触觉效果。

（三）组织结构复合

在横机上可采用成圈、集圈、浮线的编织方法并加以移圈、加减工作针或改变工作针的配置等方式进行组织结构的组合与变化。不同的组织结构组合可改变毛衫的弹性和表观肌理。

（四）表面装饰

在平形纬编产品中可采用手工或机绣的方式进行产品表面装饰，包括绣花、穿珠、扎花

和镶皮等。表面装饰能显示产品的富贵与华丽感。

(五)染色技术

平形纬编产品可以在半成品阶段利用染色技术赋予产品各种色泽及图案。染色技术包括染色、印花、扎染、蜡染和手绘等,主要表现毛衫的粗犷、朦胧与自然的图案色彩。

(六)后整理技术

平形纬编产品的后整理包括缩绒、拉毛和一些特种功能整理等,主要满足产品的特定风格或功能要求。

第二节　成形毛衫常用织物组织结构

一、衣片和袖片组织结构

成形毛衫的坯件分为前衣片、后衣片和袖片。前衣片应根据产品的风格和档次分别采用平针、横条、抽针罗纹、提花、四平(满针罗纹)、四平空转(罗纹空气层)、三平(罗纹半空气层)、单鱼鳞(半畦编)、鱼鳞(畦编)、集圈网眼、移圈网眼、移圈绞花、扳花(波纹)、胖花(多列集圈)、变化双反面和无虚线提花(单面嵌花)等组织结构。后衣片和袖片的组织结构一般以简洁、素色为主。如前衣片的花色结构很复杂,则为了提高生产效率和降低成本,将在穿着时并不显眼的后衣片和袖片的组织结构选为与前衣片的厚度和风格相符的、结构较为简单的组织结构。

纬平针是各类平形纬编产品中最常用的组织结构。粗纺毛纱编织的纬平针毛衫通常采用缩绒整理工艺,使毛衫具有表面起绒,手感柔软的风格。在纬平针的基础上可以变化出横条、移圈网眼等组织结构。

抽针罗纹常用于形成毛衫的纵条纹。在抽针罗纹的基础上,可以变化出移圈绞花、抽条扳花和各种纵向结构花纹。

四平、四平空转、三平组织一般用于中高档精纺毛衫,其中四平织物平整、厚实、紧密;四平空转织物紧密、厚实、挺括、保暖且尺寸稳定,外表面隐含横条效应;三平织物的外观酷似四平空转,且用料省,编织效率高。

单鱼鳞、双鱼鳞又称作单元宝和双元宝,用于编织中厚型毛衫。单鱼鳞表面具有鱼鳞状的线圈外观;双鱼鳞组织当采用两种色纱以交替一横列一换纱的方式编织时,由于集圈悬弧被前一拉长线圈遮盖,因而在织物的两面能形成不同的素色外观,这是双鱼鳞组织的一个特色。

双反面组织在常规的手摇横机中编织时,需频繁地将线圈进行前后针床间的移圈。因此,在手摇横机中仅在编织少量结构花纹时加入双反面组织。在具有自动移圈功能的电脑横机中,可以方便地进行双反面组织的编织。它可以利用线圈正反面圈柱和圈弧的形态差异构成素色暗花效应。

无虚线提花编织时,毛纱仅在需要编织的区域内进入工作,色块间采用双线圈、集圈等形式作横向连接,消除了单面提花织物工艺反面的虚线,具有花纹清晰,图案精致的特点,成为高档单面提花毛衫类产品的首选。

二、下摆、袖口、领圈和袋口组织结构

为保持成形毛衫服用时的合体性,下摆、袖口、领圈和袋口部位一般采用弹性较好的罗纹组织结构。其中 1 隔 1 抽针的"1＋1"罗纹和 2 隔 1 抽针的"2＋2"罗纹最为常见。

在宽松型时装毛衫产品中,下摆和袖口部位可采用"3＋2"、"3＋3"等抽针罗纹,以显示出毛衫的宽松、粗犷风格。

三、起口编织组织结构

成形毛衫的坯件大多采用单片编织,因此每一坯件均需进行起口编织。衣片的起口部位形成毛衫的衣边。

为满足毛衫衣边光洁、饱满且不脱散的服用要求,无论编织何类罗纹下摆或袖口,起口编织均应以"1＋1"罗纹的方式进行,在起口横列之后编织 1.5 转或 2.5 转纬平针空转,使下摆或袖口边缘产生由外向内的包卷,形成饱满的边口。

1＋1 罗纹和 2＋2 罗纹用于编织下摆罗纹和袖口罗纹时的排针方法如表 7－1 所示。

表 7－1　常用 1＋1 罗纹和 2＋2 罗纹排针图

类　　别			排 针 方 式	排 针 图 示
1＋1 罗纹(前后针床 1 隔 1 排针)	粗厚织物	下摆罗纹	正面比反面多 1 针	正面 ❙•❙•❙•❙ 反面 ❙•❙•❙
		袖口罗纹　翻口	反面比正面多 1 针	正面 ❙•❙•❙ 反面 ❙•❙•❙•❙
		袖口罗纹　不翻口	正面比反面多 1 针	正面 ❙•❙•❙•❙ 反面 ❙•❙•❙
	细薄织物	下摆罗纹	正面比反面多 1 针 正面两边各加 1 针	正面 ❙❙•❙•❙❙ 反面 ❙•❙•❙
		袖口罗纹　翻口	反面比正面多 1 针 反面两边各加 1 针	正面 ❙•❙•❙ 反面 ❙❙•❙•❙❙
		袖口罗纹　不翻口	正面比反面多 1 针 正面两边各加 1 针	正面 ❙❙•❙•❙❙ 反面 ❙•❙•❙
2＋2 罗纹(前后针床 2 隔 1 排针)	粗细织物	下摆罗纹	反面两边各少排 1 针	正面 ❙❙•❙❙•❙ 反面 ❙•❙❙•❙❙
		袖口罗纹　翻口	正面两边各少排 1 针	正面 ❙•❙❙•❙❙•❙ 反面 ❙❙•❙❙•❙❙
		袖口罗纹　不翻口	反面两边各少排 1 针	正面 ❙❙•❙❙•❙❙ 反面 ❙•❙❙•❙❙•❙

第三节　产品密度与成形工艺计算

一、密度

(一)密度与缩率

织物密度是产品工艺设计中的首要指标。在毛纱线密度一定的情况下,密度指标反映了织物的稀密程度,对于产品的品质和风格起着极为重要的作用。织物密度分为横向密度和纵向密度,两者的乘积称总密度。总密度是计算原料成本的依据。平形纬编产品的密度还分为成品密度和下机密度。

平形纬编产品全部生产工艺完成后达到的织物密度称成品密度(净密度),它是工艺设计师制定产品编织工艺单的重要依据(工厂常用10cm内的线圈横列或纵列数来表示编织工艺计算中常使用横列/cm与纵行/cm)。编织的坯件经简易回缩后测得的织物密度称下机密度(毛密度),它是操作工用来控制坯件质量的依据。

产品的成品密度与下机密度的差值对成品密度之比的百分率,定义为缩率:

$$缩率 = \frac{成品密度 - 下机密度}{成品密度} \times 100\%$$

影响产品缩率的因素包括毛纱种类、组织结构、下机衣片的简易回缩方法、编织张力、牵拉方式以及产品的后整理方式等。

(二)密度确定方法

确定产品密度,一般有如下步骤。

(1)根据毛纱线密度、织物组织确定横机(类型、机号)后,按大批生产时的同等条件编织几块100针×100转不同密度的织物试样;按衣片简易回缩法回缩,测出试样的下机密度。

(2)计算出试样的公定重量;得出单位针转重量。

(3)将试样按大生产的同等条件进行后整理,然后测定试样的成品密度;估算产品坯件的总针转数。

(4)综合各块样布的风格和手感,并估算各档成品密度下单件产品的公定重量,综合评价后确定织物成品密度和与之相对应的下机密度。如有不符应反复修正,直至确定最佳密度值。

(三)简易回缩法

确定坯件下机密度时应针对不同的原料和组织结构,采用不同的简易回缩法。常用简易回缩法有以下几种方法。

1. 蒸缩　蒸缩分为湿蒸和干蒸。

(1)湿蒸。将下机坯件在100℃左右蒸汽箱内汽蒸5~10min,适用于精纺毛纱产品。

(2)干蒸。将下机坯件在70℃左右干钢板上烘烤5min左右,适用于腈纶产品。

2. 揉缩　将下机坯件无规则揉捏,然后拍平,抹直线圈纵行,适用于粗纺纬平针产品。

3. 掼缩　将下机坯件对折成方形掼击,直到缩足,然后抹直线圈纵行,适用于双面织物。

4. 卷缩　将下机坯件横向卷起稍拉,然后拍平,适用于粗针化纤纬平针产品。

5. 拉密　将下机坯件纵向拉足,测量 10 个横列的纵向尺寸,计算出拉足时的纵向密度。也有的采用手工拉伸,在拉足情况下直线数出单位长度(如 25mm)的横列数。适用于纬平针产品。

二、成形工艺计算

成形编织是横机编织的一大优势。以编织的方法加工成形产品的目的在于使产品满足服用或使用中的合体性。在横机上成形加工的原理是通过改变织物密度和工作针数的方法使产品具有符合设计要求的外轮廓线。改变织物密度成形方法主要依靠不同大小的线圈产生不同的延伸性和尺寸,并在回弹性的作用下满足合体要求,成形后的织物强力和表观特征会受到较大的影响;改变工作针数成形方法是通过收放针的变化改变织物不同部段的横向尺寸,从而达到成形的目的,成形后的织物仍保持其原有的物理特性、服用性能及表观特征。

本节主要表述收放针成形编织工艺,它可分为平面成形工艺和立体成形工艺两类。

(一)成形编织工艺参数

成形编织工艺计算所需的工艺参数包括机号 E、纱线线密度、织物横密 P_a、纵密 P_b、织物组织结构与机头转数的换算系数 K 等。例如,现设定成形编织工艺参数见表 7-2。

表 7-2　成形编织工艺参数表

机号 E	纱线线密度(tex)	横密 P_a(纵行/cm)	纵密 P_b(横列/cm)	组织结构		换算系数 K
9	55×2	5.2	6.8	纬平针	平形	0.5
					圆筒形	1

表中换算系数 K 表示织物中的横列数与机头往复运行(转)数的比值。收放针部段第一横列工作针数和最后一横列工作针数可通过横向尺寸和 P_a 计算;收放针部段的横列数可通过纵向高度和 P_b 计算;完成该收放针部段的机头运行转数可通过横列数和换算系数 K 值计算。

(二)平面成形工艺

平面成形工艺是服用类平形纬编产品的主要编织手段。以成形毛衫衣片中的袖窿(挂肩)为例,其工艺计算方法有如下两种。

1. 收针工艺计算　根据工艺参数计算所得的模拟衣片如图 7-1 所示。

挂肩收针部段第一横列 199 针,最后一横列 157 针,机头运行转数 27 转。一般细针横机上一次收针数 2~3 针;粗针横机上一次收针数 1~2 针。现初取一次左右侧各收 2 针。

$$n = \frac{Z_1 - Z_2}{2S} = \frac{199 - 157}{4} = 10.5(\text{取 10 次})$$

式中:n——收针次数;

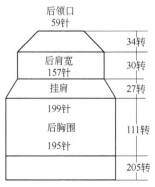

图 7-1　后衣片

Z_1——收针部段第一横列针数;

Z_2——收针部段最后一横列针数;

 S——每边收针数。

由于第一次收针不计入机头运行转数,所以:

$$m = \frac{N}{n-1} = \frac{27}{9} = 3$$

式中:m——收针间隔转数;

 N——机头运行转数。

如按 3 转收 2 针(两边共 4 针)10 次计算,收针总针数为 40 针,比应收针少 2 针。故可将收针工艺调整为:3 转收 3 针 1 次—3 转收 2 针 9 次。

验算后实际收针数 42 针,总收针转数 27 转,与设计要求相附。

2. 放针工艺计算 放针工艺计算与收针工艺计算相同。单面明放针时一次只能放一针,如需放 2 针或 2 针以上,必须采用暗放针的操作手法。

(三)立体成形工艺

在横机(特别是电脑横机)上运用立体成形工艺不但能编织全成形服装,而且能编织用于纺织复合材料的预制件。横机立体成形工艺在结构变化和形态设计方面具有一定的优势。此类成形工艺主要分为移圈收放针和持圈收放针。

1. 移圈收放针成形工艺 在平面成形工艺的基础上,通过前后针床的圆筒形编织,可形成各种变截面的管道预制件。

(1)工艺设计与计算。例如,图 7-2 所示的异截面方形管,其形状轴对称,大小两个管道用斜面过渡。斜面与水平面的夹角为 45°。

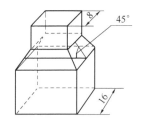

图 7-2 异截面方形管

工艺参数的计算与平面成形工艺相同。其中斜面长度可通过两个方形管的边长差和斜面的倾斜角计算;斜面横列数可通过斜面长度和 P_b 计算。

$$Z_1 = a_1 \times P_a = 8 \times 5.2 = 41.6(取 41 针)$$

$$Z_2 = a_2 \times P_a = 16 \times 5.2 = 83.2(取 83 针)$$

式中:Z_1——小方形管针数;

 Z_2——大方形管针数;

 a_1——小方形管边长,cm;

 a_2——大方形管边长,cm;

小方形管道每边横列 41 针,总针数 160 针;大方形管道每边横列 83 针,总针数 328 针。

编织斜面,机头运行转数 N 为:

$$N = \frac{a_2 - a_1}{2\cos 45°} \times P_b \times K = 5.66 \times 6.8 \times 1 = 38.4(取 38 转)$$

机头运行转数 38 转。现初取一次收 2 针。

$$n = \frac{Z_2 - Z_1}{2S} = \frac{83 - 41}{4} = 10.5(取 10 次)$$

式中：n——斜面收针部段收针次数。

收针转数 m 为：

$$m = \frac{N}{n-1} = \frac{38}{9} = 4.2(取 4 转)$$

如按 4 转收 2 针（两边共 4 针）10 次计算，收针总针数为 40 针，比应收针少 2 针；收针总转数 36 转，比斜面总转数少 2 转。故需将收针工艺调整为：4 转收 2 针 4 次—5 转收 2 针 1 次—4 转收 2 针 4 次—5 转收 3 针 1 次。

调整后的收针工艺满足要求，且能保持收针线的均匀过渡。

（2）编织方法。根据大方形管总针数 328 针，前后针床各排 164 针。可采用纱起口的方式编织大方形管织物到规定的长度，然后将工作针的两侧和前后针床工作针的居中位作为四条收针线，按工艺要求进行收放针操作。为确保立体成形织物的整体性，务必在每次收针后将右半（或左半）工作针上的线圈向另一侧的织针移圈靠拢，避免在收针位产生孔眼。收针结束，编织小方形管织物到规定的长度后下机。

在异截面方形管立体成形编织的基础上，均匀增加收针部段的收针线，可编织近似异截面圆形管。

2. 持圈收放针成形工艺　在装有休止编织三角系统的手摇横机或电脑横机上，可通过持圈收放针编织移圈收放针难以编织的立体成形织物。此类成形工艺具有更大的灵活性。

持圈收放针成形工艺的技术关键在于如何以适当的方式将三维立体展开成二维平面图形，然后通过合理的排针和持圈收放针操作，形成设计所需的三维立体几何织物。

（1）工艺设计与计算。例如，图 7-3 所示为半球体织物，可以将它均匀分解成若干块瓜皮形平面展开的组合。整个平面中的相邻部段的弧线可以采用持圈收放针的方式连接。其工艺参数的计算与平面成形工艺相同。

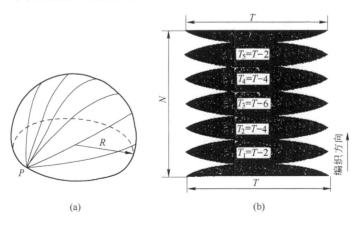

图 7-3　半球体织物平面展开图

持圈式收放针部段的横列数可以通过球体半径 R、分段数 n 和织物纵密 P_b 求得;排针数由球体半径 R 和横密 P_a 求得;收针最后一横列留针数视球体成形要求而定,每次收针留针数越少成形越良好;持圈收针工艺的编排应先慢后快,放针工艺应先快后慢,以形成突起的圆弧连接,满足球体成形的需要。

（2）编织方法。在装有休止编织三角系统的手摇横机上按排针数设计要求在单针床上排针,纱起口编织。在收针时,按工艺要求将应退出工作的带有旧线圈的织针沿针槽上推,使之在成圈三角上方持圈运行;放针时,将在成圈三角上方运行的持圈织针按工艺要求依次拨下,使之重新进入工作。整个编织过程中的收放针循环数取决于分段数。为了使各段瓜皮形平面的汇结点 P 首尾相接,成形良好,在计算各部段横向最大针数时,应考虑先递减后递加,如图 7−3 中 $T_1 \sim T_5$ 所示。

第四节　成形毛衫工艺设计

一、规格与款式

（一）规格

传统成形毛衫的规格按有关标准制定。现行《毛针织品》,FZ/T 73018—2002 标准关于规格尺寸的标注规定:普通毛针织品成衣以厘米表示主要规格尺寸。上衣标注胸围;裤子标注裤子规格（相当于 4 倍横裆）;裙子标注臀围。目前毛衫产品规格尚未普及号型制标准,仍以表 7−3 所示的规格表示方法为主。

表 7−3　毛衫产品规格表示法

规格档			厘米号	英制号		代　　　号					
			cm	英寸	cm	符号	名称	参考尺寸			
档差			5	2	5			英寸		cm	
								男	女	男	女
男衫	范围		85~115	32~46	81~117						
	中档	外衣	100	—	—	S	小号	36	34	90	85
		内衣	95	38	97	M	中号	38	36	95	90
	男裤		80~110	—	—	ML	中大号	40	38	100	95
女衫	范围		80~110	30~42	76~107	L	大号	42	40	105	100
	中档	外衣	95	—	—	XL	特大号	44	42	110	105
		内衣	90	36	91	XXL	特特号	46	44	115	110
	女裤		80~105	—	—			48	—	120	—
童衫范围			45~75	—	—	一般尺寸由客户指定,因销售地区而异					

（二）款式

成形毛衫的款式变化主要体现在领型变化、肩型变化、袖型变化和襟型变化上。领型变化包括圆领、V 领、高领和翻领等;肩型变化包括平肩、斜肩、马鞍肩等;袖型变化包括长袖、短袖、平袖、斜袖、连袖和无袖等；襟型变化包括开襟（连门襟和装门襟）、半门襟和套衫等。各种变化的组合形成毛衫各种不同的款式。

部分常见毛衫款式如图7－4、图7－5、图7－6、图7－7、图7－8所示。

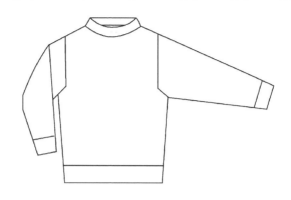

图7－4　圆领套衫

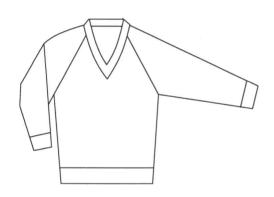

图7－5　V领斜肩套衫

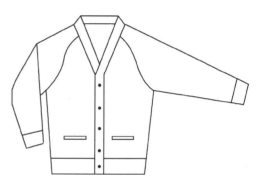

图7－6　V领马鞍肩开衫

图7－7　翻领半襟衫

图7－8　V领开背心

成形毛衫的时装款式，其规格和款式变化不受约束，可以宽松、紧身或加长等。

（三）衣片分解

以V领男开衫为例，其成衣部位代号和衣片分解如图7－9和图7－10所示。表7－4为

V 领男开衫的成品规格。

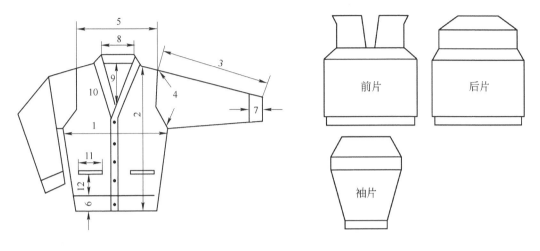

图 7-9　V 领男开衫　　　　　　图 7-10　V 领男开衫衣片分解图

表 7-4　V 领男开衫成品规格

代　　号	部位名称	规格（cm）						
		90	95	100	105	110	115	120
1	胸阔	45	47.5	50	52.5	55	57.5	60
2	衣长	64	66	67	67	68.5	68.5	68.5
3	袖长	54	55	56	57	58	58	58
4	挂肩	22	22.5	23	23.5	24	24.5	24.5
5	肩阔	39	40	41	42	43	43	43
6	下摆罗纹	6						
7	袖口罗纹	5						
8	后领阔	9.5	10	10	10	10.5	10.5	10.5
9	领深	25	25	26	26	27	27	27
10	门襟阔	3						
11	袋阔	11						
12	袋深	12						

二、工艺设计

　　毛衫工艺设计的条件包括横机机号、原料线密度、织物组织、织物密度、结构简图、规格尺寸表和衣片分解图等。

　　成形毛衫的工艺计算旨在确定横机操作工艺单，供操作工控制衣片质量。成形毛衫的工艺计算原理是利用衣片（袖片）编织时的收放针操作，改变衣片的横向尺寸，使之具有符合人体体型的轮廓线。由于各毛衫厂家和工艺设计师对衣片外轮廓线数据取值具有不同的见解，因此成形毛衫的工艺计算并无统一的方法。以下工艺计算方法供参考。

（一）衣片工艺计算

1. 后身胸阔针数的计算

后身胸阔针数 =（胸阔 − 摆缝折后宽）× 横密 + 摆缝耗针

2. 前身胸阔针数计算

套衫前身胸阔针数 =（胸阔 + 摆缝折后宽）× 横密 + 摆缝耗针

装门襟开衫前身胸阔针数 =（胸阔 + 摆缝折后宽 − 门襟阔）× 横密 + 摆缝与
门襟缝耗针 + 抽 1 针 + 缝耗 1 针

连门襟开衫前身胸阔针数 =（胸阔 + 摆缝折后宽 + 门襟阔）× 横密 + 摆缝与
门襟缝耗针 + 抽 1 针 + 缝耗 1 针

摆缝折向后身宽度两边共 1～1.5cm，是为了便于熨烫整理和穿着美观。一般摆缝缝耗每边 0.5cm，两边共 1cm；或粗针两边 2～4 针，细针两边 4～6 针，根据缝合机械与缝迹而定。开襟装门襟缝耗每边为 0.7～1cm，连门襟缝耗每边 1cm；或装门襟缝耗 6 针，装丝带缝耗 4 针。缝耗针数与原料和机号有关。

为了便于对称操作，胸阔针数取奇数，特殊要求另定。

3. 后身肩阔针数计算

后身肩阔针数 = 肩阔 × 横密 × 肩斜修正 + 缝耗针数

肩斜修正值一般取 0.95～0.97，平针组织 V 形领衫可取 0.95，圆领衫可取 0.97；四平空转等横向延伸性小的织物取 0.97。修正的目的是防止肩阔宽度受袖子拉力的影响而增大。对于针织机 $E9$ 以上的细密产品，因肩阔增大影响很小，设计时可以不考虑肩斜修正。

马鞍肩毛衫的成品规格往往不给出肩阔，后肩阔针数可以由马鞍高即单肩阔与后领阔求得；男衫单肩阔一般为 8～10cm。后肩阔针数 =（后领外档阔 + 2 × 单肩阔）× 横密 + 缝耗针。

4. 后身挂肩收针次数计算

后身挂肩收针次数 =（后身胸阔针 − 后身肩阔针）/ 每次两边收针

每次两边收针针数：细针产品 2～3 针，粗针产品 2 针。挂肩收针长度一般为 8cm 左右，按款式而定：女衫 7～9cm，男衫 8～10cm，童衫 5～7cm。计算时收针次数不一定是整数，必须采用分段收针的方法使收针次数凑成整数。

分段收针时，应按先快后慢的方式收针，收针次数不宜过少，以使挂肩成形合体、袖子呈下垂状。

时装毛衫的挂肩收针部位，可考虑先平收 8～10 针，使挂肩更为合体。

5. 后领口针数计算

后领口针数 =（后领阔 + 2 × 领边阔）× 横密 − 领边缝耗针
= 后领口外档阔 × 横密 − 领边缝耗针

领边缝耗针数与门襟缝耗针数相同。

6. 后肩收针次数计算

$$后肩收针次数 = \frac{后身肩阔针 - 后领口针}{每次两边收针}$$

每次每边收针次数:细针产品 2 ~ 3 针/1.5 转,粗针产品 2 针/1 转。收针次数应调整为整数。

7. 后肩收针转数计算

$$后肩收针转数 = 后肩收针长度 \times 纵密 \times K$$

背肩产品后肩收针长度(纵向)一般为 6 ~ 8cm。

上式中 K 为织物纵密 P_b 与机头转数的转换系数。各织物组织的转换系数 K 如表 7 - 5 所示。

表 7 - 5 织物组织与转换系数 K 值表

织 物 组 织	K	含 义	转数 = $K \times P_b$
半畦编、畦编、罗纹半空气层组织	1	1 转 1 横列	$1 \times P_b$
单面平针、罗纹等	0.5	1 转 2 横列	$0.5 \times P_b$
罗纹空气层(四平空转)	3/4	3 转 4 横列	$3 \times P_b/4$

8. 前身挂肩收针次数 前身比后身的挂肩收针次数多 1 ~ 2 次(一般细针产品为 2 次,粗针产品为 1 次),约多 2cm 的长度。

9. 前身肩阔针数计算

$$前身肩阔针数 = 前身胸阔针 - 前身挂肩收针$$

通常前身肩阔针数与后身肩阔针数基本相同。

10. 身长转数计算

$$身长转数 = (身长 - 下摆罗纹 + 测量差异) \times 纵密 \times K + 缝耗转$$

前后身衣片身长转数因款式而异,安排于挂肩转数部位。

(1)背肩平袖收针毛衫。前后身长转数相等,或前身比后身转数多 1 ~ 2 转;

(2)不收肩平袖或拷针产品。前身比后身长 1 ~ 1.5cm;

(3)插肩斜袖产品。后身比前身长 1.5 ~ 2cm;

(4)马鞍肩产品。

$$后身长转数 = (身长 - 下摆罗纹 - 马鞍折后) \times 纵密 \times K + 缝耗转$$

$$前身长转数 = (身长 - 下摆罗纹 - 马鞍折前) \times 纵密 \times K + 缝耗转$$

马鞍折后/折前分别为 3/5、2/6 或 2/7cm。测量差异一般为 0.5 ~ 1cm;缝耗为 2 ~ 3 转。

11. 前后身挂肩总转数计算

(1)背肩、平肩产品。

$$前后身挂肩总转数 = 挂肩 \times 2 \times 纵密 \times K$$

（2）插肩斜袖产品（不计算挂肩总转数）。

$$后身挂肩转数 = （袖阔 + 测量因素） \times 纵密 \times K$$

（3）马鞍肩产品（不计算挂肩总转数）。

$$后身挂肩转数 = （袖阔 + 测量因素 - 马鞍折后） \times 纵密 \times K$$
$$前身挂肩转数 = （袖阔 + 测量因素 - 马鞍折前） \times 纵密 \times K$$

测量因素一般为 6~7cm，因袖的倾斜程度而定。

12. 后身挂肩平摇转数计算

$$后身挂肩平摇转数 = \frac{前后挂肩总转}{2} - 后挂肩收针转 - \frac{后肩收针转}{2}$$

13. 腋上转数计算

$$腋上转数 = 后身挂肩收针转 + 后肩收针转 + 后身挂肩平摇转$$

或

$$后身挂肩平摇转数 = 腋上转数 - 后挂肩收针转 - 后肩收针转$$

14. 前身挂肩平摇转数计算

$$前身挂肩平摇转数 = 前身长转 - 前挂肩收针转 - 前身平摇转$$
$$= 腋上转数 - 前挂肩收针转$$

15. 后身平摇转数计算

$$后身平摇转数 = 前身平摇转数 = 腋下转数 = 后身长转 - 腋上转数$$

16. 领深转数计算

$$领深转数 = （领深 \pm 测量因素） \times 纵密 \times K$$

测量因素的正负值根据领型和测量领深的方法而定。

V 形领和粗针产品在衣片上进行开领成形编织或以浮线编织出领口；细针圆领等产品则不设计领深转数与前领形编织工艺，待衣片下机后按样板裁出衣领领窝。贵重原料则开领成形编织。

$$马鞍肩 V 形领毛衫的领深转数 = （领深 - 马鞍折前 \pm 测量因素） \times 纵密 \times K$$

17. 下摆罗纹转计算

$$下摆罗纹转 = （下摆罗纹 - 起口空转） \times 计算密度 \times K$$

起口空转长度一般为 0.2~0.5cm，空转的正面比反面多 1 横列。

18. 下摆罗纹针数计算

$$下摆罗纹针数 = 胸阔针数 - 4$$

(二)袖片工艺计算

1.袖阔针数计算

袖阔针数 = 袖阔 × 2 × 袖横密 + 缝耗针 = (挂肩 − 测量因素) × 2 × 袖横密 + 缝耗针

测量因素:男女衫 2 ~ 3cm,童衫 1 ~ 1.5cm。

2.袖山头针数计算

(1)背肩、不收针平肩产品。

$$袖山头针数 = \frac{前身挂肩平摇转 + 后身挂肩平摇转 − 缝耗转}{大身纵密 × K} × 袖横密 + 缝耗针$$

袖山高参考数据:男衫 9 ~ 11cm,女衫 10 ~ 12cm,童衫 7 ~ 8cm。

(2)马鞍肩产品。

$$袖山头针数 = (马鞍折前 + 马鞍折后) × 袖横密 + 缝耗针$$

(3)插肩(斜肩斜袖)产品。

$$袖山头针数 = 插肩阔 × 袖横密$$

3.袖子收针次数计算

$$袖子收针次数 = \frac{袖阔针 − 袖山头针}{每次 2 边收针数}$$

袖子收针转数与前后身挂肩收针转数相等或接近。分段收针时,应按先慢后快的方式收针,收针次数不宜过少,以使袖子成形合体。

对称形马鞍肩身、袖的计算方法如上述,不对称马鞍肩袖子两边收针斜线不等,应分别计算。

4.袖口针数计算

$$袖口针数 = 袖口尺寸 × 2 × 袖横密 + 缝耗针$$

一般取袖口尺寸:男衫 11 ~ 13cm,女衫 10 ~ 12cm,童衫 8 ~ 9cm;或按款式等要求给定。

5.袖长转数计算

$$袖长转数 = (袖长 − 袖罗纹) × 袖纵密 × K + 缝耗转$$

$$= (全袖长 − 袖罗纹 − \frac{后领阔}{2} − 领罗纹) × 袖纵密 × K + 缝耗转$$

6.袖口罗纹转数计算

$$袖口罗纹转数 = (袖罗纹 − 起口空转) × 计算密度 × K + 缝耗转$$

7.袖子放针次数计算

$$袖子放针次数 = \frac{袖阔针 − 袖口针}{每次两边放针}$$

8.袖子放针转数计算

(1)背肩、不收针平肩产品。

袖子放针转数 = 袖长转 - 袖子收针转 - 袖阔平摇转

（2）马鞍肩产品。

袖子放针转数 = 袖长转 - 马鞍山头转 - 袖子收针转 - 袖阔平摇转

袖子放针每次每边放 1 针,袖阔平摇一般为 3 ~ 5cm。如计算放针次数非整数,则采用分段放针。

（三）下机衣片计算

1. 下机衣片长度（cm）计算

$$下机衣片长度 = \left[\frac{衣片总转数}{下机纵密 \times K}\right] + 罗纹下机长$$

2. 下机衣片宽度（cm）计算

$$下机衣片宽度 = \frac{衣片最大排针}{下机横密}$$

3. 罗纹下机长度（cm）

（1）纯毛类产品。

$$下摆罗纹下机长度 = 下摆罗纹 + 缩耗 + a$$
$$袖口罗纹下机长度 = 袖口罗纹 + 缩耗 + b$$

（2）腈纶化纤产品等不缩绒产品。

$$罗纹下机长度 = 罗纹成品长度 + a（或 b）$$

一般罗纹边口长度修正值（cm）:$a = 0.5 \sim 1, b = 0 \sim 0.5$。

（四）附件工艺

毛衫产品的附件是指衣片和袖片以外的组件。款式不同,附件及其工艺也不同。附件一般包括领子、门襟、袋布、袋带、挂肩带等。附件工艺应说明附件名称、织物组织、毛纱种类及线密度、纱线色别、附件长度和宽度尺寸、正反面排针方式与针数、编织转数、起口空转织法、收放针方式、记号眼等内容。门襟带排针时,应在反面边缘第二纵行抽去 1 针,使门襟边缘光滑饱满。领罗纹密度应略大于下摆罗纹密度。圆领或樽领:男衫的接缝位在左肩,女衫的接缝位在右肩。若附件用套口机缝合,则附件最后第三横列的线圈应增大,以便对针套眼。

（五）工艺操作单

以 95cmV 领男开衫为例,规格尺寸列于表 7 - 6;织物组织与参数列于表 7 - 7。图 7 - 11 为计算所得的工艺操作单。

表 7 - 6 95cm V 领男开衫规格尺寸表

代号	1	2	3	4	5	6	7	8	9	10	11	12	13
部位	胸阔	衣长	袖长	挂肩	肩阔	下摆罗纹	袖口罗纹	后领宽	领深	门襟阔	袋阔	袋深	袋带阔
cm	47.5	66	55	22.5	40	6	5	10	25	3	11	12	2

表7-7　95cm V领男开衫织物组织与参数

部 位	组 织	机号	密度(线圈/cm) 成品 横	密度(线圈/cm) 成品 纵	密度(线圈/cm) 下机 横	密度(线圈/cm) 下机 纵	缩率(%) 横	缩率(%) 纵	10^4 针转 重量(g)	缩片 方法
前后衣身	单面平针		4.2	6.6	4.25	5.95	−1.19	9.85	26.00	
袖	单面平针		4.3	6.2	4.25	5.95	1.16	4.03	26.00	
下摆	1+1罗纹	E9	—	8.8	—	—	—	—	22.00	揉缩 掼缩
袖口	1+1罗纹		—	8.6	—	—	—	—	22.00	
门襟带	1+1满针罗纹		—	—	—	—	—	—	0.21g/cm	
袋带	1+1满针罗纹		—	—	—	—	—	—	0.14g/cm	
袋里	单面平针		4.2	6.6	4.25	5.95	—	—	26.00	
身、袖收针辫子		4 条					P_b、转数转换系数 $K=0.5$			
起口空转横列						正2反1				

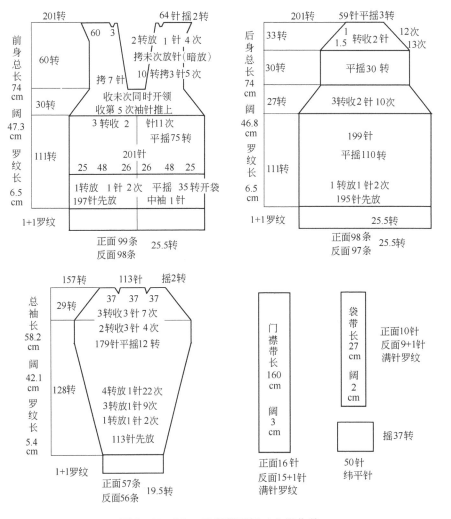

图7-11　95cm V领男开衫工艺操作单

三、成衣及后整理工艺

(一)成衣工艺

成形毛衫衣片下机后检验合格,则进入成衣工序。以装门襟单面 V 领男开衫为例,其一般成衣工序如下。

1. 合肩、上袖　将毛衫前后衣片的肩部合缝称之合肩。合肩后将袖片与前后挂肩合拢,称之上袖。中高档毛衫产品合肩、上袖工序采用套口车对眼套口缝合;中低档毛衫产品可采用包缝机包缝,以提高生产效率。

考虑到衣片下机后的回缩,套口车机号应比横机机号大 2～3 号。

2. 小烫、裁领　除羊绒衫等高档产品外,一般细针圆领等毛衫的前衣片织造时为了提高产量,领口部位不采用收针挖领,而是在成衣时按样板划线裁领。在此情况下需将领口烫平,然后按领口记号眼套样板裁出领窝。

3. 缝领口与上门襟　V 领开衫的领口边和门襟系同一条带。缝领时,采用精纺毛纱和对色棉纱,在平缝机上将领口部位缝合后,再沿中缝两侧复缝门襟。缝合时要确保领口部位平整、对称、均匀。用于装门襟开衫。

4. 合摆缝和袖底缝　缝合大身摆缝和袖底时,与合肩、上袖所采用的缝迹要一致。中高档产品套口缝合,中低档产品包缝缝合或采用 24KS 链缝机缝合。

5. 手工缝罗纹　为了使袖口部位平整美观,须采用手工缝合的方法,将下摆罗纹和袖罗纹对条、对眼缝合。如为腈纶等中低档产品,则可采用包缝缝合。至此,整件毛衫已基本形成一个整体。

6. 缩绒　凡纬平针类粗纺毛衫产品一般均采用缩绒工艺,使衣片表面形成一层薄绒,以提高毛衫的柔软性和丰满度。

7. 剖中缝、上丝带　沿毛衫的中缝抽针部位剖开,用平缝机上丝带(门襟贴边),针迹须缝在第一条纵行内。适用于连门襟开衫。

余下的工序为烫门襟、锁眼、钉扣、烫衣、钉商标、成品检验、分等包装入库等。

(二)后整理工艺

毛衫的后整理一般仅需根据原料的种类,选择相应的整烫工序。对于某些特定的产品,需采用拉毛、缩绒、树脂整理或成衫染色等工序来形成其最终风格。

1. 熨烫　熨烫工序的目的是使毛衫定形,使其外观平整挺括,手感舒适。熨烫时,应根据内衬相应规格和式样的样板,采用蒸汽熨斗在具有抽风冷却功能的烫台上操作,可提高定形效果和产品质量。

2. 拉毛　拉毛工序主要用于不具有缩绒特性的化纤产品。拉毛的主要设备是刺果拉毛机。毛衫在干燥状态下拉毛,使其两面产生细密的绒毛。拉毛后的毛衫具有手感柔软、外观丰满和厚实的风格。

3. 缩绒　缩绒为粗纺毛衫产品的湿整理工序。其目的是使毛纤维在湿热状态下,鳞片扩张,在外力摩擦下鳞片纠缠后表面起绒。缩绒工序应严格控制工艺参数,防止毛衫过度缩绒而毡化。缩绒毛衫手感丰满,外观柔和。

4. 树脂整理　树脂整理的目的在于改善毛衫的起毛起球现象,同时具有一定的防缩功能。树脂整理一般用于精纺毛衫。由于树脂整理的原理是利用树脂的热溶性将毛纤维粘合定型,因此在操作中需将毛衫称重,控制树脂的浸轧余量,以免影响毛衫的手感。

5. 成衫染色　毛衫通常采用色纱编织。成衫后为了去除毛纱在准备工序加入的蜡质和编织、成衣工序中可能沾上的油污,需洗涤处理。经过洗涤后的毛衫色泽鲜艳度受到一定的影响。因此,高档的兔毛衫和小批量、素色且色彩鲜艳的高档毛衫,可以采用本白毛纱进行编织,待成衣后再根据客户的需要进行小批量染色。此类先织后染的毛衫加工方法称之成衫染色。采用成衫染色的毛衫能适应市场小批量、多品种的需求,免除了可能在成衣阶段因配色不当而造成的色差,且产品色泽鲜艳,手感和外观也得到了改善。

思 考 题

1. 简述平形纬编产品设计定位的定义及其意义。
2. 平形纬编产品结构设计的手段有哪些?
3. 平形纬编针织毛衫工艺设计的条件包括哪些内容?
4. 如何确定平形纬编毛衫产品的密度?

第八章 毛衫衣片结构编织举例

▶ **本章知识点** ◀

了解与掌握常用成形毛衫衣片不同组织结构连织时在针织横机上的排针方法、机头成圈三角、调节及上机编织方法和要领。

第一节 纬平针与 1+1 罗纹连织衣片

一、排针方法

根据衣片大身的总针数计算 1+1 罗纹的排针数。一般在针织横机后针床编织衣片的正面,为了便于设定衣片的对中线,排针时后针床取偶数且多排 1 针。

二、三角密度调节

由于纬平针与 1+1 罗纹在编织时所需的织针弯纱深度不同,为了确保衣片编织的质量和效率,在正式生产之前整体考虑横机四个方位上的成圈三角的密度限位配置方式。成圈三角配置与密度调节如图 8-1 所示。

(1)2 号和 3 号成圈三角的下限位(下密度)按纬平针大身的密度要求调节弯纱深度。

(2)2 号和 3 号成圈三角的上限位(上密度)按 1+1 罗纹下摆的密度要求调节弯纱深度。

(3)将 1 号和 4 号成圈三角的下限位按 1+1 罗纹的密度要求调节弯纱深度(与 2 号和 3 号成圈三角的上密度保持一致)。

(4)1 号成圈三角的上限位按起口横列的紧密要求调节。

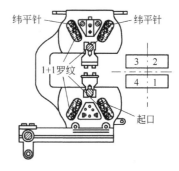

图 8-1 纬平针与 1+1 罗纹连织成圈三角配置图

三、编织方法

(1)将 1、2、3 号成圈三角置于上限位,4 号成圈三角置于下限位。使针织横机的机头带上毛纱,从针床右侧运动到左侧,3、4 号起针三角工作,完成起口编织。

(2)挂上定幅梳栉;关闭 1、3 号起针三角,2、4 号起针三角工作;1 号成圈三角改为下限位。

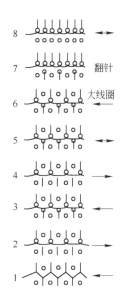

图 8-2 纬平针与 1+1 罗纹
连织编织图

（3）左手握定幅梳栉，稍加牵拉力，右手推机头来回 1.5 转（或 2.5 转），形成"空转"。机头停右侧。

（4）挂上重锤，开 1、3 号起针三角（即调到工作位置），使全部三角参加编织。

（5）机头来回编织，达到下摆罗纹的规定长度，机头停右侧。

（6）2 号成圈三角改为下限位，机头从右到左并停下，形成一横列大线圈，以利"翻针"操作。

（7）后针床的空针推入编织状态，将前针床工作针上的线圈转移到后针床的空针上，完成翻针操作；前针床的空针退出编织。

（8）3 号成圈三角改为下限位，根据工艺单的要求编织单面组织。

图 8-2 为纬平针与 1+1 罗纹连织的编织图。

第二节　四平组织与 2+2 罗纹连织衣片

一、排针方法

根据大身排针宽度计算 2+2 罗纹（前后针床均 2 隔 1）排针数，并排好织针。

二、三角密度调节

四平组织密度可与 2+2 罗纹的密度相同。针织横机成圈三角配置与密度调节如图 8-3 所示。四个成圈三角的下限位按四平（满针罗纹）组织的密度要求调节，1 号成圈三角的上限位按起口横列的紧密要求调节。

三、编织方法

（1）根据工艺要求移动横机针床，形成"1+1"排针方式；起口、空转，移回横机针床起始位置上，并织好规定转数的 2+2 罗纹后，使横机机头停左侧。

（2）推上前后针床上的空针，关闭 1 号和 3 号起针三角，机头来回 1 转，完成一横列"空转"，机头停左侧。

（3）重新打开 1 号和 3 号起针三角，按工艺要求编织四平编织大身。

图 8-4 为四平组织与 2+2 罗纹连织的编织图。

在四平组织与"2+2"罗纹组织的连接处采用一横列"空转"过渡，可避免空针的第一横列悬弧处形成较大的孔眼。

四平组织的验片要求较高，如有卷边或斜角松紧，须调整相应的成圈三角。

四平组织如与1+1罗纹连织,则完成连接处的空转后,须将针织横机后针床横移半针距,防止前后针床撞针。

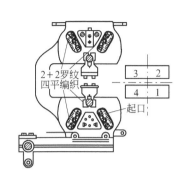

图8-3　四平组织与2+2罗纹连织成圈三角配置图

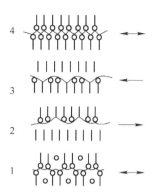

图8-4　四平组织与2+2罗纹连织编织图

第三节　四平空转组织衣片

一、排针方法

根据大身排针数目要求,在针织横机的前后针床满针排列,并呈满针罗纹(四平)对针。必要时可采用纱起口。

二、三角密度调节

根据四平空转衣片密度要求调节横机四个成圈三角的下限位;将1号成圈三角的上限位按起口紧密要求调节。成圈三角配置如图8-5所示。

三、编织方法

编织时需频繁变换起针三角。采用双针床→后针床→前针床→双针床→前针床→后针床编织顺序进行编织。

(1)起口、空转后,开1、3号起针三角,机头来回编织四平线圈到所需底边长度,机头停左侧。

(2)关1、3号起针三角,机头往复一转,横机的后针床和前针床分别编织单面线圈;之后将机头停左侧。

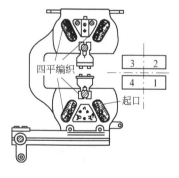

图8-5　四平空转组织成
圈三角配置图

(3)开1号起针三角,机头从左到右,双针床编织四平线圈;机头从右到左,前针床编织单面线圈。

(4)打开3号起针三角,关闭1号起针三角;机头从左到右,后针床编织单面线圈;机头从右到左,双针床编织四平线圈;机头停左侧。

117

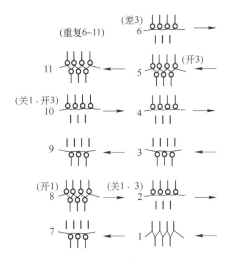

图 8-6 四平空转组织编织图

（5）遵循机头停左侧时"关3 开1、开3 关1"的变换顺序，将起针三角一转一变换，可方便地完成四平空转组织的编织。

（6）按工艺要求编织完规定长度的衣片（3转4横列），机头停左侧，打开1号起针三角，横机机头从左到右，完成最后一横列四平线圈；导纱器换废纱（又称机头纱），编织3~4转握持横列后落片。衣片缝合后握持横列即被拆除，因此称废纱。

四平空转组织衣片横密由1号、3号成圈三角调节；纵密由2号、4号成圈三角调节。

图 8-6 为四平空转组织的编织图。

第四节　三平扳花组织与 2+2 罗纹连织衣片

一、排针方法

根据大身排针宽度计算 2+2 罗纹（2隔1）排针数并在针织横机前后针床上排好织针。

二、三角密度调节

三平扳花组织是以三平为基础组织，并通过针床有规律的横移而形成。其线圈结构如图 8-7 所示。

三平组织工艺正面纵密是工艺反面纵密的两倍，习惯上关闭3号起针三角，使前针床编织三平组织中的纬平针。针织横机成圈三角配置与密度调节如图 8-8 所示。

（1）1号、3号成圈三角上限位以及2号、4号成圈三角下限位按下摆罗纹的密度要求调节。

（2）1号成圈三角下限位按纬平针密度要求调节，同时考虑到扳花后线圈倾斜，需适当加大弯纱深度。

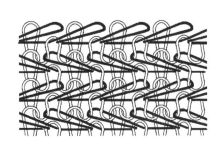

图 8-7 三平扳花线圈结构图

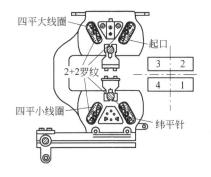

图 8-8 三平扳花与 2+2 罗纹连织成圈三角配置图

（3）2 号成圈三角上限位按起口紧密要求调节。

（4）3 号成圈三角下限位和 4 号成圈三角上限位编织满针罗纹,其中 3 号成圈三角下限位的弯纱深度（大线圈）约为 4 号成圈三角上限位（小线圈）的两倍。

三、编织方法

当三平扳花组织与 2 + 2 罗纹连织时,按排针、移针床、起口、空转、针床复位、织 2 + 2 罗纹、空转、满针编织三平扳花的步骤进行。

（1）2 + 2 罗纹编织结束,推上空针,关闭 1 号和 3 号起针三角,横机机头往复运行一转,后针与前针分别形成一列平针线圈即打"空转"1 转,机头停左侧;1 号和 3 号成圈三角调整为下限位,4 号成圈三角调整为上限位;打开 1 号起针三角（3 号起针三角仍关闭,2 号成圈三角仍处于下限位）。

（2）机头来回一转,形成一个三平组织结构:从左到右,形成一横列满针罗纹;从右到左,前针床形成一横列单面线圈。此时,扳动后针床左移一针距,横机前后针床形成的线圈纵行呈现交叉状,即形成倾斜线圈。

（3）机头再次来回一转,又形成一个三平组织结构。继续扳动后针床:如后针床右移一针距回到原位,新倾斜线圈的倾斜方向与前一个倾斜线圈相反,则形成小波纹;如后针床再次左移一针距,则可以形成与前一个倾斜线圈同向的新倾斜线圈,加大倾斜表观,几次同向移床编织后反向移床,即在以后的编织中逐步向右回到原位,则形成较大的波纹。

按以上方法编织三平扳花组织,一般在横机机头停左侧时,遵循"一转一扳"的规律移动针床。波纹花纹的大小取决于后针床同向连续移位的针距数。花纹中倾斜线圈由前针床形成,线圈的倾斜方向与后针床移位的方向相反。

三平组织纵密由 3 号成圈三角调节,横密由 1 号成圈三角调节。

图 8-9 为三平扳花与 2 + 2 罗纹连织的编织图。

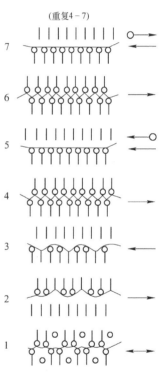

图 8-9　三平扳花与 2 + 2
罗纹连织编织图

<hr>

思 考 题

1. 在毛衫衣片编织之前,为何要预先进行横机成圈三角配置与密度调节?

2. 在横机上编织成形毛衫进行组织结构连织的交接处,为何推上空针后要加入 1 转"空转"编织? 举例说明。

第三篇　经编产品设计

第九章　经编产品设计概述

本章知识点

1. 经编产品设计的主要内容。
2. 经编产品的主要性能特点、分类和发展方向等。
3. 整经和经编工艺计算。

经编织物品种繁多,广泛应用于服装、装饰和产业领域。随着原料和设备的不断发展,一方面经编产品的档次得到了不断提高,产品向多样化、高档化、功能化方向发展;另一方面经编产品的应用领域不断扩大,从传统的服装和装饰领域扩大到了产业领域。现在,经编产品已广泛应用于工业、农业、土工工程、建筑工程、交通运输、国防军事、航空航天以及医疗卫生等产业领域,并取得了成功。

经编针织产品设计主要涉及原料、整经工艺、经编工艺以及后整理工艺。与经编工艺有关的因素有经编机针床数、经编机机号、经编机梳栉数、梳栉的一次横移量和累计横移量、经编机的送经方式、经编机的牵拉形式等。经编产品设计就是要合理运用以上各因素,设计和生产出满足各种需求的经编产品。

第一节　经编产品的分类与特点

一、经编产品的分类

1. 按经编产品的用途分类

(1)服用类经编产品。如内衣、外衣、运动衣、泳衣、头巾、袜子、手套等。

(2)装饰类经编产品。如窗纱、窗帘、帷幔、缨穗、床罩、沙发布、台布、地毯、枕巾、床单、蚊帐、浴巾、毛巾、墙布、汽车用布等。

(3)产业用经编产品。如筛网、渔网、育秧网、护林网、传送带、过滤布、篷盖布、汽车篷布、土工布、土工格栅、增强织物(单轴向、双轴向、多轴向)、绷带、止血布、人造血管等。

2. 按经编针织物形成方法、结构与性能特点分类

(1)少梳栉经编织物。少梳栉经编织物采用化学纤维或天然纤维织造而成。常用的组织为经平组织与经绒组织相结合的经平绒组织。织物再经染色加工而成素色面料。花色有素色隐条、隐格,彩色明条、明格,素色暗花、明花等。织物布面平挺,色泽鲜艳,有厚型、中厚型和薄型之分。薄型织物主要用来制作衬衫、运动衣、服装衬里、裙子等,中厚型、厚型织物可用来制作男女大衣、风衣、上装、套装、长裤、睡衣等。

(2)弹性经编织物。弹性经编织物通常采用氨纶裸丝、包芯纱等弹性原料,与其他化纤原料交织而成,再经过染色、印花等工艺,制成各种具有弹性的产品,可用于弹性内衣、泳装、紧身衣、运动衣、体操服、滑雪服等。

(3)毛圈经编织物。毛圈经编织物是以合成纤维做地纱,棉纱或棉、化纤混纺纱作衬纬纱,以天然纤维、再生纤维、合成纤维作毛圈纱,采用毛圈组织编织成的单面或双面毛圈织物。织物手感丰满,布身坚牢厚实,弹性、吸湿性、保暖性良好,毛圈结构稳定,具有良好的服用性能。主要用于制作运动服、翻领 T 恤衫、睡衣裤、童装、浴巾、毛巾等,也可制作窗帘、装饰用产品等。

(4)经编起绒织物。经编起绒织物常以微细或超细合纤或黏胶丝作为原料,采用变化经平组织编织而成。面料经拉毛工艺加工后,外观似呢绒,绒面丰满,布身紧密厚实,手感挺括柔软,悬垂性好,织物易洗、快干、免烫,但在使用中静电积聚,易吸附灰尘。主要用于制作冬令男女大衣、风衣、上衣、西裤等。

(5)网眼经编织物。网眼经编织物是以合成纤维、再生纤维、天然纤维为原料,采用变化经平、经缎组织等编织而成,在织物表面形成方形、圆形、菱形、六角形、柱条形、波纹形的孔眼。孔眼大小、分布密度、分布状态可根据需要而定。主要制作渔网、建筑用防护网、农业用防护网、军事用隐蔽网、遮阴网等,也可用于服装衬里、夏令男女衬衫面料等。

(6)贾卡经编织物。贾卡经编织物常以天然纤维、合成纤维为原料,在贾卡提花经编机上编织而成。织物经染色、整理加工后,花纹清晰,有立体感,手感挺括,花型多变,悬垂性好。主要制作女士的头巾、外衣、内衣、裙料,也用于制作窗纱、台布、沙发靠背与扶手、床罩和一些装饰性面料。

(7)多梳经编织物。以天然纤维、合成纤维为原料,利用经编机的多把梳栉进行编织,在布面上形成丰富多彩的花型。经染色、整理加工后,花纹清晰,手感柔软。主要用作服饰花边、窗帘和时装面料等。

(8)双针床经编织物。

①双针床毛绒织物。以合成纤维和天然纤维作底纱,以涤纶、锦纶、腈纶或棉纱等作毛绒纱,采用拉舍尔双针床经编机编织成由底布与毛绒纱构成的立体织物,再经割绒机割绒后,成为两片单层丝绒。织物表面绒毛浓密耸立,手感厚实丰满、柔软、富有弹性、保暖性好。主要用作冬令服装、童装面料、沙发面料、汽车坐椅面料、毛绒玩具、腈纶毛毯、棉毯等;

②双针床经编间隔织物。采用涤纶或锦纶单丝作为连接两个针床的间隔纱,就能编织成具有良好抗压、透气、抗震和隔音等性能的双针床经编间隔织物。间隔织物可用于鞋面料、垫肩或女士文胸的罩杯材料。在产业用领域,它非常适合替代欧洲部分地区已禁止采用火焰法制作的由聚氨酯(PUR)加工而成的汽车坐椅垫,还可广泛用于婴儿、老人及医院用的

褥垫等,应用前景十分广阔。

③双针床筒形织物。如果在双针床经编机两个针床上编织常规的单面经编织物,并使用几把梳栉将双针床经编织物的边缘联系起来,就可以形成双针床筒形织物。可以用作弹性绷带、包装袋、连裤袜、手套、三角裤、人造血管等。

(9)预定向经编织物。该织物在经编地组织中按预先设定的角度方向衬入没有弯曲的增强纱线。其强度利用系数高、延伸性小、抗撕裂性与层间脱离性好、准各向同性。广泛用于土工格栅、灯箱布、涂层基布、头盔、防弹衣、风力发电机叶片和飞机机身的增强骨架材料等。

二、经编针织物的特点

(1)经编针织物的生产效率高。主要体现在机器速度高、工作门幅宽、机器生产效率高等方面。

(2)经编针织物品种与花样繁多,可满足市场多方面的需要。

(3)经编针织物延伸性比较小。经编针织物的延伸性与梳栉数和组织有关,有的经编针织物横向和纵向均有延伸性,但有的织物则尺寸稳定性很好。

(4)经编针织物防脱散性好。它可以利用不同的组织,减少因断纱、破洞而引起的线圈脱散现象。

(5)采用经编技术可以很容易地生产出具有不同大小和形状的网眼织物,并且不需要经过任何特殊的整理,织物形状稳定、牢固。

(6)采用经编双针床技术可以生产成形产品,如连裤袜、三角裤、无缝紧身衣和手套等。

(7)采用预定向经编技术,可以生产出强度利用系数高、延伸率小、抗撕裂性和层间脱离性能好、准各向同性的增强材料。

三、经编产品的发展方向

1. 电子信息技术的应用　电脑经编机或经编机的电脑化程度有了较快的发展。全电脑经编机可以集各种花型的自动化设计和编织、产量控制、质量控制和故障检测等于一体。采用电脑技术,还可以建立工艺技术的数据库以及网上远程传输,有利于现有技术的利用和普及。

2. 新型化纤的应用　我国化纤产量已居世界第一,但多数为常规产品,而功能性纤维只占18%,低于世界平均值25%。新型化纤主要有保健纤维、抗菌纤维、阻燃纤维、防辐射纤维、高吸湿纤维等。常规纤维也有许多改进型产品,如涤纶中差别化纤维、微细、超细纤维、改性纤维用得更普遍。化纤的仿真和超真发展,给经编产品提供了丰富的原料,促进了经编产品的发展。

3. 优质经编面料及服装产品的开发　在开发经编面料美观性、功能性的同时,舒适性也是始终追求的目标。通过不同原料混纺、交织和后整理手段来改善面料的手感和服用性能。一次成形内衣经编机有较快发展,这种内衣因减少了纵向、横向的接缝而穿着舒适。导湿性经编运动服和休闲服,也是经编产品发展的趋势。

4. 高新技术的应用 经编产品的发展与相关领域的技术关系密切。生物技术整理可以改善手感,并有光泽效应,还可消除麻纤维内衣的刺痒感。彩色棉是通过基因工程培育的,可生产无需染色、无污染的天然彩色棉纤维面料。纳米技术是超微粒科学技术,织物中渗入纳米级物质,可起到特别的抗菌和保健作用。

5. 大力发展产业用经编产品 十几年前,产业用纺织品的生产技术绝大多数采用传统的机织工艺,针织物所占比例非常小,目前经编产品已占整个产业用纺织品的10%以上。由于经编织物的组织结构具备的许多特点更适合于复合材料,而且其生产率很高,发展势头迅猛,正在不断替代其他产品。

第二节 经编产品的计算

经编生产的主要工序是整经和织造,整经和经编数据的精确计算,是提高经编产品质量和尽可能减少原料浪费的基础。

一、整经工艺计算

整经的数据,是以经编织物相关数据为基础的。为了提高生产的管理水平、产品生产质量、减少原料损耗等,整经工艺中一般包括以下项目的数据及计算。

1. 原料信息 原料类型、纱线线密度、捻度、性能指标、原料批号和特殊指标等。

2. 经编机信息 经编机代码、类型、机号、幅宽(机上幅宽)、导纱梳栉数目及代码。

3. 经轴工作幅宽 A_b

$$A_b = \frac{G_s \times 100}{E_i\%}$$

式中:G_s——所需织物的幅宽;

E_i——收缩率。

4. 分段整经的盘头数 m

$$m = \frac{A_b}{B_b}$$

式中:B_b——盘头宽度。

5. 每把梳栉上的所有纱线根数 G_f

$$G_f = F \times A_b$$

式中:F——穿经率。

6. 每个盘头的整经长度 S_m 对于每把梳栉,整经长度必须分别计算。

$$S_m = \frac{S_l \times K}{100}$$

$$K = \frac{L_r}{10S_r} \times 100\%$$

$$S_r = \frac{480}{P_b}$$

式中:S_m——整经长度,m;

$\quad S_l$——织物长度,m;

$\quad K$——经纱长度与织物长度的比例,也称纱布比;

$\quad R_a$——主轴上每480横列的耗纱量即(腊克送经量),mm;

$\quad P_b$——织物纵向密度,横列/cm;

$\quad L_r$——1腊克经纱长度,mm;

$\quad S_r$——1腊克织物长度,cm。

7. 每个盘头纱线重量 Q_i

$$Q_i = \frac{S_m \times Tt \times F_z}{10000 \times 1000}$$

式中:Tt——纱线线密度,dtex;

$\quad Q_i$——每个盘头所容纳的纱线重量,kg;

$\quad F_z$——每个盘头的纱线根数。

二、经编工艺计算

为了提高经编产品生产的管理水平和产品生产质量、减少原料损耗等,经编工艺中一般包括以下项目的数据及计算。

1. 原料信息 纱线类型(材料);纱线线密度(dtex,长丝);加捻捻向等参数;纱线品质特点——断裂强力、延伸率等。

2. 经编机信息 幅宽(机器的名义幅宽一般用 cm 或 mm 表示)、各梳栉的配置情况、各把梳栉的穿纱情况。

3. 织物信息 织物密度(横向密度 P_a,纵行/cm;纵向密度 P_b,横列/cm)、每腊克的织物长度 S_r(cm/腊克)。

4. 产量

$$W_1 = \frac{v \times 60 \times x\%}{480 \times 100} (\text{腊克/h})$$

$$W_2 = \frac{v}{\text{线圈数/厘米}} \times \frac{60}{10000} \times x\%$$

式中:W_1——以腊克计算产量,腊克/h;

$\quad W_2$——以米计算产量,m/h;

$\quad v$——经编机速度,r/min;

$\quad x$——生产效率。

5. 纱布比 K

$$K = \frac{\text{纱线长度/腊克}}{\text{织物长度/腊克}} \times 100\%$$

6. 穿纱数

$$\text{穿纱数} = \frac{\text{纱线根数/循环} \times \text{机号} E}{\text{一个完全组织的宽度}}$$

7. 单位面积重量的织物对应每把梳栉用纱量 W_3

$$W_3 = \frac{\text{纱线数}/25.4\text{mm}}{10000} \times \frac{39.37}{100} \times K \times \text{Tt}$$

式中：W_3——单位面积重量的织物对应每把梳栉的用纱量，g/m^2

Tt——纱线线密度，dtex。

（1）多头衬纬的重量计算：

$$\frac{\text{线圈数}/cm^2 \times 100^2 \times \text{Tt}}{10000} = \frac{\text{纱线单位面积重量}}{\text{平方米织物}}$$

$$\frac{\text{线圈数}/cm^2 \times 100^2 \times \text{Tt} \times (1 + \text{织物织边损耗})}{10000 \times 100} = \frac{\text{用纱线与织边损耗之和单位面积重量}}{\text{平方米织物}}$$

$$\frac{\text{织边损耗}}{\text{工作幅宽}} \times 100\% = \text{织边损耗率}$$

（2）弹力纱的有效线密度计算使用值为：

17dtex（经纱拉伸百分率50%）用12dtex；

22dtex（经纱拉伸百分率50%）用15dtex；

44dtex（经纱拉伸百分率40%）用32dtex；

78dtex（经纱拉伸百分率40%）用56dtex；

150dtex（经纱拉伸百分率25%）用120dtex；

超过78dtex的纱线，经纱拉伸百分率常用25%。有效线密度的计算方法如下：

$$\frac{\text{未加张力时的线密度} \times 100}{\text{经纱拉伸百分率} + 100} = \text{有效线密度（dtex）}$$

8. 单位面积重量 W_4

织物的理论单位面积重量 W_4 = 所有梳栉的用纱量 W_3 之和

9. 每把梳栉的重量百分率

$$\frac{\text{每把梳栉的单位面积重量} \times 100}{\text{总的单位面积重量}} = \text{每把梳栉的重量百分率}$$

10. 平方米产品原料价格计算

每平方米织物每把梳栉（或每种原料）纱线的价格

$$= \frac{\text{每千克原料价格} \times \text{织物每把梳栉用纱单位面积重量}}{1000}$$

每平方米织物的原料价格 = 每把梳栉或每种原料纱线价格之和

思 考 题

1. 简述经编产品设计的重要意义。
2. 什么是纱布比？列出计算公式。
3. 请写出经编织物每平方米每把梳栉用纱量的计算公式。

第十章　2~4梳经编产品设计

在生产中极少采用单梳经编织物，多采用2~4梳和多梳经编织物。其中2~4梳单针床经编织物极为普遍。利用垫纱规律、经纱配置、穿经及梳栉间对纱方式等的变化，并辅以适当的后整理技术，就可以得到变化多样的经编织物。这类织物通常在2~4梳的特利柯脱型或拉舍尔型经编机上编织。

第一节　条格类织物

一、横条织物

1. 改变针背横移量的横条织物　在一个完全组织中，利用1个或连续几个横列中针背横移量的突然改变(增大或减小)，产生厚密或稀薄的横条。

在 $E32$ 的三梳经编机上，编织如图10-1所示改变针背横移量的横条织物，前梳 GB1采用44dtex/34f锦纶66满穿，后梳 GB2 采用40dtex氨纶满穿，锦纶与氨纶用纱比为80.4%∶19.6%，光坯纵密为37.5横列/cm，光坯织物的单位面积干燥重量为192g/m²。该织物后梳做经平垫纱运动，前梳则是4个经平横列与12个经斜横列交替配置，在A区形成双经平，而在B区形成经平斜，A区轻薄，B区厚密，形成厚薄不一、宽窄相间的横条。织物手感柔软，工艺反面为效应面，呈现较厚凸宽条纹当中间隔细条纹的外观。

2. 经段隐条织物　利用经段组织可形成隐条。图10-2为一经缎隐横条织物的垫纱运

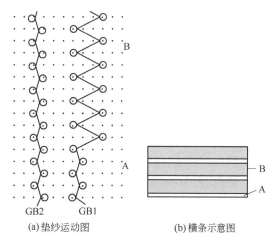

(a)垫纱运动图　　(b)横条示意图

图10-1　改变针背横移量的横条织物

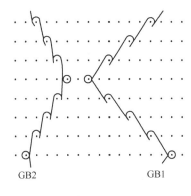

GB2   GB1

图 10-2　经缎隐横条

动图。该织物后梳 GB2 为经缎组织,前梳 GB1 做变化经缎运动,在织物工艺反面,前梳不同倾斜方向的延展线对光的反射不同,从而形成隐横条。针背两针距垫纱运动使织物反面光泽增强。

3. 褶裥横条织物　在一个完全组织中,使前梳在 $1 \sim n$ 个横列中连续缺垫,从而形成不同厚薄或色泽的横条,若缺垫不送或少量送经,则形成褶裥横条。

满穿的双梳或三梳织物中,当前梳连续多个横列缺垫,且缺垫处前梳停止送经或少送经时,另一把或两把梳栉在该部位将形成横越整个幅宽的褶裥横条。这类织物多在具有双速送经或电子送经机构的经编机上完成。

在 $E28$、带有电子送经机构的特利柯脱型经编机上编织弹力褶裥横条织物[图 10-3(见封三)],织物的单位面积干燥重量为 272g/m²。

原料:A——布边纱,B—— 22dtex/9f 锦纶 6 长丝(24.2%),C—— 44dtex/10f 锦纶 6 长丝(61.6%),D—— 40dtex 氨纶丝(14.2%)。

组织与穿经:

GB1:(31—30/31—32)×45//,布边纱 A;

GB2:(31—30/32—33)×30/(32—32)×10/(31—31)×10(30—30)×10//,满穿 B;

GB3:(31—32/31—30)×30/(32—33/31—30)×15//,满穿 C;

GB4:(31—30/31—32)×31/(32—32/30—30)×13/31—30/31—32//,满穿 D。

织物的褶裥是由编织织物反面的 GB2 做缺垫运动、穿弹性纱的 GB4 做与 GB3 同向同针距针背横移的衬纬垫纱而形成的躲避运动共同形成的。因此,在褶裥部分,仅有 GB3 成圈。可程序控制的电子送经机构(EBC)控制对应的经轴在该位置上停止送经。

4. 衬纬横条织物　利用全幅衬纬机构,衬入不同种类、色泽或粗细的纱线,可形成横条。

二、纵条织物

1. 空穿纵条织物　利用一把梳栉(主要是前梳)局部穿纱,产生所需宽度的纵条。

图 10-4 为一空穿纵条织物,在 $E28$ 两梳特利柯脱经编机上生产,织物纵密为 19 横列/cm。

原料:A—— 78dtex/23f 胭红色锦纶,B—— 78dtex/34f 黑色锦纶。

组织与穿经:

GB1:0—1/1—0//,1B2 空;

GB2:1—0/3—4//,满穿 A。

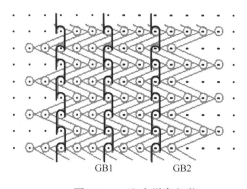

GB1   GB2

图 10-4　空穿纵条织物

该织物中,后梳胭红色纱线形成具有长浮线的经斜地组织,而前梳 GB1 空穿,黑色编链构成相间两个纵行的黑色纵条。因前梳为编链组织,故纵条笔直清晰。织物具有灯芯条的外观效应。

2.色织纵条织物 利用 1~2 把梳栉穿入不同品种、线密度、颜色或光泽的纱线,产生纵条。

图 10-5 为一色织纵条织物实例,在 E28 特利柯脱型经编机上生产。织物的单位面积干燥重量为 80g/m^2,用作服装面料及内衬。

原料:A—— 44dtex/10f 白色锦纶,B—— 44dtex/10f 灰色锦纶。

组织与穿经:

GB1:1— 0/2— 3//,3A25B;

GB2:1— 2/1— 0//,1B2A25B。

图 10-5 色织纵条织物

由于穿纱及对纱关系,该织物在一个完全组织中,仅有一个纵行因前后梳栉纱线均为白色而形成纯白色纵行,它左右的 4 个纵行均为白色与灰色混杂的纵行,形成独特的过渡区。

由上述两例可知,要得到笔直清晰的纵条纹,需采用编链组织;若采用经平或变化经平等,则纵条边缘的纵行将会由不同颜色的纱线构成,使得清晰度降低。

三、方格织物

将纵条与横条相结合,即可形成方格类织物。经编方格效应可以采用色彩差异来实现,也可以通过组织变化所形成的结构效应来实现。

1.缺垫方格织物 图 10-6 所示为采用色彩差异形成的缺垫方格织物,在 E28 的经编机上编织,纵密为 31 横列/cm。

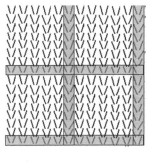

(a)效果图

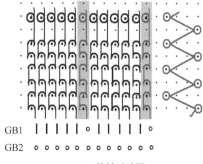

(b)垫纱运动图

图 10-6 缺垫方格织物

原料:A—— 44dtex/10f 白色锦纶,B—— 44dtex/10f 粉红色锦纶。

组织与穿经:

GB1：(1— 0/0— 1）×3/1— 1/1— 0//，5A1B；

GB2：(3— 4/1— 0）×4//，满穿 B。

利用前梳夹入粉红纱，产生白底粉红细直条；利用前梳间隔缺垫，形成粉红色横条，从而在织物工艺正面形成白底粉红细格效应。

2. 格子织物 图 10 - 7（见封三）所示为白底蓝细条格子织物，适宜做衬衫面料，该织物在 $E28$ 特利柯脱型经编机上生产。原料采用白色与蓝色 44dtex/9f 锦纶。

组织与穿经：

GB1：0— 1/1— 0//，1 蓝 5 白；

GB2：(0— 0/1— 1)×7/0— 0/(5— 5/4— 4)×7/5— 5//，1 白 1 蓝 1 白 1 蓝 1 白 1 蓝；

GB3：1— 0/3— 4//，满穿白色。

织物中，满穿的 GB1 与 GB3 编织经斜编链组织，稳定性好；前梳 GB1 隔 5 穿 1 根蓝纱，在工艺正反面构成明显的蓝色纵条；中梳 GB2 单针距衬纬部分与前梳白色编链纵条部分一起形成淡蓝色细条，而在 5 针距衬纬部分形成明显的蓝色粗横条，从而与蓝色纵条一起在工艺反面形成蓝格子效应。

3. 缺垫结构方格织物 方格效应除可利用色织方法得到外，还可通过组织结构的变化，得到素色方格。图 10 - 8 为缺垫组织形成的结构方格织物。

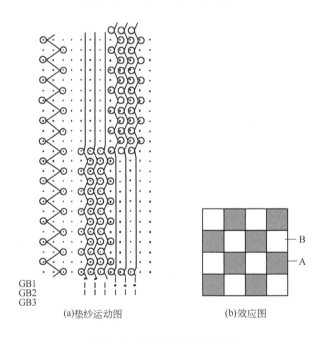

(a)垫纱运动图　　　　(b)效应图

图 10 - 8　缺垫结构方格织物

原料：A—— 22dtex/1f 白色锦纶单丝；B—— 90dtex/18f 白色锦纶。

组织与穿经：

GB1(F)：1— 0/(1— 1)×11/(1— 0/1— 2)×6//，3 空 3B；

GB2：(1— 0/1—2)×6/1— 0/(1— 1)×11//，3B3 空；

GB3:2— 3/1— 0//,满穿 A。

GB2 与 GB3(或 GB1 与 GB3)构成经绒平区域(A 区),由于是双线圈,在织物中显得较为密实。而 GB2 与 GB3(或 GB1 与 GB3)构成的经绒与缺垫结合的区域(B 区),由于是较细的单丝形成的单线圈,而在织物中形成半透明区域。该织物在具有 EBC 送经装置、E28 的经编机上编织,用作女衬衣面料。

4. 弹性条格织物 图 10-9 为由不同组织组合而成的弹性条格织物,在 E28 的 4 梳栉经编机上使用三把梳栉编织,织物的单位面积重量为 268g/m²,用作外衣面料。

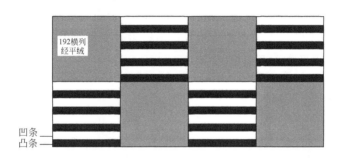

图 10-9 弹性条格织物

原料:A—— 44dtex 氨纶丝;B—— 44dtex/10f 锦纶丝。

组织与穿经:

GB1:(1— 0/2— 3)×96/[(1— 0/3— 4)×4/(1— 0/1— 2)×4]×12//,80 空 80B；

GB2:[(1— 0/3— 4)×4/(1— 0/1— 2)×4]×12/(1— 0/2— 3)×96//,80B80 空；

GB4:1— 2/1— 0//,满穿 A。

该织物采用氨纶裸丝形成弹性织物,将氨纶安置在后梳 GB4 上,使之被前两把梳栉所穿的锦纶丝所包覆,织物既耐磨又易上色。在织物表面,由 192 横列组成的经平绒方块与另一个 192 横列的经平斜和双经平组成的相间横条间隔排列,形成具有特殊风格的方格织物。

四、斜纹织物

设计斜纹织物时要注意,通常工艺正面为织物的效应面,其斜纹倾斜方向与工艺反面的垫纱运动图的斜纹走向相反。

1. 两梳斜纹织物 图 10-10 为一两梳斜纹织物。该织物利用前梳 2 穿 2 空,结合变化缎纹的垫纱规律,形成上下相互连接的斜向条纹;后梳经绒与前梳反向垫纱,使织物平衡稳定。该织物在 E28 的经编机上编织,两把梳栉所用原料均为 110dtex 低弹涤纶丝,织物具有毛型感。

组织与穿经:

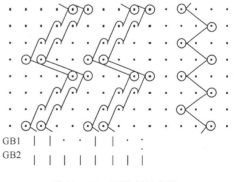

图 10-10 两梳斜纹织物

GB1：1— 0/1— 2/2— 3/3— 4//，2 穿 2 空；

GB2：2— 3/1— 0//，满穿。

图 10-10 中的斜纹织物由于前梳在上下段斜纹连接处采用经斜组织衔接，其长浮线会在织物表面形成凸条而影响斜纹效果。

2.缺垫斜纹织物 图 10-11 所示斜纹织物中利用缺垫组织获得斜纹效应、避免了上例的弊病。

经编斜纹织物常用同一横列中一种颜色的线圈数与另一种颜色的线圈数之比来表示，图 10-11 所示可写为 2/2 斜纹织物。斜纹的角度取决于圈高对圈距的比值，斜纹的方向取决于有色线圈在下一横列的配置。改变梳栉的对纱可改变斜纹的方向（图 10-12），而将斜纹组织适当变化，可以形成方平组织（图 10-13）。

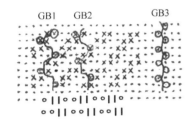

图 10-11　缺垫斜纹织物

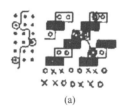 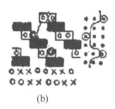

(a) (b)

图 10-12　2/2 斜纹组织

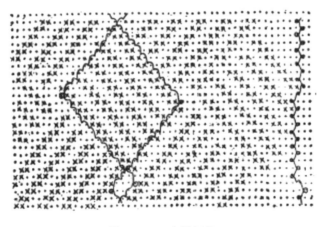

图 10-13　方平组织

第二节　网眼类织物

当织物的某些地方出现中断的线圈横列（相邻线圈纵行之间在此处无延展线连接），则在织物的表面就会形成网眼（网眼）。网眼的形状多种多样，有三角形、正方形、长方形、菱形、六角形等。经编网眼织物被广泛用于制作服装、蚊帐、窗帘、花边及农用遮阳网、渔网、防护网、围网等。

一、普通经编网眼织物

（一）变化经平类网眼织物

图10－14为一种经平与变化经平相结合形成的网眼织物的垫纱运动图，在经平处形成孔眼，利用变化经平封闭孔眼，增大或减少经平段段的横列数，可改变孔眼的尺寸。

（二）变化经缎类网眼织物

以经缎组织或变化经缎组织的垫纱方式结合部分穿经形成网眼织物，在实际生产中应用较为普遍。

图10－15所示织物为两把梳栉均采用2穿2空，做对称的变化经缎垫纱运动所形成的网眼织物。

GB1 · | · | · | ·
GB2 · | · | · | ·

图10－14　变化经平网眼织物垫纱运动图

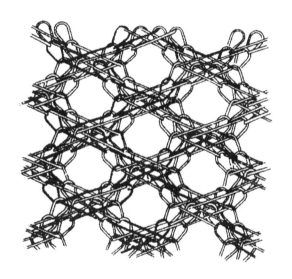

图10－15　变化经缎网眼织物

组织与穿经：

GB1：1— 0/2— 3/4— 5/3— 2//，2穿2空；

GB2：4— 5/3— 2/1— 0/2— 3//，1空2穿1空。

例如，在E20的经编机上编织的网眼织物，纵密为13.4横列/cm，织物的单位面积重量为90g/m²，用于服装面料。

原料采用20tex棉纱。

组织与穿经：

GB1：（1— 0/2— 3）×3/1— 0/2— 3/（4— 5/3— 2）×3/4— 5/3— 2//，1穿2空1穿；

GB2：（4— 5/3— 2）×3/4— 5/3— 2/（1— 0/2— 3）×3/1— 0/2— 3//，2穿2空。

（三）编链衬纬类网眼织物

编链与衬纬结合是经编中形成网眼织物常用的一种方法。最常见的是用于蚊帐、花边或装饰物的六角或方形网眼,分别如图 10-16(六角网眼)和图 10-17(方格网眼)所示。该类网格的大小可通过改变单针距衬纬的横列数及穿纱来实现。

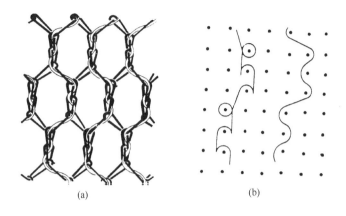

(a)   (b)

图 10-16　六角网眼

六角网眼的垫纱数码为:

GB1:2— 0/0— 2/2— 0/2— 4/4— 2/2— 4//;

GB2:0— 0/2— 2/0— 0/4— 4/2— 2/4— 4//。

方格网眼的垫纱数码为:

GB1:(0—2/2—0)×3;

GB2:0— 0/4— 4/2— 2/4— 4/0— 0/2— 2//;

GB3:6— 6/0— 0/2— 2/0— 0/6— 6/4— 4//。

GB2 与 GB3 反方向的衬纬垫纱运动,增加了方格网眼结构的稳定性。

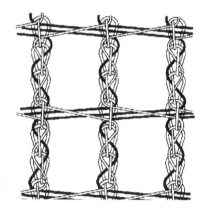

图 10-17　方格网眼

二、经编渔网

经编渔网为无结网,与有结网相比,具有强度高、对水阻力小,不易擦伤鱼鳞等特点。经编渔网通常在拉舍尔型经编机上编织,属于利用衬纬加固的网眼经编织物。渔网由孔边区(网柱)和连接区(网结)两部分构成。网柱部分由编链和单针距衬纬形成,衬纬纱在织物中几乎呈直线状态,增强渔网眼眼的稳定性和强度。网柱部分的粗细大约是所用纱线的 3 倍,而强度约为所用纱线的 1.5 倍。网结是由地组织纱线在该处作经平垫纱运动而形成的,其强度还与在此处的横向衬纬的纱线根数有关。经编渔网所用原料通常为锦纶 6 或锦纶 66 长丝,中等重量的渔网通常采用的纱线线密度为 3000 ~ 6000dtex。

通常编织渔网需要 6~8 把梳栉,图 10-18 所示为八梳渔网编织实例。该产品在 E8 的拉舍尔型经编机上编织,原料采用 1160dtex/140f×2 锦纶 6 长丝,相应穿经见下页表。

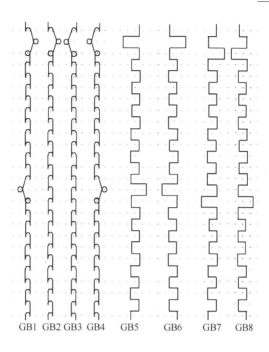

图10-18　八梳渔网

穿 经 表

梳　栉	左　边	穿　经	右　边
GB1	3空1穿	4(1空1穿)	1空1穿3空
GB2	4空	8空	3空1穿1空
GB3	1空1穿2空	8空	5空
GB4	3空1穿	4(1空1穿)	1空1穿3空
GB5	2空1穿1空	4(1穿1空)	1穿1空1穿2空
GB6	2穿1空1穿	4(1空1穿)	1穿1空1穿2空
GB7	3空1穿	4(1空1穿)	2(1空1穿)1空
GB8	2(1空1穿)	4(1空1穿)	1穿4空

织物组织：

　　GB1：(2—4/4—2)×5/2—4/2—0/2—4/(4—2/2—4)×5/4—2/4—6/4—2//；

　　GB2：(0—2/2—0)×5/0—2/2—0/0—2/(2—0/0—2)×5/2—0/2—4/2—0//；

　　GB3：(4—2/2—4)×5/4—2/2—4/4—2/(2—4/4—2)×5/2—4/2—0/2—4//；

　　GB4：(4—2/2—4)×5/4—2/4—6/4—2/(2—4/4—2)×5/2—4/2—0/2—4//；

　　GB5：(2—2/4—4)×5/2—2/6—6/2—2/(4—4/2—2)×5/4—4/0—0/4—4//；

　　GB6：(4—4/2—2)×5/4—4/0—0/4—4/(2—2/4—4)×5/2—2/6—6/2—2//；

　　GB7：(2—2/4—4)×5/0—0/4—4/2—2/(4—4/2—2)×5/6—6/2—2/4—4//；

　　GB8：(4—4/2—2)×5/6—6/2—2/4—4/(2—2/4—4)×5/0—0/4—4/2—2//。

该渔网织物中,GB1 与 GB4 编织地组织,衬纬梳栉 GB6、GB7 和 GB5、GB8 在单针距衬纬部分分别缠绕在 GB1 与 GB4 的编链柱上,增强网眼的网柱;而在两针距衬纬部分,形成两个衬纬线圈(图 10 - 19)用于增强网结。GB2 与 GB3 则编织布边。

第三节　绣纹类织物

由部分穿经梳栉在一定地组织基础上形成花纹的织物称为绣纹织物。绣纹织物的地组织可以是密实组织(平纹),也可以是网眼组织。绣纹织物通常由前面 1~2 把梳栉成圈编织而形成,利用这两把梳栉空穿并做较长的针背横移,形成类似绣花的立体花纹。形成绣纹的纱线一般较粗,绣纹可以通过凹凸、色彩或光泽体现在地组织上。

图 10 - 20 所示为三梳绣纹织物。后梳和中梳满穿,形成密实地组织,前梳部分穿经,在地组织表面(工艺反面)形成绣纹。

图 10 - 19　衬纬增强网结

图 10 - 21 所示为四梳绣纹蚊帐织物。由较细的锦纶丝(22.2dtex)在第 3、第 4 梳栉上形成网眼状地组织,由前两把梳栉利用空穿及长延展线,在地组织表面形成绣纹。该织物多用于蚊帐。

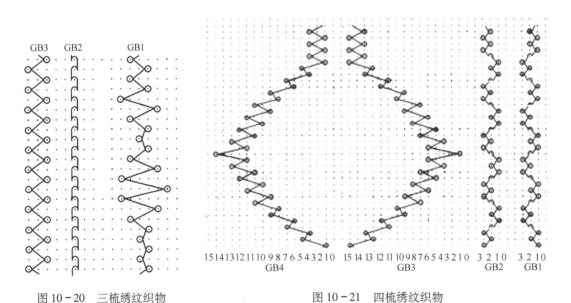

图 10 - 20　三梳绣纹织物　　　　图 10 - 21　四梳绣纹织物

原料:A—— 22.2dtex 锦纶丝;B—— 111.1dtex 低弹涤纶丝。

组织与穿经:

GB1:14— 15/12— 11/12— 13/10— 9/10— 11/8— 7/8— 9/6— 5/7— 8/5— 4/6— 7/4— 3/5— 6/3— 2/4— 5/1— 0/4— 5/3— 2/5— 6/4— 3/6— 7/5— 4/7— 8/6— 5/8— 9/8— 7/10— 11/10— 9/12— 13/12— 11/14— 15/13— 12/14— 15/13—

12/14— 15/13— 12//,40 空 1B12 空 1B40 空;

GB2:1— 0/3— 4/3— 2/5— 6/5— 4/7— 8/7— 6/9— 10/8— 7/10— 11/9— 8/11—
12/10— 9/12— 13/11— 10/14— 15/11— 10/12— 13/10— 9/11— 12/9— 8/
10— 11/8— 7/9— 10/7— 6/7— 8/5— 4/5— 6/3— 2/3— 4/1— 0/2— 3/1— 0/
2— 3/1— 0/2— 3//,40 空 1B12 空 1B40 空;

GB3:1— 0/1— 2/1— 0/1— 2/2— 3/2— 1/2— 3/2— 1//,1A1 空;

GB4:2— 3/2— 1/2— 3/2— 1/1— 0/1— 2/1— 0/1— 2//,1 空 1A。

第四节　单针床毛圈及毛绒类织物

单针床毛圈织物是指在单针床经编机上,利用特殊的纱线、编织技术或后整理技术,在织物的一面或两面形成的具有(拉长)毛圈结构的织物。形成单针床毛圈织物的方法主要有脱圈法、毛圈沉降片法和超喂法。超喂法是通过加大毛圈梳栉的送经量,使线圈松弛来形成毛圈。用该方法形成的毛圈质量受工艺条件影响较大,毛圈不明显且难以保持均匀。

一、脱圈法毛圈织物

脱圈法毛圈织物是在一隔一的织针上垫入地纱成圈形成底布,毛圈梳则除了在编织地组织的织针上垫纱外,还需在相邻的未垫入地纱的织针上,在相间的横列上进行垫纱。因此,在每第二个编织横列,这些织针就脱出毛圈纱,形成织物表面的毛圈。

图 10-22 所示为由脱圈法形成的反面毛圈织物,后梳 GB2 一隔一穿纱,在相间的织针上垫纱形成地组织,前梳 GB1 在奇数横列与地纱在同一织针上垫纱成圈,将毛圈纱织入底布,而在偶数横列将纱线垫在未垫入地纱的织针上,如此,毛圈梳在未垫入地纱的纵行上相间垫纱、脱圈,脱落的纱圈在织物工艺反面就形成毛圈。

图 10-23 所示为由脱圈法形成的双面毛圈织物。

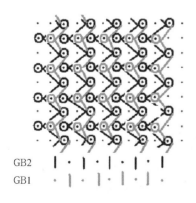

图 10-22　脱圈法形成反面毛圈

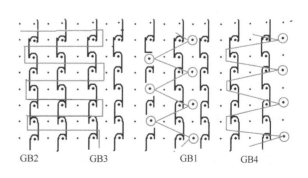

图 10-23　双面毛圈(脱圈法)

织物组织与穿经(|代表该导纱针穿纱,·代表该导纱针空穿):

GB1:1— 0/3— 4//,|·|·;

GB2:1— 0/0— 1//,·|·|;

GB3:0— 0/5— 5//,|·|·;

GB4:1— 0/4— 4//,|·|·。

该织物由衬纬与编链构成稳定的地组织,GB4 在工艺正面形成毛圈,GB1 在工艺反面形成毛圈。在编织双面毛圈时要注意:在同一编织循环中,编织正、反面毛圈的梳栉都必须同时在未垫入地纱的织针上垫纱成圈,而在接着的编织循环中,在这些织针上不垫纱,从而使原来在织针上的纱圈无法串套而脱下,由此形成双面毛圈织物。若正反面毛圈纱交替垫在未垫入地纱的织针上,则相应的线圈将相互串套,无法形成脱圈毛圈。通常前梳延展线及纱圈形成反面毛圈,后梳纱圈形成正面毛圈。

图 10-24 所示为由脱圈法形成的具有凹凸毛圈横条效应的双面毛圈织物。

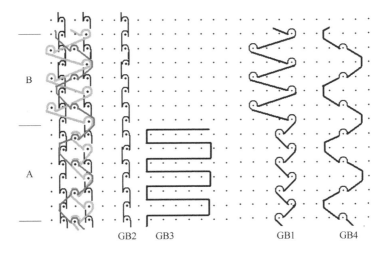

图 10-24　凹凸横条双面毛圈(脱圈法)

织物组织与穿经:

GB1:(2— 1/0— 1)×4/(4— 3/0— 1)×3,|·|·;

GB2:0— 1/1— 0//,|·|·;

GB3:5— 5/0— 0//,·|·|;

GB4:1— 2/3— 3/2— 1/0— 0//,·|·|。

该织物中,GB2 与 GB3 构成稳定的地组织,GB4 形成正面毛圈。在织物工艺反面,GB1在 A 区做一针距针背横移,延展线较短,毛圈高度较小;而在 B 区 GB1 做三针距针背横移,得到较高的毛圈高度。因此在织物反面表现为不同高度的凹凸毛圈横条效应。

对于脱圈法形成的毛圈织物,其反面毛圈长度的调节可通过改变毛圈梳针背延展线的长度来实现。若要得到较大的正面毛圈高度,可加大弯纱深度。但此法可能导致编织张力较大,并使织物密度疏松。解决该问题的方法可采用具有满头针的经编机(如KS4FBZ型经编机)。

在配有满头针的毛圈经编机上,满头针和普通槽针相间配置,满头针的弯纱深度可比普通针大1.75mm(图10-25)。编织时地纱只垫在普通槽针上,而毛圈纱在每相间横列垫在满头针上,如此,可获得较大的正面毛圈高度。

采用脱圈法编织毛圈时,由于形成毛圈的织针1隔1排列,且只能在间隔的横列上形成毛圈,因此毛圈丰满度较差。

二、毛圈沉降片法编织毛圈织物

毛圈沉降片法是在经编机上利用附加特殊的毛圈沉降片,并辅以适当的梳栉垫纱运动,来形成毛圈织物。

在带有毛圈沉降片的经编机中,毛圈沉降片床上的毛圈沉降片与普通沉降片对齐,安装在普通沉降片的正上方,毛圈经编机成圈机件配置如图10-26所示。毛圈沉降片可在织物反面挂住毛圈梳的延展线,从而使之形成毛圈。并且毛圈沉降片装得尽可能低,利用毛圈沉降片将织物下压,起到握持织物的作用(普通沉降片无片鼻)。

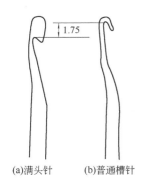

(a)满头针　　(b)普通槽针

图10-25　满头针与普通槽针

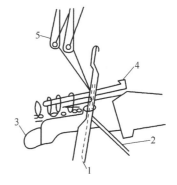

图10-26　毛圈经编机成圈机件配置
1—槽针　2—针芯　3—普通沉降片
4—毛圈沉降片　5—梳栉

编织时,毛圈沉降片不做前后摆动,只做左右横移,毛圈沉降片床的横移由花纹滚筒上的花纹链条控制。

为了形成地组织并同时构成毛圈,地纱梳栉与毛圈纱梳栉需作不同的垫纱运动,必须遵循以下规律:地组织的垫纱运动必须与毛圈沉降片床的横移运动相一致,即两者作同方向、同针距的横移。这样才能使地纱始终保持在相同两片毛圈沉降片之间,不会在毛圈沉降片上方横越形成毛圈。

图10-27所示为编织毛圈织物的垫纱运动图。毛圈梳栉GB1的垫纱数码为:1— 0/0— 1//,地纱梳栉

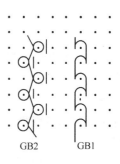

GB2　　　　GB1

图10-27　毛圈沉降片法编织毛圈
织物的垫纱运动图

GB2 的垫纱数码为:1— 2/1— 0//。毛圈沉降片的横移规律为:1— 1/0— 0//。图中的粗短黑线代表某一毛圈沉降片在每一编织横列期间的位置。毛圈沉降片仅允许在针背横移期间横移。此时,织针处于脱圈位置。当地梳链块排列为 1— 2— 2/1— 0— 0//时,毛圈沉降片床的横移编码为:1— 1— 1/0— 0— 0//。

利用毛圈沉降片法编织毛圈织物,可以在每一横列、每一纵行都形成毛圈,因而编织的毛圈紧密厚实,均匀丰满,悬垂性好。

图 10-28 所示为具有对称毛绒花纹毛圈织物的垫纱运动图。该织物采用一把梳栉编织地组织,两把梳栉编织毛圈。毛圈梳穿纱均为 1 穿 1 空,并作对称垫纱运动,使得每一编织横列中的每一枚织针仅垫到一根毛绒纱。

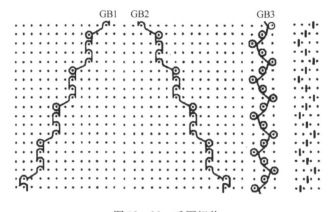

图 10-28　毛圈织物

在 E28 带有毛圈沉降片的 4 梳经编机上编织毛圈织物,机上纵密为 25 横列/cm,经剪毛、水洗、定型、印花整理后,成品织物的单位面积重量为 293g/m²。用作室内装饰织物。原料采用 100% 76dtex/24f 消光涤纶丝。

织物组织与穿经:

GB1:1— 0/0— 1//,满穿;

GB2:1— 0/1— 2//,满穿;

GB3:0— 0/2— 2//,满穿;

POL:0— 0/1— 1//。

三、单针床起绒类织物

利用拉毛或磨毛等后整理方法,将织物表面绒纱线圈的延展线拉断,从而在织物的表面形成绒面效应的织物称经编起绒织物。

单针床经编起绒织物除具有良好的手感和保暖性以外,还具有结构稳定,脱散性小,有一定的弹性和延伸性等特点。这类织物常制作外衣、衬里、窗帘、鞋面料、汽车内饰等。

单针床经编起绒织物可采用 2~4 把梳栉编织。两梳织物多为平素毛绒,一般采用经平绒、经平斜等组织,前梳延展线的长短可视毛绒长度和机器一次针背横移能力而定。若编织花色毛绒织物,则以 3~4 梳为主。

起绒织物的地组织多采用强力高、具有热塑性的涤纶丝或锦纶丝，绒面纱可采用黏胶丝、醋酸丝，也可采用涤纶丝或锦纶丝。

图 10-29 所示为两梳平素拉毛织物垫纱运动图，该织物在 E28 经编机上编织。

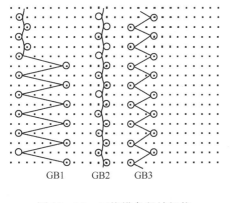

原料：A 为 44dtex/12f 有光锦纶丝，B 为 44dtex/10f 锦纶丝。

织物组织及穿经：

GB1：1—0/4—5//，满穿 A；

GB2：1—0/1—2//，满穿 B。

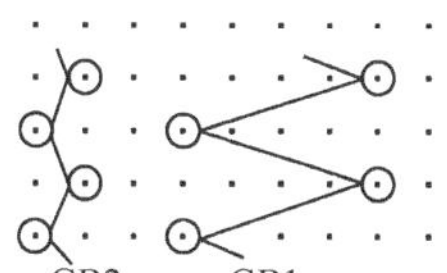

图 10-29　两梳平素拉毛织物垫纱运动图

前梳 GB1 为四针经斜，并采用有光锦纶丝，拉毛后毛绒光亮；而后梳 GB2 与前梳同向垫纱，使得拉毛更易于进行。

另一种用作服装面料的三梳平素毛绒织物，在 E28 经编机上编织，织物的单位面积重量为 187g/m²。

原料：A 为 22dtex 锦纶丝；B 为 66dtex 黏胶丝。

织物组织与穿经：

GB1：1— 0/8— 9//，满穿 B；

GB2：1— 0/0— 1//，满穿 A；

GB3：1— 0/3— 4//，满穿 A。

该织物由 GB2 与 GB3 构成稳定的经斜编链地组织。拉绒后，前梳较长的延展线在织物反面形成较长的毛绒，采用黏胶纤维则使得该织物具有良好的吸湿性、手感好，且绒面光泽好。

图 10 - 30 所示为三梳横条毛绒织物，在 E28 经编机上生产，织物的单位面积重量为 390g/m²。

原料：A 为 22dtex 锦纶丝；B 为 167dtex 黏胶长丝。

织物组织与穿经：

GB1：(6— 7/1— 0) ×5/6— 7/1— 0/(1— 2/1— 0) ×2//，满穿 B；

GB2：1— 2/1— 0//，满穿 A；

GB3：1— 0/3— 4//，满穿 A；

GB3 与 GB2 形成轻薄、稳定的地组织，前梳 10 横列 6 针经斜与 4 横列经平相间，形成凹凸相间的

图 10-30　三梳横条起绒织物

横条毛绒效应，前梳采用粘胶丝，使得毛绒的色泽鲜艳、手感好。

第五节　氨纶弹性织物

氨纶弹性经编织物具有良好的延伸性和弹性回复性，尺寸稳定性好，手感柔软，穿着舒适合体，保型性好，被广泛用于内衣、运动服（如泳装、体操服、滑雪服）及休闲服等。同时，该

类织物在装饰及产业用领域的应用也不断扩大,织物品种日益增加。

一、氨纶弹性织物的分类

(一) 按弹力大小分类

1. 高弹织物　织物弹性恢复率为 30% ~ 50% 之间。

2. 中弹织物　织物弹性恢复率为 20% ~ 30% 之间。

3. 低弹织物　织物弹性恢复率为 20% 以下。

(二) 按弹性方向分类

1. 单向弹性织物　织物仅纵向或横向有较大的弹性,经向弹性织物通常以局部衬纬方式衬入氨纶丝。

2. 双向弹性织物　织物在纵向与横向均有较大的弹性。双向弹性经编织物中,通常弹性纱必须成圈。

二、氨纶丝的整经

鉴于氨纶特殊的性能,在其进行整经及编织时,需采用特殊的整经设备和经编设备。与普通整经机不同,氨纶整经机增加了积极送丝、丝牵伸和丝张力松弛补偿等装置,以适应氨纶丝整经时的伸长与回缩。图 10 - 31 所示为氨纶丝整经时的拉伸与回缩。

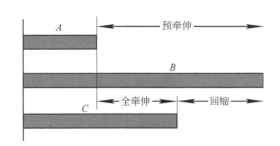

图 10 - 31　氨纶丝整经时的拉伸与回缩
A—送纱辊送出长度　B—拉伸辊送出长度　C—盘头卷绕长度

氨纶整经工艺的内容除整经根数和整经长度外,还包括预牵伸倍数、牵伸倍数和线速度等参数。预牵伸是指氨纶丝由纱架送纱辊到预牵伸装置拉伸辊之间的牵伸,其目的是要防止由纱筒退出的纱线随纱筒继续卷绕。由纱架送纱辊到经轴之间的牵伸称为全牵伸。经轴盘头的线速度与纱架送纱辊送纱线速度的比值称为牵伸倍数。一般预牵伸率的大小为全牵伸率的 1.8 ~ 2 倍。

$$预牵伸率 = \frac{拉伸辊线速度 - 送纱辊线速度}{送纱辊线速度}$$

$$全牵伸率 = \frac{整经经线速度 - 送纱辊速度}{送纱纱辊线速度}$$

三、氨纶弹性织物的设计

设计氨纶弹性织物时,氨纶必须与非弹性纱结合使用。氨纶穿于后梳,非弹性纱穿于前梳,由此使氨纶丝被夹在前梳纱的线圈与延展线之间,受到非弹性纱的保护,染色后织物得色鲜艳;同时,在穿着时氨纶丝也不会与人体皮肤直接接触。

(一)平纹弹性织物

经编平纹弹性织物通常在 $E28$、$E30$、$E32$ 特利柯脱型高速经编机上编织,然后再匹染或印花。

双梳经平绒是制作泳装、体操服等最常用的组织,织物表面光滑、手感柔软,由于氨纶丝成圈使织物具有双向弹性。

例如,织物在 $E32$ 特利柯脱型经编机上编织。前后梳栉的送经量分别为 1440mm/腊克及 465mm/腊克,光坯纵密为 27.8/cm,织物单位面积重量为 246g/m²,整理后幅宽收缩率为 40%。

原料:A 为 44dtex/34f 锦纶66 有光丝(41.2%),B 为 44dtex/34f 锦纶66 消光丝(41.2%),C 为 40dtex 氨纶丝(17.6%,伸长率40%)。

织物组织与穿经:

GB1:2— 3/1— 0//,8B8A;

GB2:1— 0/1— 2//,满穿 C。

织物由于前梳采用两种不同光泽的锦纶丝,而在织物表面形成具有明暗效果的纵条,若在织物上印花,则可赋予花型三维立体效果。

(二)网眼弹性织物

在编织氨纶弹性织物的少梳栉和多梳栉拉舍尔型经编机上,常利用其较大的牵拉力和编织张力,采用线密度在 150～400dtex 之间较粗的氨纶裸丝织后梳组织,44～67dtex 的锦纶复丝织前梳组织,生产模量较高的弹性织物,用作内衣、胸衣的紧身下摆和文胸的侧边布等。在拉舍尔型经编机上可生产薄型网眼印花内衣弹力织物,高模量弹性织物的单位面积重量在 200g/m² 左右,而网眼印花弹力布成品单位面积重量仅 50g/m² 左右。这种网眼常用 4 把梳栉以半穿编织,前面两把半穿梳栉采用 25dtex 涤纶复丝,对称编织抽花网眼组织;后面两把半穿梳栉采用 22dtex 左右的氨纶裸丝,对称编织1 针距衬纬,赋予织物良好的弹性。

图 10－32 所示为三梳网眼弹性织物,在 $E28$ 拉舍尔型经编机上编织。该织物光坯纵密为 59 横列/cm,织物的单位面积重量为 229g/m²。

原料:A 为 78dtex/18f 锦纶6 长丝(三叶形有光丝),B 为 310dtex 氨纶丝。

织物组织与穿经:

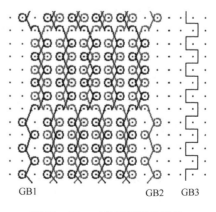

图 10－32 三梳网眼弹性织物

GB1:$(1— 0/1— 2)×3/(2— 3/2— 1)×3//$,1 空 1A;

GB2:$(2— 3/2— 1)×3/(1— 0/1— 2)×3//$,1 空 1A;

GB3:$(0— 0/1— 1)×6//$,满穿 B。

织物由 GB1 与 GB2 空穿构成交错网眼,而 310dtex 氨纶丝的单针距衬纬使织物纵向具有较大的弹性,织物表面呈粒纹网眼,透气性好,常用作鞋面料。

图 10-33 所示为四梳网眼弹性织物。

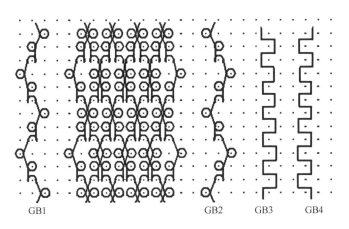

图 10-33 四梳网眼弹性织物

织物组织与穿经:

GB1:$4— 6/4— 2/2— 4/2— 0/2— 4/4— 2//$,1 穿 1 空;

GB2:$2— 0/2— 4/4— 2/4— 6/4— 2/2— 4//$,1 穿 1 空;

GB3:$(0— 0/2— 2)×3//$,1 空 1 穿;

GB4:$(2— 2/0— 0)×3//$,1 空 1 穿。

该织物中 GB1 与 GB2 采用 44dtex 锦纶丝,GB3 与 GB4 采用 310dtex 氨纶丝。GB1 与 GB2 形成网眼,织物挺括、透气,适合制作女胸衣等。

(三)花色经编弹性织物

在少梳栉氨纶经编机上,采用变化组织,配合不同的穿纱方式,还可得到多种花纹效应的经编弹性织物。

1. 波纹弹性织物 该织物后梳氨纶丝空穿,采用 9 针经缎组织;前梳涤纶丝满穿,采用 17 针变化经缎组织;这样在氨纶丝空穿处就形成波纹,具体工艺如下:

原料:A 为 56dtex 涤纶丝,B 为 44dtex 氨纶裸丝。

织物组织与穿经:

GB1:$1— 0/2— 3/4— 5/6— 7/8— 9/10— 11/12— 13/14— 15/16— 17/15— 14/13—$
  $12/11— 10/9— 8/7— 6/5— 4/3— 2//$,满穿 A;

GB2:$8— 9/8— 7/7— 6/6— 5/5— 4/4— 3/3— 2/2— 1/1— 0/1— 2/2— 3/3— 4/4—$

5/5— 6/6— 7/7— 8//,12B1 空

2.绣纹弹性织物 在平纹弹性底布上,利用前面两把梳栉空穿做绣纹组织,即可得到各种绣纹弹性织物。如果绣纹和底布采用染色性能不同的原料,则可得到彩色绣纹弹性织物。例如,一种绣纹弹性织物垫纱运动如图10-34所示,使用三梳氨纶经编机编织。

原料:A 为 4dtex 锦纶丝,B 为 44dtex 氨纶裸丝。

织物组织与穿经:

GB1:1— 0/4— 5/2— 1/3— 4/4— 5/5— 6/6— 7/
7— 8/8— 9/10— 11/8— 7/11— 12/8— 7/
10— 11/9— 8/8— 7/7— 6/6— 5/5— 4/4—
3/2— 1/4— 5//,1A13 空;

GB2:(2— 3/1— 0)×11//,满穿 A;

GB3:(1— 0/1— 2)×11//,满穿 B。

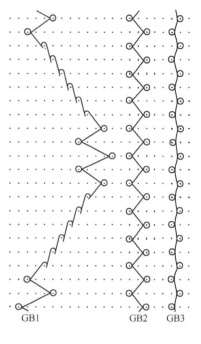

图 10 - 34 绣纹弹性织物

四、氨纶弹性织物生产过程中应注意的主要问题

(一)原料选择

生产氨纶弹性织物时,为避免高温高压对氨纶的损伤,通常选用氨纶丝与锦纶丝或阳离子可染涤纶丝交织。对于不染色的印花织物,可以使用常规涤纶丝。氨纶丝的线密度视织物的弹性、厚度、编织设备的机号等而定,一般特利柯脱型经编机上使用 22~78dtex 的氨纶裸丝,而拉舍尔型经编机上可采用更粗的氨纶丝。

(二)经编工艺的控制

1.密度 通常用于印花的坯布纵密要比用于染色的坯布纵密适当增加2~3横列/cm,以防止印花时因坯布密度稀而露底。用作泳衣的坯布要求比较紧密,其纵密要比用作内衣的坯布纵密增加3~4横列/cm。

2.送经量 设计前梳普通原料送经量时,其大小除考虑一般的因素外,还要考虑弹性布特有的要求。由于坯布下机后要回缩,如果送经量偏小,会妨碍氨纶丝的回缩;送经量偏大,在氨纶丝回缩时可能会将多余的前梳纱线挤出布面,使布面上出现小的纱圈(俗称毛背),织物手感粗糙。因此,必须合理调节普通原料与氨纶的送经比。氨纶梳栉的送经量应确保送经张力的稳定,否则布面可能会出现横条。

3.卷布速度 在编织过程中,氨纶弹性织物一旦脱离成圈部件,就会立即回缩,使坯布的幅宽变窄。回缩量的大小与坯布牵拉辊与卷布辊的速度差及牵拉辊与卷布辊间的距离有关,距离越大,回缩时间越充分。

4.整经张力 氨纶的整经张力及整经线速度需保持恒定,否则织物上将出现纵条或单位面积重量不匀。

(三)染整工艺的控制

1. 油剂洗涤　氨纶长丝带有大量油剂,必须在染色前清洗掉,并同时使织物充分松弛。由于四氯化碳(或四氯乙烯)干洗法中会残留干洗介质的公害性,因而采用水洗法。洗涤时要使织物处于最小张力状态,使织物充分松弛。

2. 热定形　热定形是弹性织物在染整加工中控制成品幅宽,稳定尺寸,防止幅宽收缩过度,去皱平整,控制纬向缩水率、平方米重量、织物回缩率等的一个关键工序。如果热定形太轻,残留弹性就会偏高,织物尺寸就不稳定;如果热定形太重,氨纶中的剩余弹性就会太低,织物就会缺少弹性,美感差。热定形温度与氨纶的品种有关,一般宜控制在185~195℃。

思 考 题

1. 在少梳栉经编机上可以通过哪些方法形成纵条或横条?

2. 经编网眼组织有哪些类型? 怎样改变网眼尺寸?

3. 在单针床经编机上可采用哪些方法编织毛圈织物? 各有何特点?

4. 采用脱圈法编织经编毛圈织物时,如何调节正反面毛圈的高度?

5. 氨纶经编织物生产过程中应注意哪些问题?

第十一章　多梳栉经编产品设计

━━━●　**本章知识点**　●━━━

1. 常用多梳栉经编织物基本地组织的结构和特性。

2. 多梳经编织物设计用各类意匠纸的选用。

3. 多梳经编织物花型设计的一般方法。

4. 计算机辅助设计花型的一般程序。

5. 常用的经编条带花边的种类和生产方法。

第一节　多梳栉经编织物的地组织与意匠纸

多梳栉经编织物的设计通常先选定地组织,根据不同的地组织来确定绘制花型所用的意匠纸,将花型转移到意匠纸上,然后绘制垫纱运动图,并确定所用原料以及穿纱图等。一般说来,多梳栉经编织物的设计根据所采用的机型不同,在具体工艺设计时会有一些区别。目前,无论是链块式的还是电子式的梳栉横移系统,均采用计算机辅助设计。对于采用链块式横移机构的经编机来讲,需要打印出链块排列的信息;而采用电子横移机构的经编机,可以利用计算机辅助设计所获得的数据,直接存储在软盘上,通过控制系统直接控制梳栉横移。

一、多梳栉经编织物的地组织

多梳栉拉舍尔经编织物一般都是在地组织上进行提花而形成的。因此,多梳栉拉舍尔经编织物可看作由地组织和花纹组织两部分组成。多梳栉经编机通常用于生产服装用网眼织物、饰带与窗帘网眼织物。这两类织物的主要区别就是织物所使用的地组织不同。通常服装用网眼织物和饰带多采用六角网眼作为地组织,窗帘织物则多采用编链组织与衬纬相结合的各种格子网眼地组织。

(一)基本地组织及变化地组织

多梳栉经编织物常用的地组织有编链地组织、三角形网眼地组织、四角形网眼地组织、菱形网眼地组织、六角形网眼地组织。地组织可采用一把、二把、三把或四把地梳生产,以两梳地组织居多。

1.编链地组织　编链组织是应用较多的一种地组织。它采用一把前梳,满穿或1穿1空。编链纵向延伸性小、强力大,用纱少,可以在编链上利用衬纬来随意组织花型。同时由于各种组成花型的纱线之间相互牵拉,会产生各种各样的独特风格。

2.三角形网眼地组织　三角形网眼地组织实际上是单梳满穿的经平组织。但对于单梳经平织物,如果有纱线断裂,则织物会在外力的作用下分成两片,所以可以增加一把单针距衬纬梳栉(衬纬方向与经平针背垫纱方向相反),以增强地布强力。

3.菱形地组织　菱形地组织是一种双梳或三梳织物,前梳满穿纱线,编织编链,后面的一把或两把梳栉以不同的穿纱方法和不同的衬纬组织进行垫纱。由于纱线之间的相互牵拉力作用,从而形成有规律的菱形网眼图案。

图11－1所示为两梳三列菱形地组织,其垫纱数码和穿纱方式为:

GB1:(2—0/0—2)×3,满穿;

GB2:2—2/6—6/2—2/4—4/0—0/4—4//,丨·丨·。

菱形地组织还可由三把梳栉形成,如三梳三列,三梳五列等菱形地组织。一般三梳菱形地组织较为稳定,有时也可直接作为简单的菱形装饰物。

图11－2所示为三梳三列菱形地组织的垫纱运动图和线圈结构图,其垫纱数码和穿纱方式为:

GB1:(2—0/0—2)×3,满穿;

GB2:2—2/6—6/2—2/4—4/0—0/4—4//,丨·丨·;

GB3:4—4/0—0/4—4/2—2/6—6/2—2//,丨·丨·。

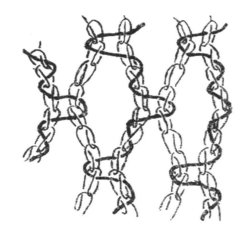
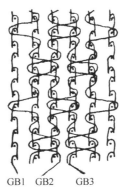
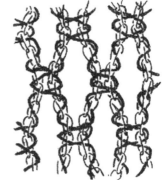

GB1　GB2　GB3

图11－1　两梳三列菱形地组织　　　　图11－2　三梳三列菱形地组织

4.格子网眼地组织　格子网眼地组织通常由两梳或三梳编织。它应用编链纵向延伸性小,衬纬横向延伸小的原理,按照一定的组合方式使编链和衬纬做不同的联结,依靠纱线间的相互牵拉力形成不同尺寸和形状的格子。这种地组织的各梳栉一般都为满穿。图11－3所示为窗帘网眼常用的三梳非对称式格子地组织。其垫纱数码和穿纱方式为:

GB1:(2—0/0—2)×3//,满穿;

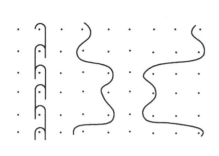
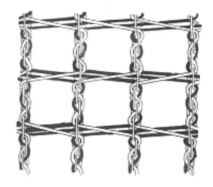

图11-3　三梳非对称式格子地组织

GB2：0—0/6—6/4—4/6—6/0—0/2—2//，满穿；

GB3：4—4/0—0/2—2/0—0/4—4/2—2//，满穿。

图11-4所示为三梳对称式格子地组织，其垫纱数码和穿纱方式为：

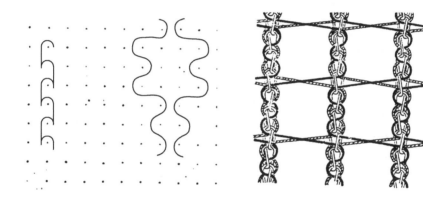

图11-4　三梳对称式方格地组织

GB1：(0—2/2—0)×3//，满穿；

GB2：0—0/2—2/0—0/4—4/2—2/4—4//，满穿；

GB3：4—4/2—2/4—4/0—0/2—2/0—0//，满穿。

图11-5所示为一种变化的三梳格子网眼地组织结构。

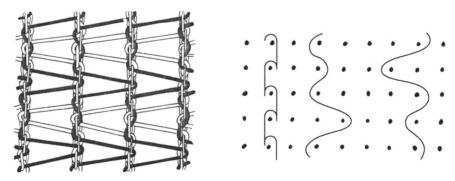

图11-5　变化的三梳方格网眼地组织

一般可以通过改变穿经规律、衬纬纱的衬绕横列数以及衬纬纱的运动规律、网格结构来获得不同的网眼地组织。图 11-6 所示为一些常见的四角网眼地组织的垫纱图。

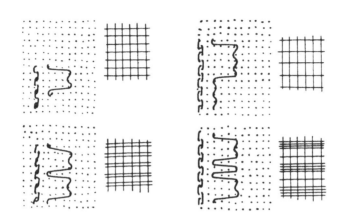

图 11-6　常见的四角网眼地组织的垫纱图

5. 变化地组织　编链与衬纬梳栉的特殊垫纱运动相结合,可形成变化地组织。图 11-7 所示为变化地组织的垫纱运动和效果图。

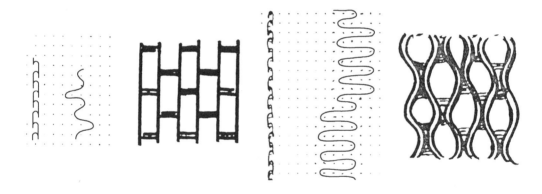

图 11-7　变化地组织的垫纱运动和效果图

6. 六角网眼地组织　六角网眼地组织是服装网眼织物和条带花边织物的基本网眼地组织结构。一般两把满穿地梳中的前梳在一根织针上连续编织三横列后,移到相邻织针上再做三横列编链运动,每行编链的前两个线圈为开口线圈,后一个线圈为闭口线圈,以便使线圈结构紧密,从而获得较稳定的形态。后梳作衬纬运动并始终跟随前梳的垫纱运动,以加强组织结构和增加网眼形状的稳定性。由于线圈运动从一个纵行移到另一个纵行时,线圈圈柱被延展线牵拉发生歪斜现象,从而形成三横列六角网眼组织如图 11-8 所示。垫纱数码记录为:

GB1:2— 0/0— 2/2— 0/2— 4/4— 2/2— 4//;

GB2:0— 0/2— 2/0— 0/4— 4/2— 2/4— 4//。

这种地组织用纱省,结构稳定,花型美观,设计方便,花边上应用较多,可获得较好比例的蜂窝形状。

如果要求孔眼较长,可用五横列或七横列网眼。一般横列数越多,网眼越长,地组织稳

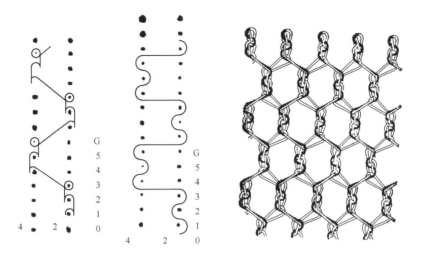

图 11-8 三横列六角网眼组织

定性逐渐变小。六角网眼的实际形状宽度取决于横列与纵行的比率。对于三横列的六角网眼,采用 3∶1 的比率时,可以获得正六角网眼。例如:以 *E*18 机器为例,织物的横密若用 7 纵行/cm,纵密则取 21 横列/cm。

为了增加织物的花式效应,还可以在传统的三横列六角网眼地组织上附加衬纬纱,利用局部配置的导纱针在原来地组织基础上再编织出 2~3 个结构不同的地组织,使地组织更加丰富。

(二)弹性地组织

多梳栉经编织物弹力花边织物是一大类,所采用的地组织和前面所讲过的地组织的结构是一样的,但由于采用了较粗的弹性纱做衬纬运动,其表现出的形态和一般的地组织有所不同。常用的弹性地组织有弹性网眼和技术网眼两大类。

1. 弹性网眼地组织 弹性网眼地组织是由四把 1 穿 1 空的梳栉编织而成。梳栉的垫纱运动图和穿纱方式如图 11-9(a) 所示。为了形成良好的弹性织物,成圈地梳栉常采用较

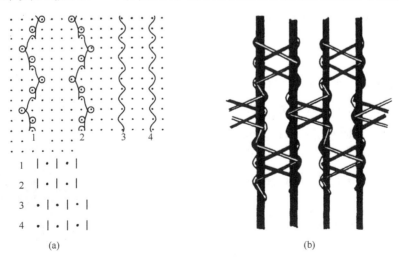

(a)   (b)

图 11-9 弹力网眼地组织垫纱运动图和线圈结构图

细的锦纶丝,而衬纬纱则采用较粗的弹性纱线。由于弹性纱线较粗,在织物中实际表现出的效果是衬纬的弹性纱挺直,而成圈纱则随之发生弯曲变形,图11-9(b)所示为弹力网眼地组织的线圈结构图。

2. 技术网眼地组织 它的基本组织结构同六角网眼地组织,只是将六角网眼中的衬纬纱用较粗的弹性纱线。由于较粗的弹性纱线具有较大的刚性和弹性回复性,因此表现在织物中为挺直的形式,使形成变化编链的线圈产生弯曲,从而导致地组织外观结构与典型的六角网眼完全不同。图11-10为技术网眼地组织的线圈结构图。

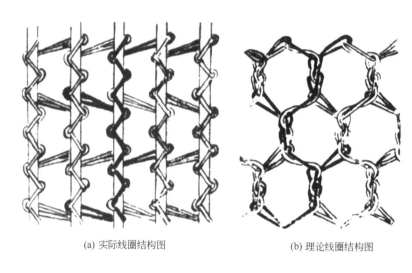

(a) 实际线圈结构图　　　　　　　(b) 理论线圈结构图

图11-10　技术网眼线圈结构图

二、多梳栉经编织物设计用意匠纸

经编中常用的意匠纸是利用水平和垂直排列的黑点表示织针的针头。但在多梳织物的设计中,为了更明确地表示地组织与衬纬纱所形成的地组织结构,就必须按照地组织的不同选用不同的意匠纸。为了获得正确的意匠设计,使设计图花纹效果能直观反映真实的织物效果,应采用具有正确的横列与纵行比率的意匠纸,以减少由意匠设计引起的花纹变形。

1. 格子意匠纸 每一格子纵向代表3个横列,横向代表1个针距,如图11-11所示。孔眼的具体形态取决于最终成品网眼中横列与纵行的比率。如横列数:纵行数 = 3:1,则为正方形网格;如横列数:纵行数 < 3:1,则孔眼的纵向尺寸小于横向尺寸;如横列数:纵行数 > 3:1,则孔眼的纵向尺寸大于横向尺寸。实际生产中,该比率的范围大约为(2.5:1)~(3.5:1)。

2. 六角网眼地组织意匠纸 它分为三横列、五横列和七横列意匠纸。由六角网眼结构的垫纱运动可知,每隔三个横列,纵行就有半个针距的偏移。这种纵行移位如采用普通的垂直点纹

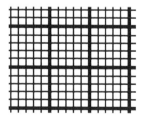

图11-11　格子意匠纸

纸进行花纹设计比较困难,因此常采用能反映真实线圈结构形态的六角网眼意匠纸。六角网眼的实际形状宽度取决于横列与纵行的比率。对于三横列的六角网眼,采用3∶1的比率时,可获得正六角网眼。生产中使用的比率范围为(2.5∶1)~(3.5∶1)。图11-12所示为3种不同密度的六角网眼地组织意匠纸。

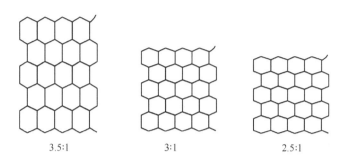

3.5:1　　　　　　　　3:1　　　　　　　　2.5:1

图11-12　六角网眼地组织意匠纸

当采用六角网眼地组织意匠纸进行花型设计时,要注意梳栉垫纱数码的读取方法,一般采用零线进行辅助读数。意匠图纸上的零线表示这时梳栉是在最低链块号(通常为零号)下通过针间间隙。对于六角网眼地组织来讲,零线是一根折线,在这根折线一侧的链块高度是一样的。如图11-13所示,六角网眼地组织意匠纸上的垫纱数码为:0—0/10—10/0—0/10—10/0—0/10—10/0—0/14—14/0—0/10—10//。

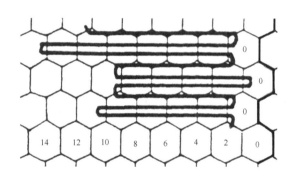

图11-13　六角网眼地组织意匠纸上的垫纱运动

3. 弹性地组织意匠纸　根据织物所采用的地组织不同,选择不同的意匠纸。

(1)在弹性网眼地组织意匠纸中,横线表示横列,纵线表示纵行,交叉线表示地组织中的交叉连接线。由于纵行未发生变形错位,因此在两纵行间可以编写代表链块号码的数码。图11-14(a)所示为在弹性网眼地组织意匠纸上的垫纱运动,其垫纱数码为:2—2/8—8/4—4/10—10/0—0/4—4/0—0/6—6。

(2)在技术网眼地组织意匠纸中。每个孔代表3个横列,其中相邻的转向线圈之间有2个横列,转向线圈处为1个横列。由于垂直直线不再是表示一个纵行,纵行是由曲折线所表示,因此在读数时的零位不再是沿着直线的方向,而是处于交错的纵行间。图 11-14(b) 所示为在技术网眼地组织意匠纸上的垫纱运动,其垫纱数码为:4— 4/0— 0/8— 8/0— 0/8— 8/2— 2/8— 8/2— 2/8— 8。

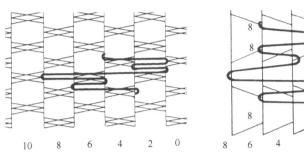

(a) 弹性网眼地组织意匠纸上的垫纱运动   (b) 技术网眼地组织意匠纸上的垫纱运动

图 11-14   弹性地组织意匠纸上的垫纱运动

第二节   多梳栉经编织物设计

通常花边类织物多采用六角网眼或编链与衬纬组合的地组织;而窗帘类织物多采用方格网眼地布或直接采用编链组织。多梳栉拉舍尔织物的花梳均采用局部衬纬的垫纱方式形成各种各样的花纹图案。对此类织物的设计主要是对地组织的花型进行工艺设计,一般的设计过程如下。

一、花型设计

多梳栉花型织物,从花型所体现的效果,可以分为轮廓花型、普通花型、阴影花型、立体花型、花式纱等;从花型的总体布局,可以将花型分为中心花型部分和附属花纹部分。不同的花边设计,最重要的是确定花型的主要部分。如果中心部分是花,就先从花开始描绘设计,其他的附属花纹只是为了衬托中心花型而辅助设计的。如果过分注重附属花纹的设计,那么中心部分的花型设计就会受到影响。

在花型设计时,还必须注意花纹与纱线的走向、变化网眼等花纹的协调。花纹与花纹连接时,最好采用点接触的方式,如图 11-15 所示。在整个花边的描绘过程中,要注意保持花型从头至尾的连贯、圆滑。同时,图案中花纹的横向连接应配合纱线的纵向行走方向,以保证顺利编织。

在连接分开的花纹时,应注意花纹与空间纵横条纹的连接方法。设计描绘花型时,只要对分开的花纹稍做修正就能消除不连贯的因素。

对于花型完全组织的设计,要注意采用交叉排列的方式,如图 11-16 所示。不能过分拘泥于花型纵向和横向的完整性而产生呆板的条纹效应。

 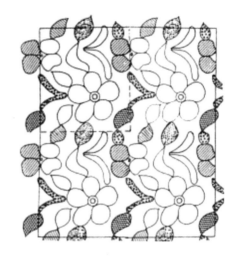

图 11－15　花纹与花纹连接采用点　　　　图 11－16　花型完全组织采用交叉排列的方式
接触的方式

一般先设计 1/4 花型,然后进行复制、翻转等图形排列,最终选定一个花型完全循环。这样不仅能提高设计效率,而且可以保证花型的对称性。

二、梳栉分配与绘制垫纱运动图

在花型小样上确定花型的高度、宽度、使用的梳栉数目并进行梳栉分配。不同的梳栉横移线用不同的颜色表示。每一条横移线中的各把导纱梳一般均匀地分配在花纹循环的整个宽度中。一般对于所形成的不同效果,各梳栉在机器上的排列不同。

1. 包边轮廓花纹梳栉　配置在前面的导纱梳栉,作较小的针背横移,形成花纹最上面的部分,以使花纹清晰、图案突出。包边所使用的纱线最粗。

2. 普通花纹梳栉　配置在花梳的中间,作较大的针背横移,使用较粗的纱线。

3. 阴影花纹梳栉　配置在花梳的后部,作较小的针背横移,使用较细的纱线。

4. 立体花纹梳栉　配置在压纱板的前面,用纱较粗。

在绘制各梳栉垫纱运动时先进行分梳。同一集聚横移工作线中的各把梳栉采用同一种颜色进行描绘;不同集聚线的梳栉用不同的颜色,将梳栉所走的花型各个部分区分开来。如图 11－17 所示,其中图(a)为设计好的多梳花型,图(b)(见封三)为对多梳花型进行分梳,图(c)(见封三)为计算机辅助设计完成的垫纱运动图。

通常根据机型不同的经编机,一条集聚线中可以有 2 把、4 把或 6 把梳栉。配置在同一集聚横移工作线中的各把梳栉上的导纱针在任何时候都不允许横移到同一织针间隙处(如某些经编机规定两把不相邻的花梳导纱针最小间距为 2 针,而相邻花梳的导纱针最小间

图 11－17　(a)

距为9针)。通常同一横移线中的各把梳栉在同一横列中同向运动,以减少由于集聚所产生的各种问题,除非需要获得特殊的花型效应才作反向运动。当地组织为六角网眼时,所有花梳不但要自身同向垫纱,而且也需与地组织中的衬纬纱作同向垫纱;否则,花纱有可能干扰地纱,使其不能达到最佳编织状态,而且一个花型完全组织应是地组织所占横列数(6横列)的整数倍。在花型的某一部位,不要用太多的梳栉来编织。当从一个图案移动到下一个图案时,各梳栉的引纱路线必须分散。

三、读取链块号

一般由计算机辅助设计完成垫纱运动图后,计算机可以自动生成各把梳栉横移链块信息。对于链块式梳栉横移经编机,只需将链块数码打印出来,工艺人员就可以排链块了。而对于电子横移机构,梳栉横移信息则全部存储在软盘上,然后由专门的设备调入经编机即可。

若不采用计算机辅助设计,就必须在意匠纸上,将每一把梳栉垫纱运动图所对应的垫纱数码读出。读数时,"0"号位置放在意匠纸的同一侧,各花梳的最低链块号通常不是"0"号,以便获得修改的余地。所有花梳的起始链块必须在同一横列。

四、确定穿纱图

穿纱图表示各梳栉上导纱针在某一特定横列上的相对配合位置以及每把梳栉所用的原料规格。穿纱图可以用起始横列法和零位法来表示。在计算机辅助设计花型系统中可以输出两种表示方法的穿纱图。

1.起始横列法 起始横列法又叫"1"位法,是多梳栉链块式横移经编机常用的表示方式。它将花型完全组织循环内的所有花梳导纱针横向位置都依据垫纱运动图上的第一个编织横列来定位,如图11-18中"a"所示梳栉的三个穿纱位置。采用这种方法,花型设计所受的限制少,但更换花型时,需要重新安排花梳导纱针的位置,花型变换上机时间较长。

2.零位法 电子横移机构经编机的花型设计均采用零位法。零位法是利用各花梳依据垫纱运动图上的"零位"来确定,即在垫纱运动图上标明梳栉横移运动的最右端位置,如图11-18中"b"所示梳栉的三个穿纱位置。用这种穿纱图时,对同一种宽度的花型,更换花型不需要重新安排花梳导纱针的位置。

如用MRSEJF53/1/24型经编机(零位宽为180针)生产花边,在不改变零位宽度的前提下,可以生产60针,90针和180

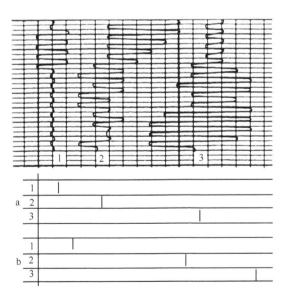

图11-18 "1"位和"零"位穿纱图

针不同宽度的花型循环,无需调整梳栉上每个导纱针的位置,能大大节省更换花型的时间。

第三节　多梳栉条带花边设计

一、多梳栉条带花边的分类

多梳栉条带花边是指用于装饰其他织物的条形花边。一般根据其形状和用途分为以下几种。

1. 边花边　将条形花边缝制在其他织物的布边或镶饰在衣服的某一部位。一般花边的一个边为平直形,另一边为起伏状或齿形。

2. 嵌条花边　嵌条花边的两边皆镶嵌入衣服的某些部位中,一般两边都为平直形。

3. 波状花边　条形花边的两边皆为波状月牙形。

4. 裁剪花边　这种花边的整个图案是从花边织物中直接裁剪出来的。

条带花边的完全组织宽度主要有 9 针、14 针、18 针、24 针、27 针、36 针、48 针、54 针、60针、72 针、96 针、108 针、120 针、144 针等多种。

条带花边所采用的地组织、花型设计和意匠图绘制与一般的多梳栉花边类织物设计方法和步骤基本相同。

二、条带花边的分离方法

条带花边一般总是先织成整幅织物,采用不同的分离技术,将条带花边分离。常见的分离方法如下。

1. 扯裂法　利用扯裂法分离条带花边,为了达到扯裂和不使花边变形的目的,扯裂纱一般都很细,如线密度为 $1.7 \sim 2.2$ tex($15 \sim 20$ 旦)。

2. 脱散法　脱散法是在网眼地组织要分离的地方使用一个把附加梳栉,用一个分离编链代替花边编链。为了使编链组织可被拆开,它必须与花边组织同向垫纱。图 11 - 19(a)

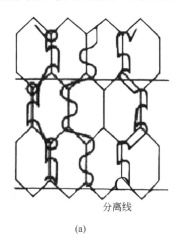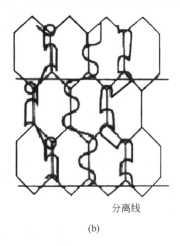

分离线　　　　　　　　　　　分离线

(a)　　　　　　　　　　　　(b)

图 11 - 19　花边分离线

中分离编链与六角网眼编链同向垫纱,分离纱和地组织的垫纱关系正确,图 11 - 19(b)
中的垫纱则无法利用脱散法分离花边。花边编链和分离编链在同一横列上不能在同一
枚针上成圈。以六角网眼编链为地组织,采用脱散法分离花边的垫纱与穿纱如图
11 - 20(见封三)所示。

要采用脱散法分离的花边以直编链为地组织,使用分离编链作为两个条带花边的连接
编链,抽掉分离编链,就可以得到边缘平直光滑的花边。以直编链为地组织的织物如图
11 - 21所示,其地组织编链不能满穿,两条花边中间的编链是分离编链。

织物生产出来后,分离编链抽掉的效果如图 11 - 22 所示。被分离的两条条带花边边缘
平直、光滑。

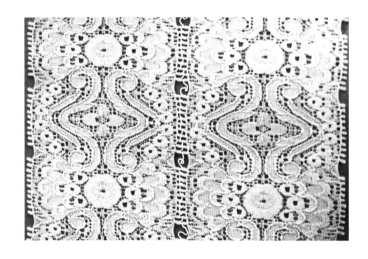

图 11 - 21　直编链为地组织的织物

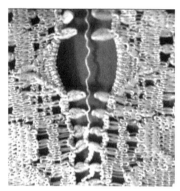

图 11 - 22　花边分离实际效果

3. 纱线拉脱法　拉脱法是用一根衬纬纱连接两片经编织物,以同样的方式将两个条形
花边连接在一起。但需要两条平整光边或带有曲折形边缘的花边时,可用拉脱法。用这种
方法连接,在每一个花边的边缘需要用编链纱线,以便在经平或六角网眼中在各根织针上均
能垫到成圈的纱线。

4. 剪割法　即采用带有固定或旋转刀的剪割机或用人工方法对花边边缘进行剪切的
方法。采用此种方法主要是为了获得起伏式波状边缘,但是机械式剪割法与脱散分离法相
比,其形成的波状边缘较粗糙。

以六角网眼为地组织的花边织物,采用剪割法分离花边时,一般在两条花边中间加一把
做衬纬的梳栉,有利于顺利割边,如图 11 - 23(见封三)所示。中间的垫纱运动表示另加的
一把梳栉的垫纱运动,它与相邻两花边边缘的垫纱运动之间空两个六角网眼。

以编链组织做地组织时,由于做牙边的纱线比较粗,剪割机的原理是碰到厚的组织或者
粗的纱线会自动沿着这些地方剪切,因此剪切比较方便。图 11 - 24 所示为沿箭头方向靠牙
边垫纱轨迹进行剪切的垫纱运动图,剪切后的花边如图 11 - 25 所示。

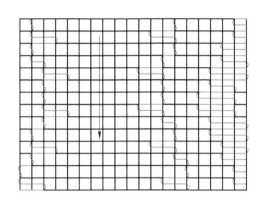

图 11-24　剪割以编链组织为
地组织条带花边的垫纱运动图

图 11-25　剪割后的条带花边

5.熔断法　熔断法是采用电热钢丝对各花边的边缘进行熔断分离的方法。可以采用直接装在经编机上的热熔机械自动分离器或手持式热熔分离机进行花边分离。采用熔断法可以获得平直或波状边缘的条带花边。要注意在熔断成波状边缘花边时,电热钢丝不能切得太深。另外,由于涤纶等化纤丝熔点过高,此法一般适用于锦纶丝和人造丝交织的花边。

6.溶解法　利用可溶解的纱线连接条带花边,然后在后整理中将可溶解的纱线溶解掉,从而达到分离条带花边的目的。溶解纱常采用可在乙酸中溶解的乙酸丝。但在实际使用过程中仍存在着花边发硬、色斑等,对花边品质有影响,同时乙酸回收也会带来的较大投资等问题。

第四节　多梳栉经编织物计算机辅助设计

目前,花边生产企业普遍采用了计算机辅助设计软件进行花边开发与设计。国内花边计算机辅助设计软件主要有 WKCAD 系统(江南大学),针织花边设计 CAD 系统(华中织物 CAD 公司)和 MRW 设计软件(天海)。国外的计算机辅助设计软件主要有德国 EAT 公司的图形设计(DesignScope)和工艺设计(ProCAD)软件,西班牙花边设计软件(LACE DRAFTING SOFTWARE SAPO)以及日本设计软件(TAKRMURA)等。现以德国 EAT 公司经编计算机辅助设计软件为例介绍多梳栉经编织物计算机辅助设计的一般方法。

EAT 公司经编计算机辅助设计软件主要分两大部分:图形设计和工艺设计。

图形设计部分主要用来编辑设计稿,具有扫描、自由笔修改花型、翻转、复制、颜色填充、颜色调换、存储、调用等各种花型编辑功能,并可以根据实际花型大小与花型密度之间的关系将花型设计稿与横列数和针数一一对应,为工艺设计做好准备。

工艺设计部分主要完成梳栉集聚分配、绘制梳栉垫纱运动、贾卡提花填色、纱线类型设定和织物模拟等功能。可以根据所选择的经编机型,进行各类多梳栉拉舍尔花边的工艺设计。能够将图形设计中编辑的设计图案作为底图,为填入梳栉垫纱运动提供方便。在这个界面中进行的工作有:按需要增加或减少梳栉;将一把梳栉的部分或全部垫纱复制到另一把梳栉上;将一个花型中的部分或全部垫纱复制到另一个花型中;根据对称性很方便地翻转、复制垫纱运动;直接打印出排针图及每把梳栉横移链块号;根据需要设定纱线类型;设定垫纱的一次最大横移量、浮线的最大长度,同一集聚垫纱间的最小间距等来检测设计的合理性和可生产性;创建一个贾卡文件,用颜色组合表示各种地组织。

在织物模拟功能中,纱线的性质如颜色、粗细以及表面感观都能被很好地表现出来,而且打印成仿真彩图并保存为 TIFF、JPG 等图形格式,便于在 WINDOWS 视窗环境下操作。另外,还可以分析纱线的送经量,了解纱线张力对布面效果的影响等。

一、图形设计

多梳栉拉舍尔花边可利用不同的原料、不同颜色的纱线形成不同效果的花纹,可以是很丰满的,也可以是稀薄的。但由于每把梳栉最大累积横移量的限制,以及每台经编机最多使用梳栉的限制,使得多梳栉拉舍尔花边的图形设计受到一定的限制。多梳栉拉舍尔花边的主花型之间必须衔接紧密,而且为了梳栉运动方便,花型的轮廓一般比较圆滑。选择花型要考虑的因素较多,排放梳栉的顺序也很讲究,因此相对于贾卡提花织物而言,设计较为复杂。

拉舍尔花边的设计部分主要是通过 EAT 软件中的图形设计(DesighScope)部分来实现的,可以完成诸如扫描、图形编辑(翻转、复制、换色、填充组织等)、存储等功能。

(1)将设计的花型图稿或花边实样,扫描(Scan)进入计算机;可对扫描图案的颜色对比度及明暗度进行调整;按照要求选取设计图形的大小或循环单元;保存的图形,格式可以是EAT 或通用的 JPG、TIFF 等。

(2)对扫描获得的图形进行修改编辑,确定并完成最终的图形和完全循环。

①选取 1/4 个循环,如图 11 - 26(a)所示。

②按照图案构思的需要,截取花型的最小无重复单元即 1/4 个循环,沿着 X 和 Y 方向进行翻转、复制、错位等操作,并按需要调整两侧花型的间距,如图 11 - 26(b)(c)所示。

③截取出所需要的完全循环,如图 11 - 26(d)所示。

④用多梳贾卡提花形成花型,则可以对不同的地组织区域填充颜色,如图 11 - 26(e)所示,以方便工艺设计中组织的填充。

一般可以根据每把梳栉的走针区域,用画笔分隔出相应区域,然后填入颜色(一把梳栉所走的范围用一种颜色来填充,同一集聚的梳栉可使用一种颜色,贾卡则根据所在区域的厚、薄或网眼填不同的颜色)。

(3)根据实际生产的要求,参照纵、横密度及图形的大小,设定所需的针数及横列数。设计好图形后,也可以直接进行各类组织的填充,预览花型效果,如图 11 - 26(f)所示。

为了突出花型,常用包边的形式增加花形的轮廓感,或用粗的纱线形成花型的外边轮廓,用较细的纱线组成花瓣的中部,给人一种立体真实的感觉。花纹相接处,要注意延展线的隐藏,可以通过合理安排梳栉的顺序来实现,有时利用这些纱线形成一些辅助图案,以衬托主体花型。

编辑好的图案可以保存为 TIFF、JPG 等通用图案格式。在该软件(EAT,ProCAD)工艺设计中,可以将保存的图案作为绘制垫纱运动的底图。

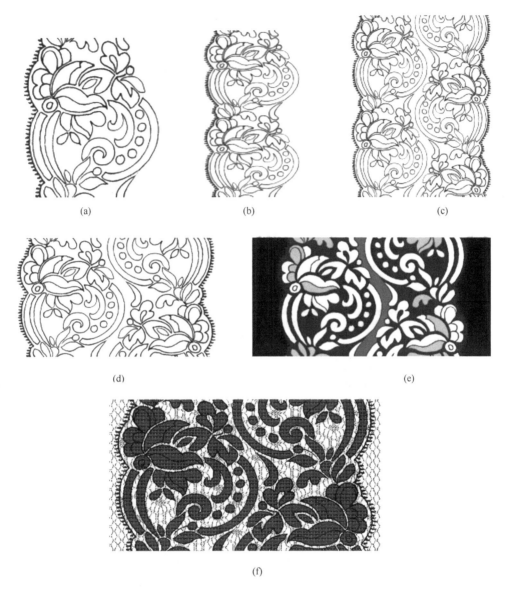

(a)　　　　　　　(b)　　　　　　　(c)

(d)　　　　　　　　　　(e)

(f)

图 11 - 26　花型图的编辑

二、工艺设计

(一)创建花型文件

创建花型文件有两种方式:一是直接创建工艺文件(EAT,ProCAD),选择机器类型,输入花宽、花高以及纵、横密度;二是利用花型模板文件,对于相同机型、相同花宽的花型,可以采用相同的零位,从而简化文件的创建。

对于直接创建的花型,必须按照具体经编机的要求,将每把梳栉零位输入计算机,计算机辅助设计中的花型垫纱运动与梳栉零位图如图 11 - 27 所示,然后将 DesignScope 中设计的花型或是直接扫描的图案作为底图调入。

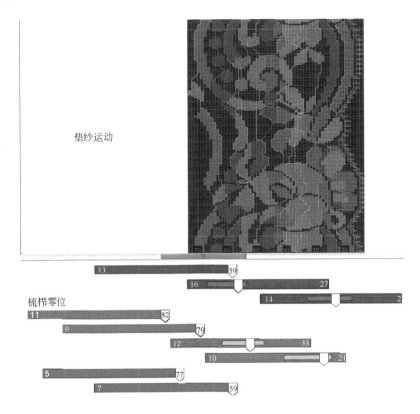

图 11-27　计算机辅助设计中的花型垫纱运动与梳栉零位图

（二）花型工艺编辑

1. 多梳栉垫纱运动图编辑　一般多梳栉花型是对称的，可以只先设计其中的一半，而另一半利用复制、移动等功能简化、优化并加快设计进程。工艺软件中一个集聚的梳栉由一种颜色表示，在排放梳栉时，尽量使同一集聚的梳栉间的距离相隔大一些，以免撞针。

一般对称花型的一半设计只选用每个集聚的一到两把梳栉，梳栉的编号越小，则越靠机前，用来编织花型最上层的延展线。设计时先利用号数较小的梳栉完成主花型凸出的垫纱运动，然后根据设计要求隐藏或配合其他梳栉完成衔接部分的垫纱运动。在设计时，可用快捷键 F 自动填充封闭的区域，再作必要的修改，简化垫纱。

2. 贾卡花型编辑　首先利用软件中的轮廓功能，将完成的多梳栉垫纱运动区域勾勒出来，贾卡工艺设计如图 11-28（见封三）（a）所示；然后根据贾卡包边的要求，完成初步的包边；再根据每个区域所需要的贾卡组织，填充相应的贾卡组织，如图 11-28（b）所示；最后形成由 1、4、8、12 号四种色构成的贾卡工艺图。

（三）花型模拟

在进行花型模拟显示之前，必须先确定每把梳栉用纱的种类，花型模拟参数设置如图 11-29（a）所示，设置各把梳栉的纱线类型（品种、粗细）。进入模拟显示时，可以设置各种不同类型的纱线显示颜色、纱线的张力状态、纱线线密度等，如图 11-29（b）所示，并且可以显示织物效果，如图 11-29（c）所示。

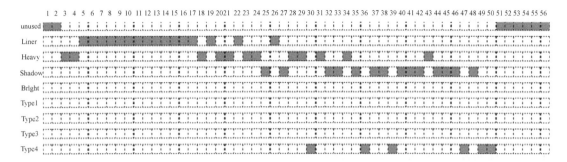

(a) 设置纱线

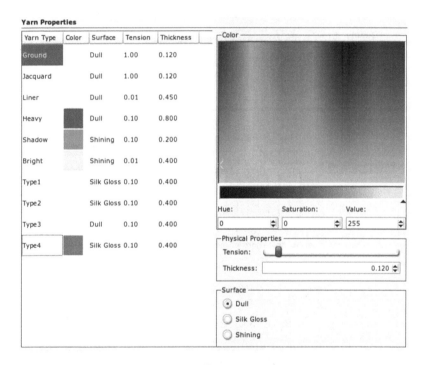

(b) 模拟显示

(c)织物效果

图 11－29　花型模拟参数设置

（四）制作机器盘

完成花型的多梳垫纱工艺和贾卡组织工艺设计后，首先对花型进行错误检测，如软件提示为错误的垫纱运动，就必须修改后方可上机；如提示为警告的垫纱运动，要根据实际需要进行修改。错误检测主要包括最大横移量、撞针等。

最后，根据花型完全组织的大小和经编机类型，确定花边条数与上机工艺参数（图11－30）。花型的左右两边各有24针的布边，花型开两幅，左边幅的花型循环12次，右边循环11次，中间分离布边为13针。

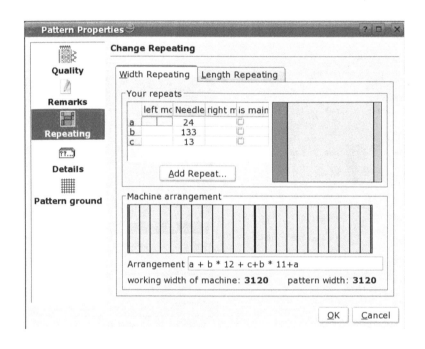

图11－30　花型上机参数设置

第五节　多梳栉经编织物设计实例

一、机械链块式多梳经编机工艺实例

多梳栉经编织物1外观如图11－31所示，花宽45纵行，花高204横列。花型在MRS42型经编机上生产，机号 E18，幅宽482cm（190英寸）。该花型在机器上开两幅，左右两边分别留22针和23针的布边。

（1）绘出花型图案，如图11－32（a）所示。

（2）进行分梳设计，如图11－32（b）所示，用颜色区分花型所用梳栉的垫纱范围。

（3）将花型图案1：1映在或画在意匠纸上，如图11－32（c）所示。

图11－31　多梳栉经编织物1

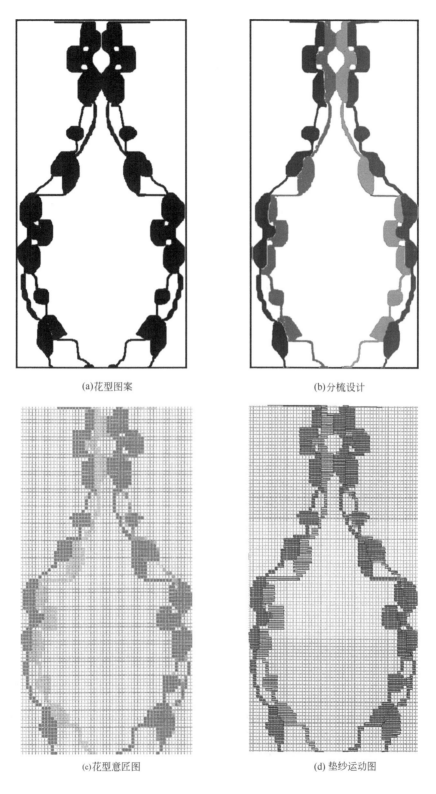

(a)花型图案

(b)分梳设计

(c)花型意匠图

(d) 垫纱运动图

图 11 - 32 花型设计过程

（4）按照图案画出垫纱运动图，如图11-32（d）所示，并写出垫纱数码。

（5）地组织由三把梳栉完成，原料采用76dtex（68旦）涤纶丝，组织与穿经如下：

地梳栉1：0—2/2—0//，满穿；

地梳栉2：6—6/4—4/6—6/0—0/2—2/0—0//，满穿；

地梳栉3：0—0/2—2/0—0/4—4/2—2/4—4//，满穿。

（6）第5、第7、第9、第11把花梳栉的链块，如表11-1所示。第5把花梳栉和第7把花梳栉在同一集聚工作线，第9把花梳栉和第11把花梳栉在同一集聚工作线。

（7）所有花梳栉均采用33.3tex（300旦）涤纶丝，穿纱图如图11-33所示。

表11-1 第5、第7、第9、第11把花梳栉的链块

第5把花梳栉的链块	36	46	36	46	36	46	38	48	38	52	46	52	44	52	44	52	44	52	44	52
	44	52	44	52	46	52	46	54	48	54	46	48	46	48	46	48	46	48	46	48
	46	48	40	48	40	50	38	50	40	48	42	46	44	46	44	46	44	46	34	46
	32	40	32	40	30	40	28	40	28	40	30	40	28	30	28	30	28	30	20	22
	20	22	16	22	14	22	14	20	10	20	10	20	10	20	10	20	10	20	10	20
	12	20	14	24	16	24	16	24	16	24	14	20	12	20	10	20	10	20	10	20
	10	20	10	20	12	20	14	20	14	16	14	16	12	6	12	16	12	16	12	16
	12	18	14	18	14	18	14	20	16	20	16	20	22	20	20	20	24	20	20	32
	24	32	22	32	22	32	22	32	22	32	22	34	22	34	24	34	24	34	26	34
	28	32	28	52	46	52	44	52	44	52	44	52	44	52	44	52	44	52	38	48
	38	46	36	46																
第7把花梳栉的链块	16	24	16	24	14	24	12	20	12	20	10	20	10	20	10	20	10	20	12	20
	12	20	14	20	12	14	12	14	10	14	12	16	12	16	12	16	12	16	12	18
	14	18	14	18	14	20	16	20	16	20	16	22	18	22	20	24	20	26	22	26
	24	32	24	32	22	32	22	32	22	32	22	34	22	34	24	34	24	34	26	34
	26	32	28	32	30	32	30	50	42	50	42	50	42	50	42	50	44	50	44	46
	36	46	34	46	34	46	34	46	34	46	34	46	36	46	44	50	44	50	42	50
	42	50	42	50	54	44	54	44	46	44	52	46	48	44	46	44	46	44	46	44
	44	46	38	46	36	48	36	46	38	46	38	40	38	40	38	40	38	42	32	42
	30	38	28	38	28	38	26	38	28	38	20	22	20	22	20	22	20	22	20	22
	16	22	16	24	14	24	12	20	12	20	10	20	10	20	10	20	10	20	12	20
	14	24	16	24																
第9把花梳栉的链块	38	48	38	48	38	50	44	52	44	52	44	52	44	52	44	52	44	52	44	52
	44	52	44	52	44	50	44	50	48	50	44	52	48	52	48	52	48	52	48	50
	46	50	46	50	46	48	44	48	44	48	44	46	42	46	42	44	40	42	40	42
	32	40	32	42	32	42	32	42	32	42	32	42	30	42	30	40	30	40	30	38
	30	36	32	36	14	18	12	20	12	20	12	20	12	20	12	20	12	18	12	26
	16	26	16	28	16	28	16	28	16	28	16	28	16	26	12	18	12	20	12	20
	12	20	12	20	12	20	12	18	10	16	10	16	14	18	16	18	16	18	16	18
	16	24	16	24	14	26	14	24	16	24	22	24	22	24	22	24	20	30	20	32
	24	32	24	34	24	36	24	36	24	34	24	44	42	44	42	44	42	44	42	44
	42	48	42	50	44	50	44	52	44	52	44	52	44	52	44	52	44	52	44	52
	44	50	38	48																

18	30	18	30	18	30	18	28	18	20	14	20	14	22	14	22	14	22	14	22
14	22	14	22	10	20	10	18	12	18	16	18	16	20	18	20	18	20	18	20
18	20	18	26	18	28	16	28	18	26	18	26	24	26	24	26	24	26	24	32
24	34	26	36	26	36	26	38	26	36	26	36	26	36	34	44	44	44	42	44
42	48	42	50	40	50	40	52	44	52	44	52	44	52	44	52	44	52	44	52
44	50	40	48	40	48	40	48	40	50	44	52	44	52	44	52	44	52	44	52
44	52	44	52	44	52	50	52	50	54	50	54	48	52	48	52	48	52	48	52
48	50	46	50	46	50	46	4	44	48	44	48	44	46	42	46	40	44	40	42
32	42	32	42	32	42	32	42	32	42	30	42	30	42	30	40	30	38	30	38
32	36	18	20	18	20	14	22	14	22	14	22	14	22	14	22	14	22	18	28
18	30	18	30																

第11把花梳栉的链块

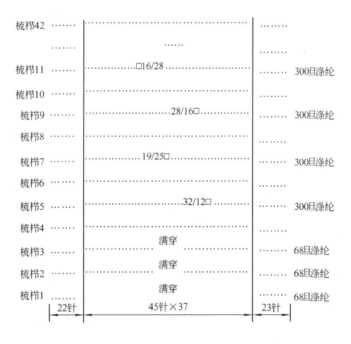

图 11-33 穿纱图

梳栉42 ……
……
梳栉11 …… □16/28 …… 300旦涤纶
梳栉10 ……
梳栉9 …… 28/16□ …… 300旦涤纶
梳栉8 ……
梳栉7 …… 19/25□ …… 300旦涤纶
梳栉6 ……
梳栉5 …… 32/12□ …… 300旦涤纶
梳栉4 ……
梳栉3 …… 满穿 …… 68旦涤纶
梳栉2 …… 满穿 …… 68旦涤纶
梳栉1 …… 满穿 …… 68旦涤纶
22针 ┃ 45针×37 ┃ 23针

多梳栉经编织物 2 外观如图 11-34 所示,花宽 54 纵行,花高 188 横列,在 MRS32 型经编机上生产,E18,幅宽 330cm(130 英寸),机上开三幅,左右两边各留 12 针布边。地组织由 1 把梳栉采用 76dtex(68旦)涤纶丝编织而成。组织与穿经如下:

地梳栉 1：0—2/2—0//，满穿；

第 5 ～第 14 把花梳栉穿人造丝，第 15 ～第 24 把花梳栉穿 33.3tex（300 旦）涤纶丝，第 25 ～第 29 把花梳栉穿 12tex（108 旦）金银丝。

二、电子式横移经编机工艺实例

与链块式相比，该机控制梳栉横移的装置是电子机构，它有效地节省了排链块的时间，便于翻改花型。由这种经编机生产的织物一般需使用可以制作机器盘的计算机

图 11-34　多梳栉经编织物 2

辅助设计软件设计工艺，所有设计和工艺部分的资料信息结果都借助计算机完成。

图 11-35　多梳栉经编织物 3

多梳栉经编织物 3 如图 11-35 所示，是用 MRS56 SUP 型经编机生产的。其垫纱运动如图 11-36（a）所示，图中相同颜色的垫纱运动表示同一集聚上梳栉的垫纱。

通过软件中的纱线类型定义功能，可以给每把梳栉定义不同的纱线线密度（粗细）、光泽、颜色和张力等，利用设计软件所做的工艺就能显现出不同的层次和效果，在模拟中花型效果一目了然，如图 11-36（b）所示。

(a) 垫纱运动图　　　　　　　　　　　　　　(b) 仿真模拟图

图 11-36　多梳栉经编织物的垫纱运动图和仿真模拟图

工艺设计好后，软件会自动打印出每把梳栉的起始链块、"0" 位和 "1" 位，供编织生产使用。

三、多梳、压纱板和贾卡经编机工艺实例

多梳栉经编织物4外观如图11-37所示,由带压纱板的经编机生产。花宽14.5cm,花高6.7cm,一个完全循环的针数160针,横列数256横列,生产用经编机为MRSJF 31/1/24型,E24,织物幅宽335cm(132英寸)。

每把梳栉的垫纱运动如图11-38所示,贾卡组织的意匠图如图11-39所示,织物的仿真模拟图如图11-40所示。

图11-37　多梳栉经编织物4

图11-38　织物4多梳部分的梳栉垫纱运动图

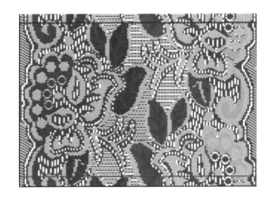

图11-39　织物4贾卡部分的意匠图

图11-40　织物4模拟图

在这种经编机上,为了防止织物的线圈连续脱散,常采用地组织加固的方法,即采用变化编链的形式,加固地组织的垫纱运动图如图11-41(见封三)所示。一个完全循环内,地组织工作的梳栉作编链,在一定高度上将地组织向左或向右横移一针距产生变化编链,可根据需要增加变化次数。

多梳栉贾卡经编织物5如图11-42所示。采用MRPJ 43/1型带有贾卡的SU经编机,MRPJ 43/1型号,E24,幅宽335cm(132英寸),成品花宽15cm,成品花高6.8cm,完全循环的横列数与针数为270×180。

织物多梳部分的垫纱运动如图11-43所示,贾卡花型意匠图如图11-44所示,仿真模拟图如图11-45所示,各梳栉起始链块、"0"位和"1"位资料见表11-2。

图 11-42 多梳栉贾卡经编织物 5

图 11-43 织物 5 多梳部分的垫纱运动图

图 11-44 织物 5 贾卡部分的花型意匠图

图 11-45 织物 5 模拟图

表 11-2 各梳栉起始链块、"0"位和"1"位资料

梳栉编号	起始横列链块	"0"位	"1"位
1	4	0	2
2	0	0	0
3	16	-1	7
4	74	142	179
5	18	0	9
6	26	84	97
7	24	29	41
8	44	130	152
9	34	-1	16
10	42	97	118
11	34	32	49
12	58	132	161
13	28	4	18

14	52	108	134
15	34	40	57
16	66	134	167
17	44	0	22
18	50	120	145
19	40	43	63
20	64	138	170
21	22	18	29
22	42	126	147
23	58	54	83
24	72	140	176
25	22	−1	10
26	30	81	96
27	32	53	69
28	54	143	170
29	66	1	34
30	30	97	112
31	44	71	93
32	28	116	130
33	50	27	52
34	30	86	101
35	36	52	70
36	42	130	151
37	30	39	54
38	32	106	122
39	52	62	88
40	24	142	154
41	16	−1	7
42	74	142	179
43	4		
44	0		

思 考 题

1. 如何选择正确的意匠纸进行多梳经编织物花型设计?

2. 简述多梳栉经编织物花型设计的要点。

3. 简述经编条带花边的种类、特性及其应用领域。

第十二章　贾卡经编产品设计

● 本章知识点 ●

1. 贾卡经编织物的种类、特点及其编织特性。
2. 经编贾卡组织的表示方法。
3. 贾卡经编织物花型设计的一般方法。
4. 贾卡经编织物计算机辅助设计花型的一般程序。

由贾卡提花装置分别控制拉舍尔型经编机全幅的部分纱线的垫纱横移针距数,从而在织物表面形成厚、薄、稀孔等花纹图案的经编织物,称为贾卡提花经编织物,简称贾卡经编织物。

贾卡提花装置可以使每根导纱针在一定范围内独立垫纱运动,因而可编织出尺寸不受限制的花纹。贾卡经编织物已在国内外广泛流行,主要用来制作窗帘、台布、床罩等各种室内装饰与生活用织物,也有用于制作妇女的内衣、胸衣、披肩等带装饰性花纹的服饰物品。

第一节　贾卡经编织物分类及设计概述

一、贾卡经编织物的分类

(一)衬纬型贾卡经编织物

根据衬纬的原理,贾卡梳栉作衬纬垫纱,基本垫纱运动:0—0/4—4//,在此基础上由于贾卡针被推产生偏移。衬纬型贾卡组织的垫纱运动如图12－1所示。根据贾卡形成花型的原理,每把贾卡梳栉可以形成厚实组织、稀薄组织和网眼组织,它们在织物中的形态如图12－2所示。

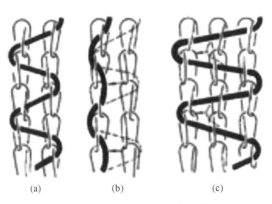

(a)　　　　　　(b)　　　　　　(c)

图 12－1　衬纬型贾卡组织的垫纱运动

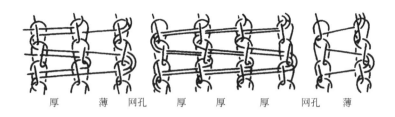

图 12-2　衬纬型贾卡组织在织物中的形态

(二)成圈型贾卡经编织物

这种贾卡梳栉被安装在地梳前面,故可以垫纱成圈。贾卡梳栉采用 Piezo 贾卡控制系统,贾卡导纱针可以在工作时作偏移运动,根据基本组织的不同,可以归纳为两针技术、三针技术和四针技术。RSJ4/1 型和 RSJ5/1 型经编机为成圈型贾卡经编机。

1. 两针技术　两针技术是这种成圈型贾卡经编机特有的,它不是利用延展线的长短而形成"厚、薄、网眼"效应,而是通过同向垫纱和反向垫纱来形成花纹图案。它的基本垫纱为 0—1/1—0//。图 12-3 所示为成圈型贾卡经编机的两针技术。

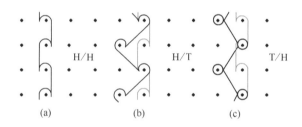

图 12-3　成圈型贾卡经编机的两针技术

图中深色线表示贾卡导纱针在绿色(H/H)、白色(H/T)和红色(T/H)的实际情况下的垫纱运动,浅色线表示贾卡导纱针不发生偏移时的垫纱运动状态。

(1)绿色(H/H)。贾卡导纱针在针背横移时没有偏移,基本垫纱为 0—1/1—0//,在两针技术中一般不用,如图 12-3(a)所示。

(2)白色(H/T)。贾卡导纱针奇数横列在针背横移时发生偏移,基本垫纱为 0—1/2—1//,如图 12-3(b)所示。

(3)红色(T/H)。贾卡导纱针偶数横列在针背横移时发生偏移,基本垫纱为 1—2/1—0//,如图 12-3(c)所示。

2. 三针技术　三针技术是应用最多的一种技术,可以形成"厚、薄、网眼"花纹效应。基本垫纱为 1—2/1—0//。图 12-4 所示为成圈型贾卡经编机的三针技术。

(1)绿色(H/H)。贾卡导纱针在针背横移时没有偏移,基本垫纱为 1—2/1—0//,在织物表面形成"薄"花纹效应,如图 12-4(a)所示。

(2)白色(H/T)。贾卡导纱针奇数横列在针背横移时发生偏移,基本垫纱为 0—1/1—0//,在织物表面形成"网眼"花纹效应,如图 12-4(b)所示。

(3)红色(T/H)。贾卡导纱针偶数横列在针背横移时发生偏移,作闭口经绒组织 2—3/

1—0//,在织物表面形成"厚"花纹效应,如图12-4(c)所示。

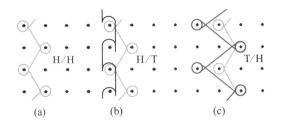

图12-4　成圈型贾卡经编机的三针技术

3.四针技术　四针技术是应用较多的一种技术。基本垫纱为1—0/2—3//,图12-5所示为成圈型贾卡经编机的四针技术。

(1)绿色(H/H)。贾卡导纱针在针背横移时没有偏移,作闭口经绒组织1—0/2—3//,在织物表面形成"次厚"花纹效应,如图12-5(a)所示。

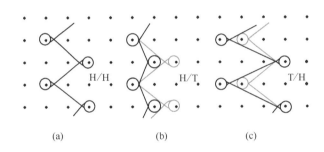

图12-5　成圈型贾卡经编机的四针技术

(2)白色(H/T)。贾卡导纱针奇数横列在针背横移时发生偏移,作闭口经平组织1—0/1—2//,在织物表面形成"薄"花纹效应,如图12-5(b)所示。

(3)红色(T/H)。贾卡导纱针偶数横列在针背横移时发生偏移,作闭口经斜组织1—0/3—4//,在织物表面形成"厚"花纹效应,如图12-5(c)所示。

(三)压纱型贾卡经编织物

RJPC4F—NE型经编机为压纱型贾卡经编机,Piezo贾卡分为两把半机号配置的梳栉。

1.三针技术(满穿)　Piezo贾卡分为两把半机号配置的梳栉,每把梳栉都满穿,地梳满穿。贾卡针基本垫纱为2—1/0—1//,图12-6所示为压纱型贾卡经编机的三针技术。

(1)绿色(H/H)。贾卡导纱针在针背横移时没有偏移,如图12-6(a)所示。

(2)白色(H/T)。贾卡导纱针奇数横列在针背横移时发生偏移,如图12-6(b)所示。

(3)红色(T/H)。贾卡导纱针偶数横列在针背横移时发生偏移,如图12-6(c)所示。

2.四针技术(满穿)　Piezo贾卡分为两把半机号配置的梳栉,每把梳栉都满穿,地梳满穿。贾卡针基本垫纱为3—2/0—1//,变化如图12-7压纱型贾卡经编的四针技术所示。

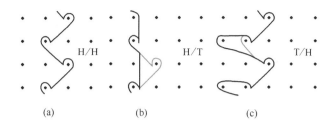

图12-6　压纱型贾卡经编机的三针技术

（1）绿色（H/H—H/T）。由"H/H—H/T"在纵向和横向的行与行之间交替组成，如图12-7（a）所示。

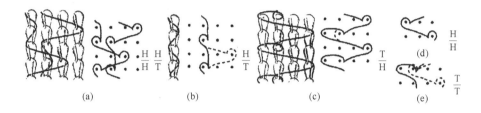

图12-7　压纱型贾卡经编机的四针技术

（2）白色（H/T）。贾卡导纱针奇数横列在针背横移时发生偏移，如图12-7（b）所示。

（3）红色（T/H）。贾卡导纱针偶数横列在针背横移时发生偏移，如图12-7（c）所示。

（4）黄色（H/H）。当意匠图上白色到绿色的左边，如图12-7（d）所示。

（5）蓝色（T/T）。当意匠图上红色到白色的右边或绿色到白色的右边，如图12-7（e）所示。

二、贾卡经编织物设计

（一）绘出花纹小样

工艺美术人员通常以成品的实际尺寸或缩小的尺寸绘出所要求的花纹。

（二）选择意匠纸

通常在贾卡花纹意匠图中，分别以绿色、红色、白色表示稀薄、厚实、网眼组织。贾卡花纹的厚实、稀薄、网眼组织是由两纵行从第一横列到第二横列所横过的提花纱线数来决定的。意匠图上一个格子纵向表示两个横列，横向表示一个针距。

选择意匠纸的主要要求是，使其中格子的纵边长与横边长的比率与成品织物的纵横密度比率相一致。

例如，设计成品织物的纵密为11.8横列/cm（30横列/英寸），横密为4.7纵行/cm（12纵行/英寸）。因为意匠纸中每一横向格代表两个横列，所以纵向25.4mm（1英寸）中应有30÷2=15横格。其格子的纵边长：横边长=12：15，即1：1.25。所以应选8×10规格的意匠纸。

（三）将花纹转移到格子意匠纸上

如花纹小样与成品织物是同样大小的，并且意匠纸的格子纵横密度也与成品织物的密度是一致的,则可将透明的格子意匠纸覆盖在小样上,将花纹勾画在意匠纸上。如小样大小与织物不相同,则可采用下列三种方法。

(1)利用光学投影设备,将画在透明纸上的小样投射放大到格子意匠纸上,使投影花纹的大小符合设计所要求的格子数(即纵行和横列数),然后将花纹勾画在意匠纸上。

(2)利用缩放仪将花纹转移到意匠纸上。

(3)用划方框法将花纹转移到意匠纸上。

(四)涂色

按花纹组织或色泽的不同区域,用规定的不同色彩对意匠纸上的花纹区域涂色,从而获得贾卡花纹意匠图。图 12-8 为一个贾卡花纹意匠图的简单例子。

图 12-8 贾卡花纹意匠图

(五)填充地组织

1.包边修饰 在填充贾卡地组织前可以进行适当的包边修饰。当花型的轮廓需要突出显示时一般使用包边的功能进行工作。为了使花型的轮廓线更加明显,在主花型和底组织交界处,利用包边的功能,在红色外面包上一圈白色。因为白色的地方可以形成网眼效应,所以整个主花型的轮廓就被勾勒出来。

2.完善包边 在包边后,特别是以编链组织作地组织的织物工艺,织物纵向常由于连续几个横列的白色形成一个大的孔洞,需要进行修补。因此,一般在包边工作完成后,要手动进行完善,如在连续白色的纵向意匠图上间隔地填入绿色,以保证主花型与底组织在每个角度都有连接点,而且网眼均匀。这样一个完整的意匠图就完成了。

3.填充地组织 在贾卡花纹意匠图的基础上进行填充地组织意匠图。将不同的颜色区域用不同的贾卡地组织进行填充。

第二节 贾卡经编织物计算机辅助设计

一、贾卡经编织物计算机辅助设计

EAT 软件中的 DesignScope 部分可以用于贾卡经编织物的图形和工艺设计。利用该软件可以完成诸如扫描、图形编辑(翻转、复制、换色)、包边、间丝、填充组织以及完成二进制转换和制作上机用磁盘等功能。

(一)设计花型

(1)将花型图稿通过扫描仪在 Scan 界面扫描进入计算机。在这一界面,可以截取必要的循环,并可对图案的颜色对比度及明暗度进行调整,也可以将图案保存为 JPG、TIFF 等通用图案格式。

(2)通过修整花型的轮廓线,使花型线条光滑,粗细适当。在编辑花型线条时,图案的上、下、左、右四个边界的线条比较难画,如果衔接得不好,很容易造成织物花型错位的现象。因此,在修改图案前,最好利用 Scope 界面的图案循环功能,将要编辑的图案在横向和纵向各做两个循环。这样边界的图案都有衔接,交界处非常直观,修改起来比较方便。在循环功能开启的状态下,修改循环中一个单元的某一处,其他所有由循环产生的单元的相应部位也会随之被自动更改,图案相接处的曲线就会光滑地连接。

（3）根据实际要求的尺寸及密度,变换花型的密度,使花型与针数一一对应。利用 EAT 软件辅助设计时,要注意:一般 RSJ4/1 型经编机织物的生产工艺,输入的纵向密度是实际密度的一半,相应横列数是实际横列数的一半;RSJ5/1 型经编机织物的生产工艺(无编链织物的生产工艺除外),输入纵向密度是实际密度的三分之一,相应横列数也是实际横列数的三分之一。根据计算机辅助设计软件的要求,实际的工艺参数设定要按照一个完全循环的实际针数和横列数与相应成品花宽和花高之间的关系来确定。

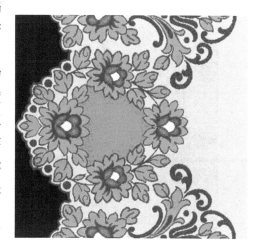

图 12-9　花型设计

（4）将修好的花型按设计构思做循环。利用循环功能可以将基本图案按上、下、左、右翻转复制,并可以交错排列图案,形成多个循环以达到设计所需的效果,然后截取一个完整的循环,如图 12-9 花型设计所示。

（二）包边处理

将花型图中设计为同一种组织的区域填充同一种颜色,尽量避免用红色(1 号)、绿色(4 号)、蓝色(8 号)、白色(12 号)。

如果要突出花型与背景组织相接之处,如设计上需要用网眼或厚实组织来表现花型轮廓时,就需要利用包边功能对花型包边处理,如图 12-10 所示,在花型外围分别用白色(网眼组织)和绿色(稀薄组织)进行包边,在各个方向包边完成后,要将所包的边修光滑。

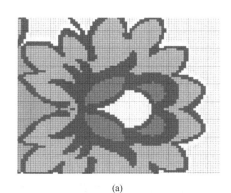

(a)

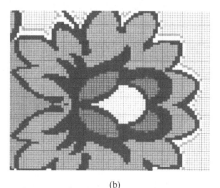

(b)

图 12-10　图案的包边处理

(三)填充组织

利用换色或组织平铺功能,将花型图案上的不同颜色变成贾卡经编机能够识别的 1 号、4 号、8 号、12 号颜色。

若花型包边的组织是网眼组织(白色),在包边之后,利用间丝的功能,在白色边上有规律的每隔几个横列填入一横列绿色,如图 12-11 所示,这样可以节省一点一点填色的时间,并且网眼大小均匀。然后检查是否有孔眼,即在白色区域太大的地方进行修补,以免上机后会出现大的孔洞。

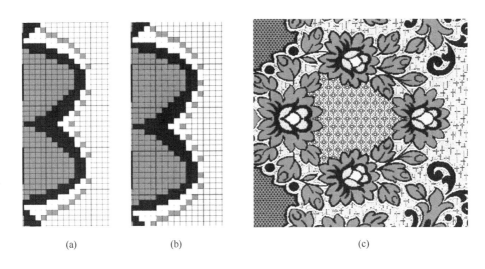

(a)　　　　　　　(b)　　　　　　　　　　(c)

图 12-11　间丝与填组织处理

(四)循环设置

按照经编机工作幅宽做循环。按照织物实际幅宽需要,将花型横向做循环,分一幅或几幅,做成与经编机幅宽针数相同的花边编织幅宽。

(五)做机器盘

经编机使用的计算机控制程序软盘,简称机器盘。

在做机器盘的时候,注意根据织物类别合理的选择各工艺参数,主要是拉舍尔技术参数(Raschel Technology Parameter,简称 RT)值的选取。

二、拉舍尔技术参数(RT)值的选取

以 RSJ4/1 型贾卡经编织物的工艺设计为例,花型设计好之后,所生成的意匠图中红色、白色和绿色,此时处于 RT 为 0 时的状态。在对 RSJ5/1 型贾卡经编织物进行工艺设计时,RT 值要设为 0。

如果想要生产出与颜色相对应的 RSJ4/1 型贾卡经编织物,必须让拉舍尔技术参数RT = 1,因为贾卡导纱针在偶数横列偏移时,效应总是滞后一个纵行,因此为了生产出与设计一致的织物,就需要将偶数横列的控制信息先向右偏移一个纵行。也就是通过 RT 值的转换,使花型的边缘轮廓自动变得光滑、清晰。

例如,贾卡基本组织为经平组织(2—0/2—4//),用图示的表示法来比较 RT = 0 与 RT = 1时的垫纱运动状态的变化,如图12 - 12 所示。图中方框中的 H、T 表示贾卡导纱针在奇数横列和偶数横列所在的高位或低位的状态,方框中的颜色表示相应的意匠图中的颜色,灰色表示对应的贾卡导纱针的垫纱运动。

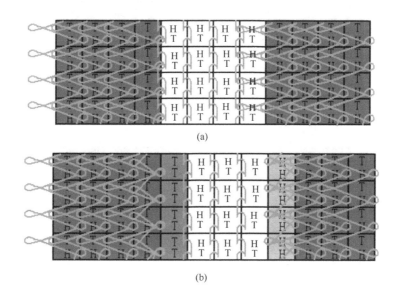

(a)

(b)

图12 - 12　红色和白色相邻

图12 - 12 (a)表示 RT = 0 时,意匠图中红色、白色相邻的情况,图12 - 12 (b)表示 RT = 1 时,意匠图中红色、白色相邻时,垫纱运动发生的相应变化情况。

图12 - 13(a)表示 RT = 0 时,意匠图中红色、绿色相邻的情况,图12 - 13(b)表示 RT = 1,意匠图中红色、绿色相邻时,垫纱运动发生的相应变化情况。

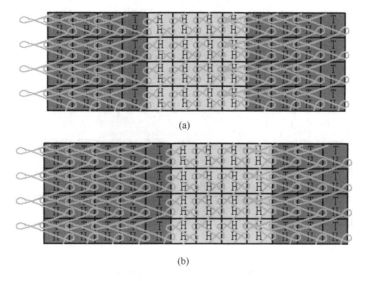

(a)

(b)

图12 - 13　红色和绿色相邻

图 12－14(a)表示 RT＝0 时,意匠图中红色、蓝色相邻的情况,图 12－14（b）表示 RT＝1,意匠图中红色、蓝色相邻时,垫纱运动发生的相应变化情况。从图中可以看出在这种情况下,RT 值变化前后,贾卡导纱针的垫纱运动没有发生改变。

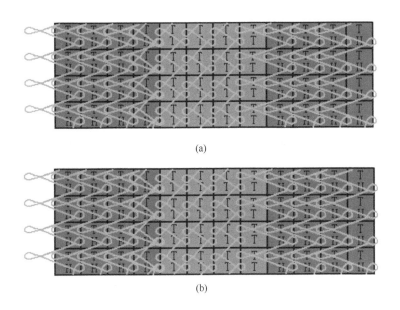

(a)

(b)

图 12－14　红色和蓝色相邻

图 12－15(a)表示 RT＝0 时,意匠图中白色、蓝色相邻的情况,图 12－15（b）表示 RT＝1,意匠图中白色、蓝色相邻时,垫纱运动发生的相应变化情况。

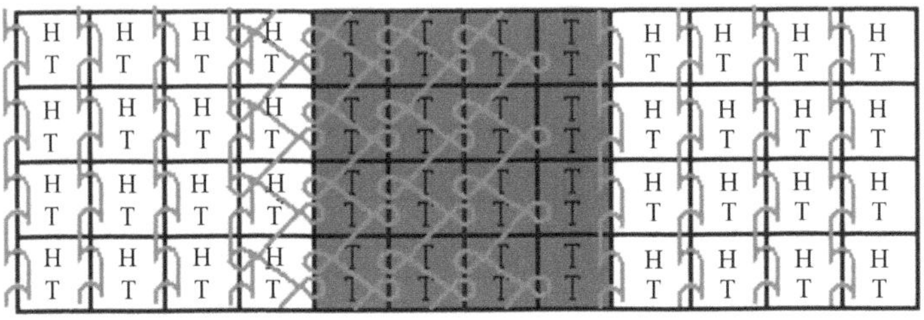

(a)

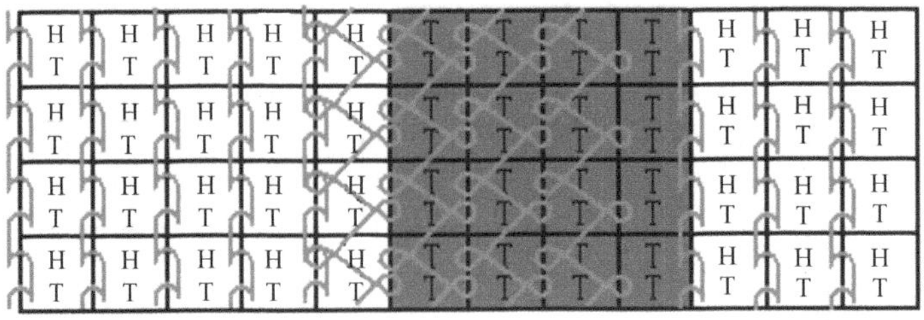

(b)

图 12－15　白色和蓝色相邻

图 12 - 16(a)表示 RT = 0 时,意匠图中白色、绿色相邻的情况,图 12 - 16(b)表示 RT = 1,意匠图中白色、绿色相邻时,垫纱运动发生的相应变化情况。RT 值变化前后对贾卡导纱针的垫纱运动没有影响。

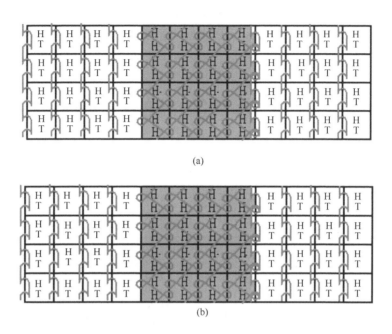

图 12 - 16　白色和绿色相邻

图 12 - 17(a)表示 RT = 0 时,意匠图中蓝色、绿色相邻的情况,图 12 - 17 (b)表示 RT = 1,意匠图中蓝色、绿色相邻时,垫纱运动发生的相应变化情况。

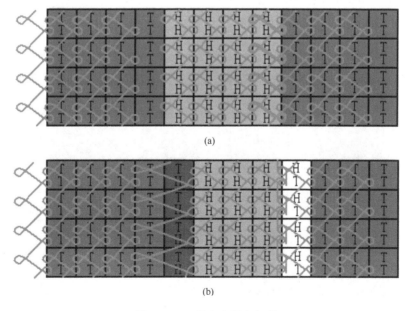

图 12 - 17　蓝色和绿色相邻

以上规律适用于一般的 RSJ4/1 型贾卡经编织物,即花型文件控制信息为红色对应织物的厚组织,绿色对应织物的薄组织,白色对应织物的网眼组织。对于此类产品,做机器盘时,RT 值设为 1。

对于某些特殊的织物,如半拉架网为底组织的贾卡经编织物的工艺设计,方法比较特殊。红色对应织物的网眼组织,而白色对应织物的厚组织,与传统的工艺设计相反,故需采用 RT 值为 0。

第三节　贾卡经编织物设计实例

一、RSJ4/1 型贾卡经编织物设计

贾卡经编织物 1 如图 12 - 18 所示,在 E28 的 RSJ4/1 型经编机上生产,3 把梳栉,均为满穿,幅宽 330cm(130 英寸),织物的单位面积重量为 210g/m²。

贾卡梳栉的垫纱:1—0/1—2//;

地梳的垫纱:1—2/1—0//;

氨纶梳的垫纱:2—2/0—0//。

利用 EAT 软件先完成花型的图形编辑(DesignScope),计算出完全循环所需要的横列和纵行数,选择合适的密度,获取花型的一个最小完全循环,如图 12 - 19 所示。然后对花型进行包边处理,分别利用白色(12 号色),如图 12 - 20(a)所示,和绿色(4 号色),如图 12 - 20(b)所示,将花型的外轮廓勾勒出来。

图 12 - 18　RSJ4/1 型贾卡
经编织物 1

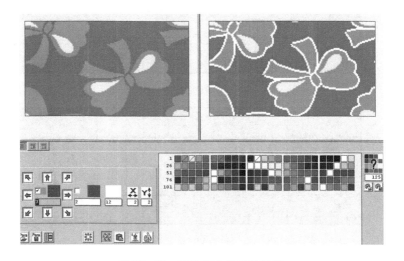

图 12 - 19　织物完全组织的设计

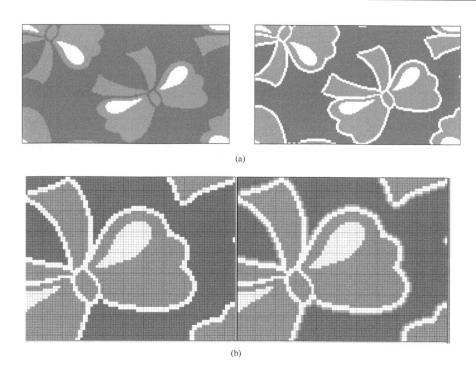

(a)

(b)

图 12-20 花型的包边处理

包边处理好后用填充组织的功能,将花型中不同色颜色区域用不同的贾卡地组织进行替换,如图 12-21 所示。最后,将贾卡地组织的图形转化成二进制文件,如图 12-22 所示,以便制作机器盘,保存备用。

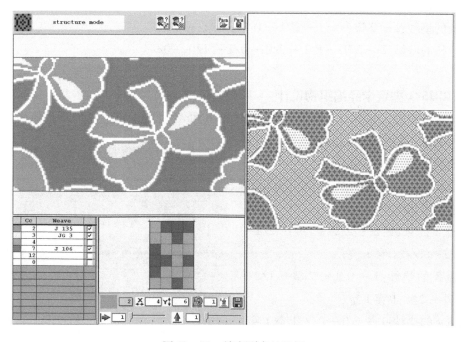

图 12-21 填充贾卡地组织

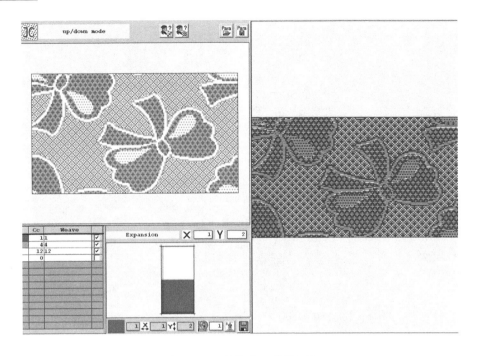

图 12-22　转换成二进制文件

贾卡经编织物 2 如图 12-23（见封三）所示，在 E32 的 RSJ4/1 型经编机上生产，3 把梳栉，贾卡梳栉半机号配置，梳栉均为满穿，幅宽 330cm（130 英寸），织物的单位面积重量为 76g/m²。

贾卡梳栉 JB1.1 的垫纱：1— 0/1— 2//；

贾卡梳栉 JB1.2 的垫纱：1— 0/1— 2//；

地梳的垫纱：1— 2/2— 1/1— 2/1— 0/0— 1/1— 0//；

氨纶梳的垫纱：2— 2/1— 1/2— 2/0— 0/1— 1/0— 0//。

二、RSJ5/1 型贾卡经编织物设计

贾卡经编织物 3 如图 12-24 所示，在 E28 的 RSJ5/1 型经编机上生产，5 把梳栉，贾卡梳栉半机号配置，幅宽 330cm（130 英寸），织物的单位面积重量为 160g/m²。

贾卡梳栉 JB1.1 的垫纱：1— 0/1— 2//；

贾卡梳栉 JB1.2 的垫纱：1— 2/1— 0//；

地梳 2 的垫纱：2— 3/2— 1/1— 2/1— 0/1— 2/2— 1//，1 穿 1 空；

地梳 3 的垫纱：1— 0/1— 2/2— 1/2— 3/2— 1/1— 2//，1 穿 1 空；

地梳 4 的垫纱：1— 1/0— 0//，1 空 1 穿；

氨纶梳的垫纱：0— 0/1— 1//，1 空

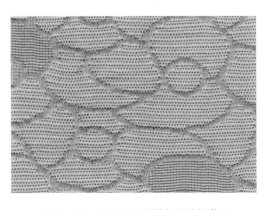

图 12-24　RSJ4/1 型贾卡经编织物 3

1 穿。

贾卡经编织物 4 如图 12 - 25(见封三)所示,在 E28 的 RSJ5/1 型经编机上生产,3 把梳栉,贾卡梳栉半机号配置,幅宽 330cm(130 英寸),织物的单位面积重量为 126/m²。

贾卡梳栉 1.1 的垫纱:1— 0/1 — 2//;

贾卡梳栉 1.2 的垫纱:1 — 2/1 — 0//;

地梳 4 的垫纱:1— 1/0— 0//,1 空 1 穿;

氨纶梳的垫纱:0— 0/1 — 1//,1 空 1 穿。

思 考 题

1. 什么是贾卡提花经编织物?

2. 简述贾卡经编织物的种类、特点及其编织特性。

第十三章　双针床经编产品设计

> ● 本章知识点 ●
>
> 1. 双针床经编服用织物的设计方法。
> 2. 双针床经编毛绒织物的基本设计方法及要点。
> 3. 双针床经编间隔织物的基本设计方法及技术进展。
> 4. 双针床经编圆筒形织物的基本设计方法及技术进展。

采用单针床的经编机编织而成的经编织物,称为单面经编织物。由两个平行排列针床的双针床经编机编织的经编织物称为双针床经编织物。双针床经编织物具有独特性能,极大地丰富了经编产品的品种和应用范围,主要产品包括内衣类织物、毛绒类织物、间隔织物以及经编圆筒类织物等。

第一节　双针床经编服用织物设计

平行排列的两个针床的针,针背相对配置时所编织的双针床经编织物非常类似于纬编中的双罗纹织物,因此被称为双罗纹经编织物。这种织物比纬编织物紧密,具有更小的延伸性;产品正反面无差别,手感柔软、丰满、滑爽、轻盈,广泛应用于内衣、晚礼服、时装等。由于这种织物的专门化和特殊性,通常也被称为辛普勒克斯经编织物。生产这种产品的经编机被称为辛普勒克斯经编机,通常采用两个舌针或槽针床(前针床 F,后针床 B),机号较高,只有两把梳栉。图 13-1为这种机型的成圈机件配置图。

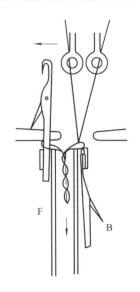

图13-1　辛普勒克斯经编机成圈机件配置

一、双针床经编服用织物基本设计方法

(1)利用满穿双梳在双针床经编机上编织能形成类似纬编中的双面组织。例如,可以双梳均采用类似经平式垫纱,形成类似纬编罗纹组织的双面经编织物,双针床经编双梳垫纱运动如图13-2所示。GB1 表示前梳的垫纱运动图,GB2表示后梳的垫纱运动图。实际上,在双针床的每枚针上均得到了前梳和后梳的两根纱线,类似单针床经编组织的双经

平,线圈直立。双梳双针床织物结构俯视示意图如图13-3所示。"/"表示后梳纱在两针床上编织时的延展线,"\"表示前梳纱在两针床编织时的延展线。织物两纵行间互相连接,呈纬编双罗纹组织状态,称为双罗纹经编积物,两面外观是相同的。

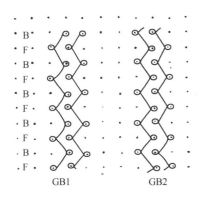
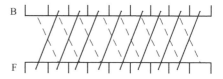

图13-2　双梳垫纱运动图　　　　图13-3　双梳双针床织物结构俯视图

（2）当前梳GB1只在后针床垫纱成圈,而后梳GB2只在前针床上垫纱成圈,该双梳双针床经编织物如图13-4（a）所示。其垫纱数码为:

GB1:2-2,2-4/2-2,2-0//;

GB2:2-0,2-2/2-4,2-2//。

图13-4（b）表示两梳交叉垫纱成圈的情形。如果两梳分别采用不同颜色、不同种类、不同粗细、不同性能的纱线,在前后针床上则可形成不同外观或性能的线圈,称为"两面派"织物。两把梳栉各自的垫纱运动亦可不同,这样即使用同种原料,织物两面的外观也会不同。

（3）双针床双梳局部衬纬组织如图13-5所示。两把梳栉中一把梳栉（前梳GB1）的纱线在两个针床上均垫纱成圈,而另一把梳栉（后梳GB2）做部分三针衬纬运动,如图13-5（a）所示。双梳的垫纱数码为:

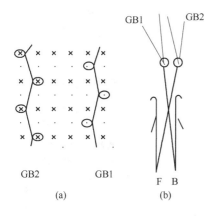
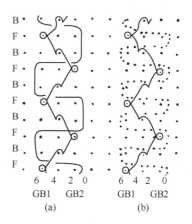

图13-4　双梳双针床经编织物　　　　图13-5　双针床双梳局部衬纬组织

GB1:4— 6,4— 2/2— 0,2— 4//；

GB2:0— 0,6— 6/6— 6,0— 0//。

GB2 的衬纬纱可夹持在织物中间,如图 13－5(b)。如采用高强度纱,可使织物物理性能增强;如采用高弹性纱,可使织物弹性良好;如采用低品质纱,可使织物质厚价廉。GB2 的衬纬纱,不能在前针床上衬纬。因为对于前针床,GB2 是前梳。

(4)双针床双梳空穿组织能形成某些孔眼织物,也能形成非孔眼织物。

双针床双梳空穿组织垫纱运动图如图 13－6 所示,其垫纱数码为:

GB1:2— 0,4— 6/2— 0,4— 6//；

GB2:4— 6,2— 0/4— 6,2— 0//。

其在每一完整横列的前后针床上垫纱时,虽然有的纵行间没有延展线连接,但前后针床又相互错开,不在同一相对的两纵行间,因而在布面上找不到孔眼,形成非孔眼的网眼织物。

在双针床双梳空穿组织中,要形成真正的孔眼,必须保证在一个完整横列,相邻的纵行之间没有延展线连接。有孔眼的网眼织物中孔眼大小可以调整设计。

例如,小孔眼网眼织物垫纱数码为:

GB1:2— 0,2— 4/4— 6,4— 2//；

GB2:4— 6,4— 2/2— 0,2— 4//。

此时,观察一个完整横列线圈的一对针,与其相邻的针之间均没有延展线连接,织物则有开口,不过这种开口很小。

为了扩大孔眼,需改变双梳的垫纱规律,使相邻纵行没有延展线连接的完整横列增加,如图 13－7 所示。这时的垫纱数码为:

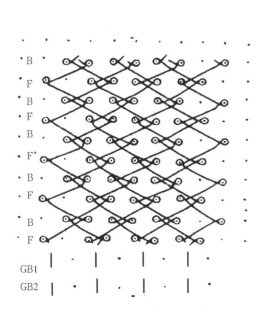

图 13－6　双针床双梳空穿组织

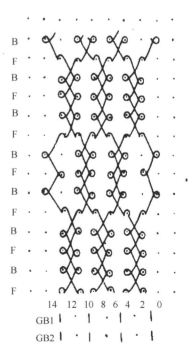

图 13－7　双针床双梳空穿组织(有网眼)

在双针床双梳空穿组织中,每把梳栉还可以有规律地选择在两个针床的织针上垫纱成圈,形成织物。这样既保证了能形成整片织物,又可以由于空穿而减少纱线的使用量,使织物较为轻薄。

二、双针床经编服用织物实例

经编双针床内衣用织物外观如图13-8所示。

(1)原料:44dtex/10f 锦纶。

(2)机号:$E28$。

(3)垫纱数码与穿纱:GB1:5— 6,4— 3/5— 6,4— 3/1— 0,2—3/1— 0,2— 3//;锦纶(4 穿 2 空)。

GB2:1— 0,2— 3/1— 0,2— 3/5— 6,4— 3/5— 6,4—3//;锦纶(满穿)。

(4)纵密:11.0 横列/cm。

(5)织物的单位面积重量:90g/m²。

图13-8　织物效果图

第二节　双针床经编毛绒织物设计

用双针床经编机生产经编绒类产品具有独特的优点,如绒面丰满、毛型感强、富有弹性、不倒伏、不起球、不脱绒、耐摩擦、吸湿透气性好、纤维利用率高等。经编双针床绒类产品一般是在5~8把梳栉的双针床经编机上生产。图13-9(a)所示为一双针床织物立体结

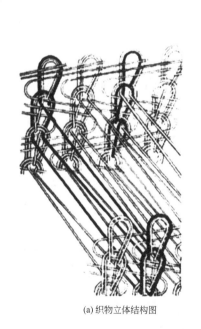

(a)织物立体结构图

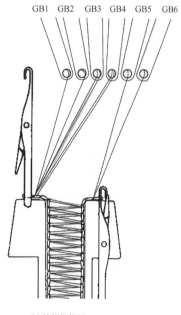

(b)编织机构图

图13-9　双针床绒类织物立体结构图和编织机构图

构图,图 13-9(b)所示为双针床经编机的编织机构图。梳栉 GB1、GB2 在前针床上编织一块基布;梳栉 GB5、GB6 在后针床上编织另一块基布;梳栉 GB3、GB4 穿有毛绒纱线,分别在前后针床上垫纱成圈,将毛绒纱织入两块基布中,下机经剖幅后形成了两块单面毛绒织物。

经编双针床毛绒类织物的生产工艺流程较长,一般为:原料→整经→经编机编织→剖幅→染色→柔软整理→烘干→梳毛→烫光→剪毛→定型→检验→包装→入库。经编绒类产品被广泛应用于经编毯类产品、人造毛皮、玩具绒、汽车坐垫等。双针床经编毛绒类织物按照绒毛的高度可分为短毛绒和长毛绒两大类。

一、短毛绒织物设计

毛高一般在 3~6mm 的经编双针床绒类产品称为短毛绒或短绒产品。这种织物表面绒毛短而细密,手感丰满、柔软、富有弹性。主要用作窗帘、沙发面料、汽车坐椅面料、棉毯等。

(一)原料选择

经编短绒织物可以由地组织和毛绒组织两部分。地组织需要有一定的强度和稳定性,因此常用的原料为涤纶或锦纶。短毛绒双针床经编机的机号一般为 $E16 \sim E22$,目前常用的为 $E22$。经编纱线的线密度根据机器的机号以及产品的要求而定,通常在 44~167dtex 之间。毛绒纱根据生产与产品的要求,所选用的原料品种非常广泛,如腈纶、锦纶、涤纶、棉纱、毛纱等,还可以是各种差别化纤维及其混纺纱。

(二)编织工艺

为了保证经编短绒织物的结构稳定性以及毛绒固着牢度,其地组织通常采用编链和局部衬纬。编链线圈一般采用开口编链,这样能较好地捆绑住衬纬纱线。短绒地组织的局部衬纬组织一般采用 5 针距,以保证织物横向稳定性。短绒地组织垫纱运动如图 13-10 所示,如果要求织物地组织厚实稳定,还可以适当增加衬纬针距数。但不能过大,因为过大会影响衬纬纱的垫纱位置,从而引起纱线与织针的挂擦;如果需要增加地组织的弹性、延伸性,可以适当减少衬纬的横移针距数。另外,为了保证垫纱的准确性、织物表面平整,以及对毛绒纱的夹持,各针

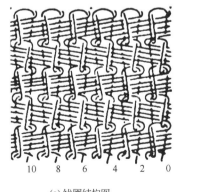

(a) 线圈结构图

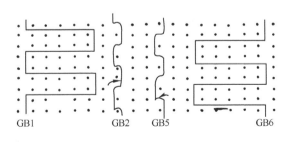

(b) 垫纱运动图

图 13-10 短绒地组织垫纱运动图

床上的衬纬梳的衬纬方向要与相应横列开口编链的针前垫纱方向一致。有时为了使织物富有良好的弹性,也可以只采用单梳栉,用经平或经绒组织编织地组织基布。

双针床短绒经编机通常采用两把毛绒梳栉编织毛绒组织,并采用 1 隔 1 的穿纱方式。如果要求绒毛丰满、细腻,或达到特殊的外观效果,两把毛绒梳也可以都采用满穿。但这时要考虑纱线线密度以及织针的强度。毛绒梳的垫纱运动主要由产品的色彩效应决定,素色产品一般采用编链垫纱,而花色产品以花纹图案来确定其垫纱运动。

(三)花型设计过程

(1)画出花型草图,用彩笔绘制,所用方格纸和机号、密度一致或成比例,使意匠花纹和织得的实物一致或相似。

(2)根据图案画出毛绒梳栉的垫纱运动图,画时应遵守以下原则。

①两把梳栉是一穿一空时,两梳穿纱必须注意对纱,不能重叠,也不能两梳均空穿。

②纸上每个点,即机上的每枚针都必须垫到(至少一根)毛绒纱。

③一次最大针背横移量不要超过 5 针(可程序控制的电子送经机构送经量可大一点),花纹累积横移量不允许超过 48 针。

④花梳栉的针前垫纱方向必须与地梳编链针前垫纱方向一致。

⑤完全组织循环的横列数小于 12 横列时,最好是 12、6、4、2 等偶数,当用接长链条时,一般不大于 150 横列,且一定要偶数横列。

(3)单针床垫纱确定后画到双针床织物的意匠纸上,即前后针床垫纱交替进行。前后针床各垫纱一次为一个完整横列。后针床舌针上的垫纱一般是在与同一线圈横列上前针床相对的舌针上。除特殊组织外,同一横列前后针床垫纱方向也是相同的。

(4)写出垫纱数码。

(5)画出对纱图。

(6)选择原料。

(四)产品设计实例

双针床短绒斜纹组织如图 13 - 11 所示。

1. 原料　GB1:76dtex 涤纶;GB2:167dtex 涤纶;GB3:32tex×2 锦纶纱;GB4:32tex×2 锦纶纱;GB5:167dtex 涤纶;GB6:76dtex 涤纶。

2. 组织结构与穿经

GB1:10— 10,0— 0/0— 0,10— 10//,满穿;

GB2:0— 2,2— 2/2— 0,0— 0//,满穿;

GB3:10— 12,10— 12/10— 8,10— 8/6— 8,6— 8/6— 4,6— 4/2— 4,2— 4/2— 0,2— 0//,满穿(黄色、绿色、红色纱依次间隔);

GB4:10— 12,10— 12/10— 8,10— 8/6— 8,6— 8/6— 4,6— 4/2— 4,2— 4/2— 0,2— 0//,满穿(黄色、绿色、红色纱依次间隔);

GB5:0— 0,0— 2/2— 2,2— 0//,满穿;

GB6:10— 10,10— 10/0— 0,0— 0//,满穿。

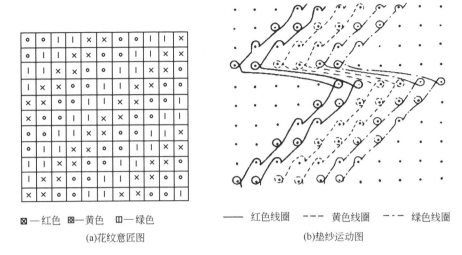

| ⊠—红色 | ▣—黄色 | ⫿—绿色 | | —— 红色线圈 | - - - 黄色线圈 | -·-·- 绿色线圈 |

| (a)花纹意匠图 | (b)垫纱运动图 |

图 13－11 双针床短绒斜纹组织

二、长毛绒产品设计

长毛绒双针床经编织物是指在两针床间距为 20～60mm 的双针床经编机上生产的,或者织物剖开后绒毛高度为 10～30mm 的双针床经编织物。这种织物表面绒毛浓密耸立,手感厚实丰满、柔软、富有弹性、保暖性好主要制作冬令服装、童装面料、人造毛皮、玩具绒、腈纶毛毯等。

(一)原料选择

经编长毛绒织物通常用于生产经编毛毯,常用的原料是腈纶纱,纱线线密度312.5dtex × 2,纤维平均长度 104mm。

(二)编织工艺

在组织结构上,长毛绒与短毛绒织物相似,都是采用前后 4 把梳栉编织两块地组织基布,中间 1～2 把梳栉编织毛绒组织。但在某些细节上则有些区别。一是长毛绒织物的地组织编链通常采用闭口线圈,这样对毛绒纱的捆绑更牢固,如图 13－12 所示。此外,毛绒梳 GB3、GB4 的垫纱方向应分别与地组织编链的垫纱运

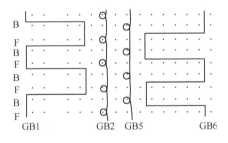

图 13－12 长毛绒织物的地组织

动方向相同,否则由于垫纱角和针槽板距离大,会使毛绒纱线易打结,引起断头。编织长毛绒织物时,由于毛绒纱较长,不会露底,毛绒梳没有必要在每枚导纱针上都穿纱,否则绒面太厚,织物的单位面积重量太高。

(三)实例

目前经编长毛绒织物大多用作经编毛毯。制作时通常把毛坯布从中间剖开,并经过一系列的后整理,然后背对背缝合起来。这类毛毯大都是一面印花,一面为素色,称拉舍尔毛毯。

1.原料 GB1:110dtex 弹力锦纶丝;GB2:78dtex 弹力锦纶丝;GB3:33.3tex 腈纶纱;

GB4:33.3tex 腈纶纱;GB5:78dtex 弹力锦纶丝;GB6:110dtex 弹力锦纶丝。

2. 组织结构与穿纱

GB1:10—10,10—10/0—0,0—0//,满穿;

GB2:0—2,0—0/0—2,0—0//,满穿;

GB3:0—2,0—2/2—4,2—4//,1 穿 3 空;

GB4:0—2,0—2/2—4,2—4//,2 空 1 穿 1 空;

GB5:0—0,0—2/0—0,0—2//,满穿;

GB6:0—0,10—10/10—10,0—0//,满穿。

该经编长毛绒织物垫纱运动图和成品外观如图 13-13 所示,其中图 13-13(b)见封三。

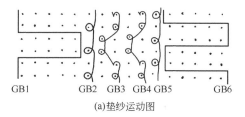

(a)垫纱运动图

图 13-13　经编长毛绒织物垫纱运动图和成品外观

有时为了节约成本,常用一把毛绒梳(GB3 与 GB4 合并)来生产。

三、双针床经编毛绒织物技术进展

(一)梳栉数增加、机号更高

为了增加毛绒组织的花色品种,目前一些双针床经编机配置了 7 把或 8 把梳栉,其中 4 把用于编织地组织,3~4 把梳栉用于编织毛绒组织。这种机器可以生产更复杂的花型,适用于汽车坐垫等对经编短绒织物提出的更高要求的产品。图 13-14(见封三)为具有 8 把梳栉、电子横移、电子送经双针床经编机上生产的短绒织物。为了达到更好的丝绒效果,一些双针床短绒经编机的机号达到 E28,可以采用更细的纱线。

(二)电子技术应用

除了增加梳栉数以外,一些双针床经编机采用了电子送经、电子横移、电子卷取等装置,使机器编织的花型更加丰富多彩,变换花型的时间更短,生产效率得到了进一步提高。

(三)天然纤维等应用

近年来,双针床经编机除了采用传统的涤纶、锦纶、腈纶外,还开发了采用天然棉纱或羊毛作为毛绒纱的经编双针床毯类产品。这种产品的地组织与传统的产品相似,分别采用涤纶丝编织编链和局部衬纬组织;而毛绒纱采用纤维长度较长、具有一定强度的棉纱或毛纱。这类产品除了具有传统毛毯的优点外,还具有吸湿性和透气性好、抗静电、不起球等特点。

第三节　双针床经编间隔织物设计

双针床经编间隔织物是由两个相互独立的表面织物以及在中间起连接与支撑作用的间

隔纱组成的三维立体经编织物。双针床经编间隔织物结构如图 13－15 所示,其中 A、B 是两个分开的表面织物,C 为连接两个表面的间隔纱。

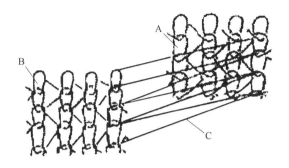

图 13－15　双针床经编间隔织物

经编间隔织物的生产设备是双针床经编机,机号范围较广,为 $E12 \sim E32$。间隔织物的厚度有较大的选择范围,一般为 $2 \sim 60mm$;为了达到一些特殊用途,厚度可以增加到 $150mm$,甚至更多。经编间隔织物的生产工艺流程相对简单,主要为:原料→整经→编织→松弛→水洗→预定型→漂白→染色→定型。该产品的定型比较特殊,在定型过程中要保证织物两表层彼此分离且维持一定的距离。为此有些定型机采用两个分离且相背的针板的新型握持系统。两组针由中间分别向上向下刺入间隔织物上下两面,而且上下针板之间的距离可以在一定范围内任意调节。另外,该设备还采用红外线加热,可以确保间隔织物中的间隔纱也达到所需的定型温度。

经编间隔织物具有许多优良独特性能,如良好的透气性、透湿性;很好的抗震性、过滤性、隔音性;并且具有缓解压力的作用。由于经编间隔织物具有很多独特的优异性能,被广泛应用于服装、医疗、农业、汽车、家具用品、建筑加固、运输、高尔夫球场等领域。

一、经编间隔织物设计

(一)经编间隔织物的原料选择

经编间隔织物表面层的原料选择范围很广,几乎没有什么特殊要求,只要符合产品的需要和机器的生产条件即可。根据外观和手感的需要,一般采用化学纤维复丝或短纤维纱线。通常为了避免间隔纱单丝露出织物表面产生粗糙感,织物表面的纱线采用比间隔纱粗的复丝。此外,为了实现某些特殊功能,还可以采用抗菌、超细、异形截面纱线等。

间隔纱因为要提供足够的支撑作用,因此通常采用比较粗的化学纤维单丝,如较粗的涤纶或锦纶单丝。对于相同线密度的涤纶和锦纶单丝,其断裂强度接近,但锦纶丝的断裂伸长明显高于涤纶,更适合于编织。由于间隔纱需要抵抗压缩,故纱线的抗弯刚度是一个非常重要的指标,通常纱线的抗弯刚度愈高,愈能够有效地支撑织物和外力。涤纶与锦纶单丝相比,具有初始模量大,抗弯刚度大等特点。间隔织物在使用过程中还必须承受循环往复的压缩和回复,因此耐弯曲疲劳性也是间隔纱的重要性能。在应力—变曲线上可以看到,锦纶的拉伸断裂功较大,因此其弹性恢复性高于涤纶。另外,涤纶单丝市场价格比锦纶丝低,更具经济性。综合以上性能,经编间隔织物的间隔纱通常采用涤纶单丝为主。

单丝线密度的选择还与织物厚度有关。厚度在 6mm 以内的织物,间隔纱一般采用 22 ~ 66dtex 之间的单丝;超过此厚度的织物,间隔纱一般采用直径大于 0.1mm 的单丝。

(二)织物结构设计

1. 表面织物组织设计　经编间隔织物的表面组织可以有多种选择,如密实组织或各种大小不同的网眼组织。图 13－16 列出了常用的一些经编间隔织物的表面结构。其中,图13－16(a)为单梳经平组织,图13－16(b)~(e)为结构和大小不等的网眼组织。如果为了获得更加密实和稳定的织物表面,也可采用双梳经平组织,即两把梳栉在同一针床上作对称的经平垫纱。

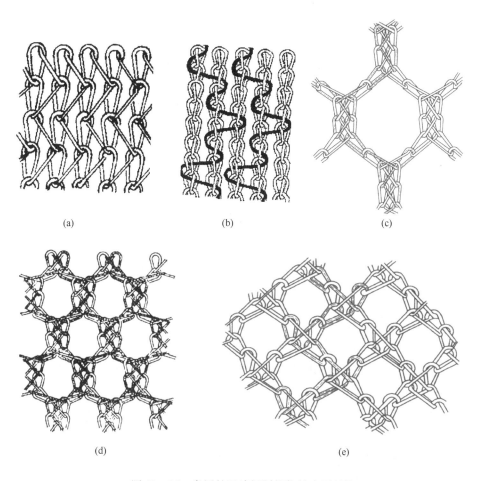

(a)　　　　　　　　(b)　　　　　　　　(c)

(d)　　　　　　　　(e)

图 13－16　常用的经编间隔织物的表面结构

2. 间隔纱组织结构设计　间隔纱的组织结构相对简单,通常在两个针床上轮流垫纱成圈。主要的区别在于间隔纱梳栉的针背横移针距数,这决定了间隔纱在两表面间的倾斜状态。

通常在两个表面层之间,间隔纱有 V 形[图 13－17(a)]、X 形[图 13－17(b)]、1X1 形[图 13－17(c)]和灵活变化型等不同倾斜状态。

(1)V 形间隔纱。间隔纱梳栉的链块排列为:1— 0,3— 4/5— 6,4— 3//,间隔纱在两个针

195

床上共三枚针上往复垫纱成圈。可以用一把梳栉满穿,或者两把梳栉半穿做同向或对称垫纱。

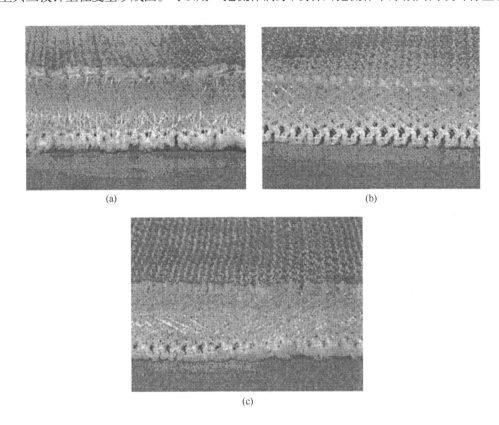

图 13－17　间隔纱在两表面间的倾斜状态

（2）X 形间隔纱。每一把梳栉上的间隔纱只在位于不同针床上的两枚针上垫纱成圈,间隔纱梳栉的链块排列为:1— 0,3— 4//。需要两把间隔纱梳栉相互配合做对称垫纱运动,两组间隔纱线交叉才能得到比较稳定的结构。

（3）1X1 形或者∞形。这种间隔纱在两个针床上对称的两枚针（即四枚针）上轮流垫纱成圈,形成两个相互平行并垂直针床交叉呈"X"形的间隔纱。间隔纱梳栉的链块排列为:0— 1,0— 1/5— 6,5— 6//。

（4）灵活变化型。即间隔纱的垫纱没有明显的规律,而是为了配合表面组织结构所做的垫纱运动。当织物表面具有花纹时往往采用这种垫纱方式。

间隔织物的抗压弹性和稳定性是这种织物的重要性能。这两种性能主要取决于间隔纱的类型与线密度、间隔纱的在两表面层间的密度、间隔纱与表层织物所成的角度以及间隔层的厚度等。

二、典型实例

（一）普通经编间隔织物

1. 原料　GB1:300dtex 涤纶长丝;GB2:300dtex 涤纶长丝;GB3:33dtex 涤纶单丝;GB4:

33dtex 涤纶单丝;GB5:300dtex 涤纶长丝;GB6:300dtex 涤纶长丝。

2. 组织结构和穿纱

GB1:6— 6,6— 6/0— 0,0— 0//,满穿;

GB2:0— 2,0— 0/2— 0,0— 0//,满穿;

GB3:2— 0,0— 2/2— 0,0— 2//,1 穿 1 空;

GB4:0— 2,2— 0/0— 2,2— 0//,1 穿 1 空;

GB5:0— 0,0— 2/2— 2,2— 0//,满穿;

GB6:0— 0,6— 6/6— 6,0— 0//,满穿。

(二)表面具有网眼的经编间隔织物

1. 原料　GB1:300dtex 涤纶长丝;GB2:300dtex 涤纶长丝;GB3:33dtex 涤纶单丝;GB4:
33dtex 涤纶单丝;GB5:300dtex 涤纶长丝;GB6:300dtex 涤纶长丝。

2. 组织结构和穿纱

GB1:2— 2,6— 6/6— 6,2— 2/2— 2,4— 4/4— 4,0— 0/0— 0,4— 4/4— 4,2— 2//,1
穿 1 空;

GB2:2— 0,0— 0/0— 2,2— 2//,满穿;

GB3:12— 10,12— 10/2— 0,2— 0//,1 穿 1 空;

GB4:12— 10,12— 10/2— 0,2— 0//,1 穿 1 空;

GB5:2— 2,2— 0/0— 0,0— 2//,满穿;

GB6:2— 2,2— 2/6— 6,6— 6/2— 2,2— 2/4— 4,4— 4/0— 0,0— 0/4— 4,4— 4//,1
穿 1 空。

图 13－18 为该经编间隔织物的垫纱运动图和线圈结构图。

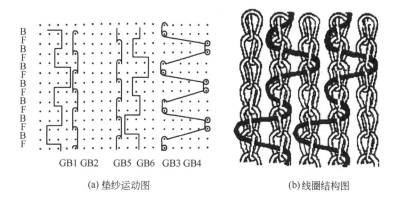

(a) 垫纱运动图　　　　　　　(b)线圈结构图

图 13－18　经编间隔织物垫纱运动图和线圈结构图

三、经编间隔织物的技术进展

(一)采用高机号双针床经编机编织间隔织物

随着经编间隔织物大量地应用于胸罩的罩杯,细密、柔软的要求越来越高,因此用于生产细密间隔织物经编机的机号在不断提高,$E32$ 的双针床经编机已经问世。该类经编机通常采用 44dtex 锦纶丝作为面组织,22dtex 的锦纶单丝作为间隔纱。织物表面柔软、光滑,具有很好的压缩弹性,非常适合用于女性内衣。

(二)针床间隔距离增加

随着经编间隔织物应用领域的不断扩大,对织物间隔厚度的要求也更高。目前已有产品可以达到间隔厚度在 60mm 以上,如用于医院病人床垫的经编间隔织物。这对经编机成圈机件的相互配合以及垫纱的准确性提出了更高的要求。

(三)采用电子贾卡增加表面花型

为了丰富双针床经编间隔织物表面组织的花纹与性能,在双针床经编机的梳栉中引入了贾卡提花梳栉,使间隔织物表面不再只是密实和网眼等简单花纹,而可以形成各种复杂的花纹图案,更适合于女性内衣的使用。

(四)波浪形间隔织物

近几年来,经编间隔织物开始应用于一些建筑加强领域,产生了一些结构较为复杂的织物。如在厚度方向具有不同间隔宽度的织物(图 13-19),以适合于建筑结构的需要。

图 13-19　波浪形间隔织物

(五)玻璃纤维经编间隔织物

采用玻璃纤维生产的经编间隔织物,经过后道树脂整理技术加工,可以生产出轻质、刚硬并具有一定厚度的板材,是复合材料界较为关注的一个新产品。

第四节　双针床经编圆筒形织物设计

双针床经编机除了能编织平形绒类、间隔类等具有明显特色的织物以外,还能很容易地编织出一种具有更加明显特色的经编圆筒状成形产品。这类产品具有圆筒形状、不易脱散、生产效率高、圆筒直径可任意选择等独特优点。成形产品只需很少或完全不需裁剪、缝制,织物组织、花型变化和密度变化控制十分简便。双针床经编圆筒类产品的生产工艺流程随着产品的不同应用领域有所不同,一般为:原料→整经→编织→(裁剪、分割)→(缝制)→染色→定型。

双针床经编圆筒类产品广泛应用于包装袋、弹力绷带、连裤袜、人造血管等领域。

一、双针床圆筒形织物设计

（一）双针床圆筒类产品原料选择

双针床经编圆筒类产品原料主要是根据产品用途需要来决定。通常采用的原料有聚乙烯、涤纶、锦纶、棉纱、氨纶等。

（二）织物结构设计的基本原则

最简单的双针床经编圆筒形织物可以用 3 把梳栉进行编织，但这种织物在前后针床圆筒连接处的组织结构与大身处不完全一样。要编织组织结构完全一致的双针床经编圆筒形织物，至少需要 4 把梳栉。图 13 - 20 所示为圆筒形经平组织的垫纱运动图和穿纱图，其垫纱数码与穿纱如下：

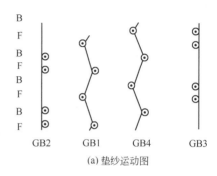

(a) 垫纱运动图

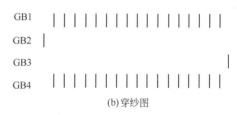

(b) 穿纱图

图 13 - 20 圆筒形经平组织垫纱运动图

GB1：2— 0,2— 2/2— 4,2— 2//，满穿（除左右第一枚针）；

GB2：2— 0,2— 0/2— 2,2— 2//，只穿左边第一枚针；

GB3：0— 0,0— 0/0— 2,0— 2//，只穿右边第一枚针；

GB4：2— 2,2— 0/2— 2,2— 4//，满穿（除左右第一枚针）。

该织物是最简单的经平组织的圆筒形经编织物，而且圆筒连接处的组织结构与大身完全一致。为了使前后针床连接处的织物横密与大身一致，须对针床间距和送经张力进行适当的调节。

随着参加圆筒形经编织物编织梳栉数的增加，其组织结构也变得更加复杂。而且还可以生产出具有分叉效应的圆筒形经编织物，如目前可以采用 16 把梳栉编织经编连裤袜。如果采用更高的机号，可以生产经编人造血管。

二、典型实例

（一）弹性医疗绷带工艺

1. 原料 GB1：22.2tex 橡筋纱外包 167dtex 涤纶低弹丝；GB2：36.9tex（32 英支/2）棉纱；GB3：22.2tex 橡筋纱外包 167dtex 涤纶低弹丝；GB4：22.2tex 橡筋纱外包 167dtex 涤纶低弹丝；GB5：36.9tex（32 英支/2）棉纱；GB6：22.2tex 橡筋纱外包 167dtex 涤纶低弹丝。

2. 组织结构和穿纱

GB1：2— 0,0— 0/0— 2,2— 2/2— 4,2— 2/2— 2,2— 2//，满穿橡筋纱（左边第一枚除外）；

GB2：0— 2,2— 2/2— 0,0— 0//，满穿棉纱；

GB3：2— 0,0— 0/0— 2,2— 2/2— 2,2— 0/2— 2,2— 2//，橡筋纱（只穿左边第

一枚针）；

　　GB4:0— 0,0— 2/2— 2,2— 0/0— 2,0— 0/0— 0,0— 0//,橡筋纱（只穿右边第一枚针）；

　　GB5:0 - 0,0 - 2/2 - 2,2 - 0//,满穿棉纱；

　　GB6:2— 2,2— 4/4— 4,4— 2/2— 2,2— 0/2— 2,2— 2//,满穿橡筋纱（右边第一枚除外）。

　　图 13－21 为弹性医疗绷带的垫纱运动图和穿纱图。

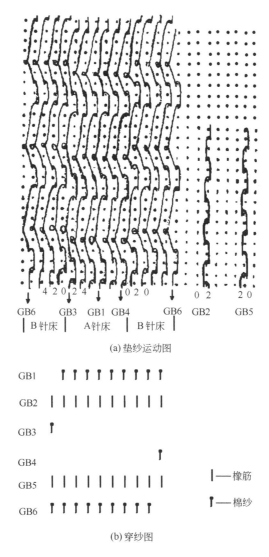

(a) 垫纱运动图

(b) 穿纱图

图 13－21　弹性医疗绷带垫纱运动图和穿纱图

三、双针床圆筒形织物技术进展

（一）经编连裤袜

　　经编连裤袜是由裤腰、裤裆、裤腿、袜头等部分组成的一个具有不同圆筒直径的双针床经编筒形织物。经编机一般采用 $E12 \sim E18$，16 把梳栉（其中 4 把地梳，12 把花梳），6 根电子送经的经轴。原料大多采用涤纶低弹丝。其组织结构和梳栉穿纱情况较为复杂。

（二）防血栓袜

在双针床经编机上生产防血栓袜子，是在编织双针床连裤袜所需结构的基础上，配备了具有适时调控的电子送经机构、牵拉卷取机构，对产品密度可以随时调整，可以生产出接近圆锥形结构的袜子，以达到合适压力分布，起到对人体防血栓的作用。

（三）经编人造血管

采用 16 把导纱梳栉、$E30$ 并配备可变换滚筒或电子横移机构、电子送经、电子牵拉卷取等装置的特殊双针床拉舍尔型经编机，可以生产出具有分叉结构的医用人造血管产品。该产品采用细旦或超细旦涤纶纤维原料，经平绒组织结构，在双针床经编机上生产出具有分叉结构的经编圆筒状结构。经特殊后整理，织物表面可形成天鹅绒状，管状织物具有波纹形状。双针床经编人造血管可以适合多种形状，具有强度高、使用寿命长等优点，现已被广泛用于临床医学中。经编人造血管实物形状如图 13-22 所示。

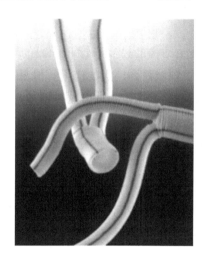

图 13-22　经编人造血管

思 考 题

1. 双针床经编产品有哪几类？

2. 辛普勒克斯经编织物与纬编双罗纹织物在织物结构和性能上有什么异同点？

3. 请叙述双针床经编绒类织物的生产工艺流程。

4. 双针床经编绒类织物中地组织与毛绒纱的垫纱原则是什么？

5. 双针床经编间隔织物中通常选用涤纶单丝作为间隔纱的原因是什么？

6. 双针床经编间隔织物中间隔纱的分布状态有哪几种形式？

7. 编织组织结构一致的双针床圆筒形经编织物最少需要几把梳栉？各把梳栉的作用？

第十四章 预定向经编产品设计

> **本章知识点**
>
> 1. 预定向经编织物的原料选择。
> 2. 预定向经编织物的地组织设计。
> 3. 影响预定向经编织物力学性能的因素。
> 4. 预定向经编织物的技术进展。

第一节 预定向经编织物概述

众所周知,传统的针织物线圈结构的易变形性和纱线的弯曲状态决定其具有很好的弹性、延伸性,因此在内衣及休闲服领域得到广泛的应用。但是,在产业用纺织品领域,要求产品具有很高强度和模量,而传统的针织物很难适合这样的要求。从 20 世纪 80 年代开始,许多经编专业人员对经编工艺进行了深入研究并提出了预定向结构织物之后,经编预定向骨架织物的编织技术获得了迅速发展,产品在产业用纺织品领域得到广泛应用,目前正逐渐替代传统的增强骨架材料。

预定向结构经编织物是建立在经编全幅衬纬技术基础上,并经过一系列创新发展而来的一种新型的定向结构织物。其纱线不仅可以按经纬方向配置,而且可以根据强力要求在几乎任何角度斜向配置。图 14-1 是经编预定向织物与传统机织物的结构比较。

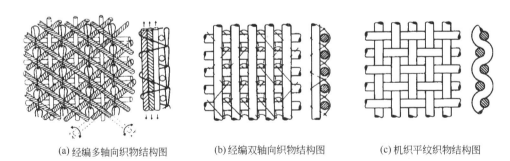

(a) 经编多轴向织物结构图　　　(b) 经编双轴向织物结构图　　　(c) 机织平纹织物结构图

图 14-1　预定向经编织物与传统机织物的结构

预定向经编织物由于其各个方向的衬纬纱不进入针钩,在织物中完全伸直排列,并由成圈纱线捆缚在一起。因此,与传统的机织增强织物相比,这种织物具有强度高、模量高、抗撕裂性能好、铺覆性能好、面内可达到准各向同性等优点,这类织物原料适应性广、生产效率高。预定向经编织物根据增强纱的分布通常可分为单轴向、双轴向、多轴向织物,也可分为网络织物及其他复合组织结构。

预定向经编织物的生产工艺流程比较简单,但由于织物通常用于复合材料或其他产业领域,因此对生产工艺要求较高。工艺流程一般为:原料选择→编织→检验→后整理加工,后整理加工一般在其他复合材料企业中进行。由于该产品的综合性能优越,目前已被广泛应用于风力发电叶片、游艇、汽车、飞机、篷盖类材料、充气材料、大型运输带、土工合成材料等领域,并有进一步快速发展的趋势。

第二节　预定向经编织物设计

一、原料

预定向经编织物主要用作柔性和刚性复合材料的增强骨架织物。因此,根据不同的用途,选择的原材料也不同。一般采用一些高性能纤维,主要有玻璃纤维、碳纤维、芳纶纤维、高强涤纶、锦纶、高强高模聚乙烯等。

1. 玻璃纤维(Glass Fiber) 是由氧化硅与金属氧化物等组成的盐类混合物以熔融方式制成的,它是最早被用作增强材料的纤维之一。玻璃纤维的单丝直径一般为 $3 \sim 10 \mu m$,近来也有 $13 \sim 24 \mu m$ 的单丝纤维纱线的应用;纤维密度为 $2.4 \sim 2.7 g/cm^3$;拉伸强度高是其最大特点,直径 $3 \sim 9 \mu m$ 的玻璃纤维其拉伸强度可高达 $5.6 \sim 14.8 cN/dtex$,其弹性模量约为 $275.6 cN/dtex$;延伸率很低,一般只有 3% 左右,因而表现出一定的脆性,耐磨性、耐扭折性很差;具有较好的耐高温性;其化学稳定性视二氧化硅和碱金属的含量而定,一般来说二氧化硅含量多则化学稳定性高,而碱金属氧化物多则化学稳定性降低。

2. 碳纤维 由有机纤维经高温炭化而成。目前采用较多的有机纤维原丝有聚丙烯腈、黏胶、沥青、木质素纤维等。碳纤维的密度在 $1.5 \sim 2.0 g/cm^3$ 之间,单丝直径一般为 $6 \sim 8 \mu m$。当前碳纤维的强度约为 $58.2 cN/dtex$,弹性模量约为 $1966.8 cN/dtex$,延伸率为 1% 左右;碳纤维除能被强氧化剂氧化外,对一般酸碱是惰性的;碳纤维具有突出的耐热性和耐低温性;它还有耐油、抗放射、抗辐射、吸收有毒气体和减速中子等作用。

3. 芳纶纤维 芳纶纤维是芳香族聚酰胺纤维,与一般聚酰胺的区别即在聚合物主链上大部分为脂(肪)族和环脂(肪)族。芳纶纤维是采用芳香族聚酰胺各向异性溶液经干喷、湿法纺丝工艺制的。芳纶纤维密度约为 $1.43 \sim 1.44 g/cm^3$,单丝强度为 $22.9 \sim 26.5 cN/dtex$,模量为 $379.5 \sim 970.9 cN/dtex$,断裂伸长为 1.5% $\sim$ 4.4%;具有非常低的蠕变;有良好的氧化稳定性,大部分有机溶剂对芳纶纤维的断裂强度影响很小,大部分盐水溶剂无影响,但强碱、强酸在高温或高浓度下会降低芳纶纤维的强度。

4. 高强涤纶 涤纶通常为聚对苯二甲酸乙二醇酯,根据用途分为民用丝和工业丝。用于增强材料的涤纶多为工业用长丝类。涤纶丝的初始模量较高,工业用丝可达 $132.5 cN/dtex$;有较高的强度,约为 $4.5 \sim 8 cN/dtex$;密度近于 $1.38 g/cm^3$;玻璃化温度为 80℃;涤纶一般在抗水解、抗氧化剂、抗酸(不抗碱)和抗干热降解方面有较好的性能;对于含大量紫外线成分的光照引起的降解有一定抵抗能力。涤纶工业用丝又可分为不同的型号和规格,有标准型、低收缩型、高模低缩型、活性型等大类。每一类又按不同的线密度、单纤维根数、伸长、强度、干热收缩性等细分,以适应后加工生产的需要。

5.高强高模聚乙烯纤维 高强高模聚乙烯纤维是由超高相对分子量的聚乙烯溶液经纺丝成形制成的纤维,它的相对分子量为300万~500万。高强高模聚乙烯纤维的密度为$0.97g/cm^3$左右,直径为27μm,抗拉强度3.0GPa,抗拉模量172GPa,断裂伸长2.7%。高强高模聚乙烯纤维不仅具有高模、高强的特性,其他力学性能也比较突出:如良好的韧性和疲劳性能,当其受到剪切或压缩时仍基本保持其强伸性能;特别是具有好的耐高速冲击性能,经耐磨、塑性变形后具有良好的延迟回复性能。高强高模聚乙烯纤维具有较低的蠕变伸长率,耐热性差。

二、预定向经编编织工艺设计

预定向经编织物主要由预先设计的各个方向的增强纱线以及起到将增强纱线进行捆绑、固定作用的地组织所组成。这两部分纱线共同协调,形成了预定向经编织物优异的增强性能。

(一)预定向经编织物地组织的设计

预定向经编织物的地组织通常采用涤纶长丝或低弹丝,如有特殊需要也可以采用玻璃纤维纱线。地组织结构根据织物的种类、产品的用途等要求,通常分别采用编链和经平,如有需要也可以采用变化经平和经绒等。如果对各个方向增强纱的固定、捆绑要求比较高,地组织可以采用双梳栉组织。

表14-1是采用不同原料及不同地组织结构生产的双轴向经编增强织物的试样。

表14-1 试样结构参数

试 样	单位面积重量 (g/m^2)	地组织结构	地组织原料	经密 (根/10cm)	纬密 (根/10cm)
双轴向经编织物1	248	经平	16.7tex 涤纶	40	23.6
双轴向经编织物2	250	经绒	16.7tex 涤纶	40	23.6
双轴向经编织物3	253	经平	11tex 玻璃纤维	40	23.6
双轴向经编织物4	253	经绒	11tex 玻璃纤维	40	23.6

采用相同方法对上述试样进行复合材料加工,并对试件进行测试,测试数据见表14-2。

表14-2 试样拉伸性能

项 目	试样1	试样2	试样3	试样4
拉伸强力0°(N)	2240	1910	2500	2610
拉伸强力90°(N)	1800	1950	2170	2320

注 0°方向为沿着织物的经纱方向;90°为沿着织物的纬纱方向。

从表14-2看到,无论是0°方向还是90°方向,试样3、试样4的拉伸应力明显大于试样1、试样2的拉伸强力。这说明玻璃纤维地组织对复合材料强度的增加明显大于涤纶纤维。从表14-2中还可以看到,经平和经绒地组织对复合材料强度的影响在0°方向差异不明显,但在90°方向差异较明显。

（二）增强纱线层的设计

预定向经编增强织物主要是通过增强纱层中的高性能纱线来达到增强的目的。因此，只要产品需要在某一方向承受载荷，就可以在该方向铺设增强纱线。现代的预定向经编机原则上可以在平面内的任意角度上铺设纱线，其精度达到0.1°。

影响增强织物强度的因素有以下几点。

（1）预定向经编增强织物的强度与单位长度内增强纱线的数量呈正比。增强纱线的数量越多，其强度越高；增强纱线的数量越少，强度越低。通常情况下，预定向经编织物的经向纱线密度（通常指衬经纱或0°纱）是由经编机机号所决定的，而其他方向的纱线密度可以通过机器上铺纬机构的调整进行选择，以达到力学性能的要求。

（2）预定向经编增强织物的强度与增强纱线的粗细有关，同种纱线的线密度越大、强度越高，其增强织物的强度也越高。

（3）预定向经编增强织物采用的同种纱线越粗、织物密度越大，其强度越高，但其单位重量的强度越低。这完全符合复合材料纱线线密度与强度关系的准则。

（4）预定向经编增强织物的强度与所采用增强纱线的强度呈正比。使用的增强纱线的强度越高，织物的强度越高；反之，采用的纱线强度越低，织物的强度也越低。

（5）采用同样规格纱线和相同纱线密度的预定向增强织物，其经向（衬经纱或0°纱方向）强度要高于其他方向的强度。这是由于衬经纱在编织过程中经过的编织机械较少，纱线受到的损伤较小；而其他方向的纱线都要通过一系列铺纬装置的铺设，纱线受到损伤较多。特别是玻璃纤维等脆性纱线，在一系列铺纬装置的作用下，纱线的强度损失在5%左右。而采用涤纶工业丝原料的预定向经编增强织物，织物各方向的强度差异很小。这是因为涤纶丝柔软、强度和延伸率高，在经过一系列铺纬装置后，对纱线强度不会产生损伤。

（6）由于预定向经编织物地组织纱线很细，因此地组织纱线强度对增强织物强度的影响很小，甚至可以忽略不计。但是地组织纱线对增强纱线的捆绑作用，使增强纱纤维的同向性、抱合力有了提高，因此使增强纱的强度有所提高。随着地纱线数量以及组织密度的提高，增强纱线的强度也有所提高。这种情况对于衬经纱特别适用。

（7）预定向经编织物的撕裂性能与地组织有着十分密切的关系。在撕裂过程中，由于地组织线圈的变形，将增强纱紧紧地束缚在一起，共同承担外来载荷，使预定向经编织物的抗撕裂性能与传统增强材料相比具有很大的提高。

（8）由于各增强纱层被地组织线圈所束缚，因此采用预定向经编增强织物制成的复合材料抗层间剥离性能较好。

（9）预定向经编织物的柔软性是可以通过调节地组织线圈的密度来达到的。增强织物越柔软，其铺覆性能越好，在后道加工过程中越能适合各种复杂结构的要求。

（10）在具有多个增强纱线层的预定向经编织物中，增强纱线层的铺层顺序对以后复合材料力学性能有很大影响。因此知道复合材料的力学性能要求，对预定向经编增强织物的设计十分重要。

三、预定向经编增强织物的典型产品

(一)单轴向增强经编织物

(1)机号。该织物采用 E12。

(2)原料。衬纬:750tex 玻璃纤维;GB1:167dtex/32f 涤纶。

(3)组织结构与穿纱。

全幅衬纬,满穿;

GB1:1—0,0—1//,满穿。

单轴向经编织物如图 14-2 所示,主要用于单向增强的产品中。

(二)双轴向增强经编织物

1. 双轴向涤纶经编织物

(1)机号。该织物采用 E9。

(2)原料。衬纬:280dtex/32f 涤纶;衬经:280dtex/32f 涤纶;GB1:76dtex/24f 涤纶。

(3)组织结构与穿纱。

全幅衬纬,满穿;

衬经:1—1/0—0//,满穿;

GB1:1—0/1—2 //,满穿。

双轴向涤纶经编织物如图 14-3 所示,主要用于箱包、灯箱广告布产品中。

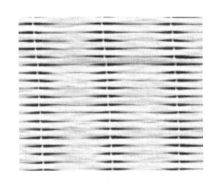 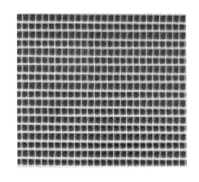

图 14-2　单轴向经编织物　　　　图 14-3　双轴向涤纶经编织物

2. 双轴向玻璃纤维经编织物

(1)机号。该织物采用 E12。

(2)原料。衬纬:408tex 玻璃纤维;衬经:408tex 玻璃纤维;GB1:76dtex/24f 涤纶。

(3)组织结构与穿纱。

全幅衬纬,1 穿 1 空;

衬经:0—0/1—1//,1 穿 1 空;

GB1:0—1/0—1 //,1 穿 1 空。

双轴向玻璃纤维经编织物如图 14-4 所示,主要用于墙体增强产品中。

3. 经编土工隔栅织物

(1)机号。该织物采用 E18。

（2）原料。衬纬：9000dtex 涤纶；衬经：5000dtex 涤纶；GB1：167dtex/32f 涤纶。

（3）组织结构与穿纱。

全幅衬纬，2 穿 8 空；

衬经：0— 0/0— 0//，6 穿 12 空；

GB1：1— 0/1— 2 //，6 穿 12 空。

经编土工隔栅如图 14－5 所示，主要用于土工隔栅产品中。该类产品也可以采用玻璃纤维增强纱线制成。

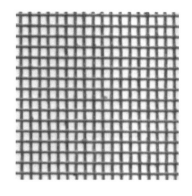 

图 14－4　双轴向玻璃纤维经编织物　　　　图 14－5　经编土工隔栅

4. 双轴向/非织造布增强经编织物

（1）机号。该织物采用 E12。

（2）原料。衬纬：3 × 1100dtex/200f 涤纶；衬经：4 × 1100dtex/200f 涤纶；GB1：280dtex/48f 涤纶；GB2：280dtex/48f 涤纶；200g/m² 涤纶非织造布。

（3）组织结构与穿纱。

全幅衬纬，1 穿 2 空；

衬经：1— 1/0— 0//，1 穿 2 空；

GB1：3— 4/3— 4/4— 3/1— 0/1— 0/0— 1//，1 穿 2 空；

GB2：1— 0/1— 0/0— 1/3— 4/3— 4/4— 3//，1 穿 2 空。

带非织造布经编土工隔栅如图 14－6 所示，主要用于复合土工材料中，既有增强作用，又有过滤、防泥土流失作用。

（三）多轴向增强经编织物

1. ±45°增强经编织物　　如图 14－7 所示。

（1）机号。该织物采用 E10。

（2）原料。 +45°：12K 碳纤维；—45°：12K 碳纤维；GB1：76dtex/36f 涤纶。

（3）组织结构与穿纱。

+45°、—45°、0°：全幅衬纬，满穿；

GB1：1— 0,0— 1//，满穿。

（4）体积密度为 6.0g/cm³。

图 14-6　带非织造布经编土工隔栅

图 14-7　±45°增强经编织物

2.0°、+45°、90°、−45°增强经编织物　多轴向经编织物如图 14-8 所示。

（1）机号。该织物采用 $E10$。

（2）原料。0°:600tex 玻璃纤维；+45°:320tex 玻璃纤维；90°:600tex 玻璃纤维；−45°:320tex 玻璃纤维；GB1:76dtex/36f 涤纶。

（3）组织结构与穿纱。

0°、+45°、90°、−45°:全幅衬纬,满穿。其中 0°:1 穿 1 空。

图 14-8　多轴向经编织物

GB1:1—0,1—2//,满穿。

（4）体密度为 4.7g/cm^3。

四、预定向经编技术新进展

（一）密实双轴向经编增强织物

预定向经编机一般机号较低,增强织物一般采用较粗的纱线。如果采用较细的纱线,与传统的机织增强织物相比,织物密度较低,限制了在一些要求轻薄、高密、高强复合材料领域的应用。为了适应以上要求,在双轴向经编机上通过对组织结构的改进,生产出具有高密、高强的经编增强织物,用于防弹材料及膜结构材料。以下为该织物的组织结构参数。

（1）机号。该织物采用 $E18$。

（2）原料。衬纬:840dtex 芳纶纤维；衬经 1:840dtex 芳纶纤维纱；衬经 2:840dtex 芳纶纤维；GB1:80dtex/24f 涤纶。

（3）组织结构与穿纱。

全幅衬纬,满穿；

衬经 1:0— 0/1— 1/0— 0/2— 2//,满穿；

衬经 2:0— 0/2— 2/0— 0/1— 1//,满穿；

GB1:1— 0/2— 3/1— 0/2— 3 //,满穿。

（二）高强涤纶和锦纶多轴向织物

预定向经编织物是目前最有竞争性的增强织物之一。通常采用玻璃纤维、碳纤维、芳纶等高性能原料,这些原料强度高、延伸性小。在增强原料中还有一类具有较高强度,但延伸性较大的原料,如高强涤纶、锦纶等。由于其延伸性大,表面圆滑等特点,在多轴向经编机上很难编织成结构均匀的增强织物。通过对经编机张力控制机构及编织机构的改进、调整,完全可以生产出结构均匀的涤纶或锦纶多轴向增强织物,被广泛地应用到大型运输带、膜结构和飞艇等材料中。

思 考 题

1. 与普通服用织物原料相比,高性能原料主要的特点是什么?

2. 请简述与传统的机织增强材料相比,预定向经编增强织物的结构特点和性能优势。

3. 请简述预定向经编织物地组织对产品抗撕裂性能、抗剥离性能的影响。

4. 可采用什么方法提高预定向经编增强织物的衬经纱密度?

第十五章 其他类型经编产品设计

本章知识点

1. 缝编织物的种类、形成方法、结构特点、特性及其应用。
2. 钩编织物的种类、形成方法、结构特点、特性及其应用。

第一节 缝编织物

缝编工艺的主要原理是利用经编成圈纱线对纺织材料(如纤维网、纱线层等)、非纺织材料(如泡沫塑料、塑料薄膜、金属箔等)或它们的组合进行缝合而形成织物;或在机织物等底布上加入经编线圈结构,使其产生毛圈效应,制成底布型毛圈织物。

缝编织物的应用领域极为广泛,包括服装用(童装、外衣、衬绒、人造毛皮等)、装饰用(窗帘、贴墙布、地毯等)及产业用(人造革底布、过滤材料、绝缘体材料等)。不同机种、不同材料生产出的缝编织物,其性能和外观有着较大的区别。

缝编工艺过程简单、工序少、产量高、成本低。其突出的优点是可以充分利用一些品质较差的、不能用来纺纱的纤维及不能用于针织或机织的纱线,利用缝编工艺制成织物,做到物尽其用。

缝编工艺可分为纤网型缝编、纱线层缝编、毛圈型缝编3大类。

一、纤网型缝编织物

纤网型缝编织物按有无缝编纱又分为两类。一类是有缝编纱型,将纤维网、底布或其他材料喂入缝编区域,通过成圈机件的作用,将缝编纱穿过纤维网等形成线圈结构,对其进行加固而形成织物,有缝编纱型缝编机编织原理如图15-1所示。另一类是无缝编纱型,由织针直接钩取纤维网中的纤维束形成线圈结构来加固纤维网而形成织物,无缝编纱型缝编机编织原理如图15-2所示。

纤网型缝编产品主要用作床垫、露营椅的装饰材料,衬里织物、鞋内衬、家用装饰织物、地毯、胶粘带、涂层底布、土工布、过滤材料以及由阻燃或不能燃烧的材料构成的绝缘织物等。

图15-3为一有缝编纱纤网型缝编织物。该织物在 $E7$ 的缝编机上编织,织物的单位面积重量为 $270g/m^2$。

缝编纱的垫纱数码及穿纱:

GB1:2— 1/1— 2/2— 1/1— 0/1— 2/2— 1/1— 2/2— 3//,1 穿 1 空,167dtex 涤纶变形丝;

GB2:1— 2/2— 1/1— 2/2— 3/2— 1/1— 2/2— 1/1— 0//,1 穿 1 空,167dtex 涤纶变形丝。

纤维网:50% 棉/50% 涤纶。

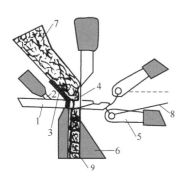

图 15 - 1　有缝编纱型缝编机编织原理
1—针身　2—针芯　3—脱圈沉降片　4—挡针板
5—导纱针6—下挡板　7—纤维网
8—缝编纱　9—成品织物

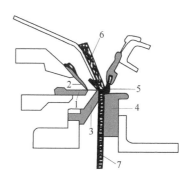

图 15 - 2　无缝编纱型缝编机编织原理
1—针身　2—针芯　3—脱圈沉降片　4—挡针板
5—毛刷　6—纤维网　7—成品织物

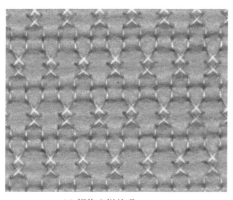

(a) 织物实样外观

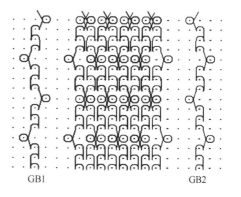

(b) 缝编纱垫纱运动图

图 15 - 3　有缝编纱纤网型缝编织物

该织物利用缝编纱增强了纤维网的强度及密实度,缝编纱在纤网表面形成菱形状网格。该织物用作清洁布。

地毯衬垫缝编织物如图 15 - 4 所示。该织物在 $E10$ 的缝编机上生产,缝编纱采用 330dtex 丙纶长丝作编链运动,纤维网为丙纶预针刺纤网,织物的单位面积重量为 285g/m^2。

用于汽车车头的衬垫织物无缝编纱,它采用黏胶/涤纶纤维网,在 $E18$ 的缝编机上直接缝编而成,线圈长度为 2mm,该织物的单位面积重量为 180g/m^2。

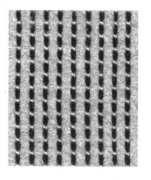

图 15 - 4　地毯衬垫缝编织物

二、纱线层缝编织物

纱线层缝编织物是将纱线层喂入缝编区域,再利用穿过纱线层的缝编纱所形成的线圈结构对纱线层进行捆绑和加固而形成的织物。纱线层可以由纬纱层或经纬纱层组成。纬纱层由铺纬器横向往复铺叠,再由左右两排纬纱钩带着送入缝编区域。缝编织物的纬纱层与经编全幅衬纬的纬纱层不同,其纬纱不完全平行,相邻两次铺纬的纱线呈一定角度。

纱线层缝编通常生产较细密的织物,采用的机号比纤网型高些,常用 $E14$、$E18$、$E22$。这类缝编物外观与机织物类似,具有较高的经纬向强力,撕裂强度与顶破强度也较高,适用于做塑料或橡胶层的基布。

三、毛圈型缝编织物

毛圈型缝编工艺是用底布代替纤维网或纱线层送入缝编区域,头端呈尖形的槽针穿过底布,导纱针将毛圈纱垫入织针的针钩内,再经过成圈机件的相互配合作用,毛圈纱在底布上形成经编组织,其延展线部段高耸挺立,形成毛圈状。毛圈型缝编织物也可以经拉毛工序将毛圈拉成绒面,用作童装或衬里等保暖材料。

另有一种毛圈型缝编新工艺可形成人造毛皮类织物。它直接将纤维网在底布上形成毛圈。由梳毛机道夫上剥下的纤维网直接经过输送帘子喂入缝编区域,再由织针的针钩勾取纤维网中的纤维而编织成圈。该工艺可免去纺纱及整经工序,不需要筒子架,占地面积小,生产成本低。由纤网—底布形成的毛圈缝编织物经过后整理加工,可制成缝编人造毛皮,外观上与毛条喂入式纬编与经编针织人造毛皮没有什么差别。由于有底布,制成的人造毛皮尺寸稳定性好,不需要在织物反面用黏合剂进行涂层,手感也较毛条喂入式为佳。

图 15－5 是一种用于清洁布的毛圈型缝编织物实例。以机织斜纹布做底布,毛圈纱采用总号数 500tex 的棉涤合股线,经平地组织,在 $E3.5$ 的缝编机上编织,织物的单位面积重量为 $1500g/m^2$。

 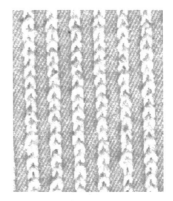

(a) 工艺反面   (b) 工艺正面

图 15－5 毛圈型缝编织物

第二节　钩编织物

钩编机是一种特殊类型的经编机,机号通常为 $E8 \sim E20$。根据机器幅宽可分为窄幅(小于 1600mm)和宽幅(大于 2000mm)两大类。其梳栉分为地梳栉和花梳栉,花梳栉一般作衬纬垫纱运动。钩编机花梳栉使用的原料广泛,除了各种短纤纱和长丝外,还可以用各种特殊的花式纱线,如起毛线、双色线、结子线、膨体纱、金属线、扁平乳胶丝、橡胶丝等。

钩编产品包括各种带类(如松紧带、花边带)等窄幅类产品,还有台布、床罩、窗帘、服饰面料等宽幅产品。

一、花边带

(一)钩编花边带种类

钩编花边带是钩编产品中的一大类别。四种钩编花边外观如图 15 - 6 所示。钩编花边带按其外观形态可分为普通花边带、缨边花边带、毛边花边带和底摆花边带。也有许多花边带具有弹性。

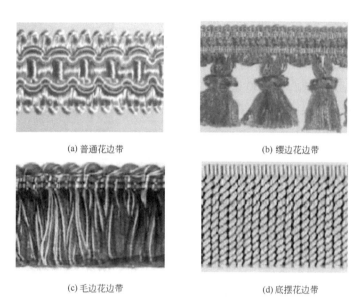

(a) 普通花边带　　　　　　　　　(b) 缨边花边带

(c) 毛边花边带　　　　　　　　　(d) 底摆花边带

图 15 - 6　四种钩编花边

1. 普通花边带[图 15 - 6(a)]　可以采用一组纬纱作为衬底,其余各组纬纱在钩编机衬纬梳栉的作用下,利用纬纱的品种、颜色及形式的变化,在钩编带上编织出各种优美的图案,从而成为具有极强装饰性的装饰带产品;也有直接采用纬纱的配合和变化,在衬纬梳栉的作用下将纬纱编织成带,从而成为装饰花边带。

2. 缨边花边带[图 15 - 6(b)]　是在花边带的基础上,在其边缘处编织出具有不同外观、不同长短的缨边,产品主要用于家纺产品的下边缘处。

3.毛边花边带［图15－6(c)］ 它为采用较多根数的纱线组成一组或两组衬纬纱,在钩编机上以两倍的宽度编织而成,下机后,从中间开剪后形成产品。毛边花边带主要用于各种枕饰的边缘处,可使相应产品边缘丰满。

4.底摆花边［图15－6(d)］ 它为采用带有捻度的包绳或多股纱线,在钩编机上完成编织后,下机将一侧的编链经纱拆除,带有一定捻度的包绳或纱线退捻后即可形成绳状排须。

(二)钩编花边带织物组织

钩编花边带织物由花边带和边牙或缨边构成,花边带为主体部分,边牙或缨边由花边带织物的衬纬纱延伸形成,起到修饰衬托花边带的作用。

钩编花边的边牙形式主要有平边牙、间隔牙和波浪牙。间隔牙边是由同一长度的突出的衬纬纱以相等数目间隔排列形成的。波浪牙边是由不同长度或相同长度的不等数目突出的衬纬纱构成。花边的边牙可根据需要设计成两边对称的形式,或一边为平边,一边为波浪边等形式。

钩编花边的缨边从外观形态上可分为波浪形、裙摆形等。波浪形缨边由不同长度的延长衬纬纱以波浪状的外观形态构成;裙摆形缨边由同一长度的延长衬纬纱连续构成。也可将几种缨边组合在一起,使缨边的装饰效果更具层次。

采用钩编机编织带类织物时,通常地组织为闭口编链,梳栉由二行程凸轮控制,以GB0表示;衬纬梳栉则采用单行程链块控制或直接由投纬杆控制,衬纬梳栉由机后向机前依次为L1、L2、L3。

图15－7所示普通花边带在$E20$的钩编机上编织。幅宽22mm,成品纵密46横列/5cm。

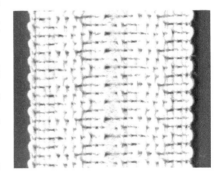

图15－7 普通花边带

地梳栉GB0:(1—2)×2//,满穿18根,167dtex低弹涤纶丝;

衬纬梳栉L1:(1—19)×2//,1穿17空,2×167dtex低弹涤纶丝;

衬纬梳栉L2:(1—10)×2//,1穿8空1穿8空,6×167dtex低弹涤纶丝;

衬纬梳栉L3:1—2—3—2//,3空3穿5空3穿4空,6×167dtex低弹涤纶丝;

该花边带由衬纬梳栉L1打底,形成整个花边幅宽;L2空穿衬纬,在花边带上形成左右对称两条;L3形成锯齿花纹。

图15－8所示为带有曲边的弹性花边带。

地梳栉GB0:(1—2)×6//,9白1红,167dtex低弹涤纶丝;

衬纬梳栉L1:(1—2)×6//,3穿3空2穿2空,37#乳胶丝;

衬纬梳栉L2:(2—3)×2/(1—2)×3/1－3//,9空1穿,37#乳胶丝;

衬纬梳栉L3:(1—9)×6//,1穿9空,167dtex低弹涤纶丝,白色;

衬纬梳栉L4:(1—4)×2/(2—4)×4//,7空1穿2空,167dtex低弹涤纶丝,白色。

L1 带空穿的弹性乳胶丝造成花边带的弹性与皱褶,L2 与 L4 的变化衬纬形成曲牙边。

图 15－9 为缨边花边带,在 E10 钩编机上编织。

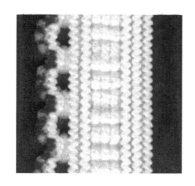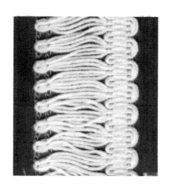

图 15－8　弹性花边带　　　　　图 15－9　缨边花边带

地梳栉 GB0:(1—2)×2//,2 空 2 穿 3 空 2 穿 14 空 1 穿 2 空 1 穿,直径 0.2mm 锦纶单丝;

衬纬梳栉 L1:1—14—28—14//,1 穿 26 空,3×18.5tex(18 公支×3)腈纶膨体纱,由投纬杆完成;

衬纬梳栉 L2:1—1—10—1//,1 穿 26 空,3×18.5tex(18 公支×3)腈纶膨体纱。

花边带由 L1 的长针距衬纬形成缨边,地组织中用于控制缨边的 2 根锦纶单丝在编织结束后将被脱散抽去。

二、松紧带

松紧带是钩编产品的一大类别,通常采用涤纶低弹丝衬纬,使产品达到一定幅宽。若一根纬纱无法达到要求幅宽,则采用同一梳栉穿若干纬纱进行拼接;为使产品具有纵向弹性,采用乳胶丝或其他弹性丝以单针距衬纬形式缠绕在编链纱上。松紧带弹性大小可通过改变所用乳胶丝的线密度、编链纱的线密度及弹性、织物纵密等来调整。

以下为一种常见松紧带产品(又称橡筋带)的编织工艺。该产品在 E15 的钩编机上编织,织物幅宽为 48mm。

地梳栉 GB0:1— 2//,2 黑 2 白 21 黑,167dtex 低弹涤纶丝;

衬纬梳栉 L1:1— 26//,1 穿 24 空,167dtex 低弹涤纶丝,由投纬杆完成;

衬纬梳栉 L2:1— 2//,满穿 25 根,42# 乳胶丝;

衬纬梳栉 L3:1— 26//,1 穿 24 空,167dtex 低弹涤纶丝,由投纬杆完成。

在上述橡筋带上,利用组织结构的变化,可在中间位置按照一定间隔留有细长的纽扣孔眼,制成收缩带(纽扣带)。可用于婴幼儿、孕妇及老年人的裤子,便于调节裤腰尺寸。图 15－10 为一种收缩带实例,该产品在 E15 的钩编机上编织,织物幅宽为 18mm,网眼长 6mm,孔间距为 10mm。

地梳栉 GB0:1—2//,满穿 12 白,167dtex 低弹涤纶丝;

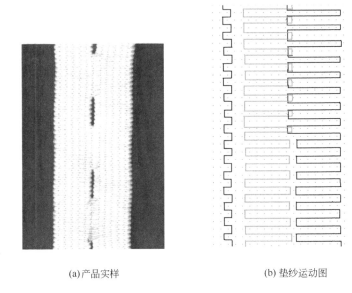

(a)产品实样　　　　　　　　　　　(b)垫纱运动图

图 15-10　收缩带

衬纬梳栉 L1:(1—7)×7/(1—8)×9//,167dte×2 低弹涤纶丝;

衬纬梳栉 L2:(7—1)×16,167dte×2 低弹涤纶丝;

衬纬梳栉 L3:(1—2)×16//,37#乳胶丝;

衬纬梳栉 L4:(1—7)×7/(1—8)×9//,167dte×2 低弹涤纶丝;

衬纬梳栉 L5:(7—1)×16//,167dte×2 低弹涤纶丝。

三、钩编织物编织时注意事项

在编织钩编产品时,有几点需要注意。

1. 地组织纱线垫纱角度的控制　在钩编产品生产过程中,有时地组织纱线的垫纱角度由于受到衬纬纱横移的作用而发生变化,影响正常编织。为确保地纱垫纱角度正确,通常需适当增加地纱两边边纱的张力,同时微调导纱针在针间的位置。

2. 衬纬纱张力及横移距离的控制　衬纬纱线张力的大小,会影响到花边边部的整齐度,张力过小,容易造成布边不整齐。而衬纬纱的横移距离直接影响到钩编织物的幅宽。当衬纬纱较粗而纱线张力较大时,往往会出现织物实际幅宽小于理论幅宽的现象,此时需适当增大衬纬纱的横移针距数。

3. 弹性衬纬纱梳栉位置的安排　当采用乳胶丝或氨纶等弹性纱线编织弹性花边带或松紧带时,为防止弹性纱暴露在织物表面,通常将弹性纱梳栉安排在几把衬纬梳栉中的中间一把。

思　考　题

1. 缝编织物可分为哪几种类型,各有何应用?

2. 钩编织物可分为哪几种类型,各有何特点及应用?

参考文献

[1]龙海如. 针织学[M]. 北京：中国纺织出版社，2004.

[2]许吕崧，龙海如. 针织工艺与设备[M]. 北京：中国纺织出版社，1999.

[3]杨尧栋，宋广礼. 针织物组织与产品设计[M]. 北京：中国纺织出版社，1998.

[4]天津纺织工学院. 针织学[M]. 北京：纺织工业出版社，1980.

[5]戴淑清. 纬编针织物设计与生产[M]. 北京：纺织工业出版社，1987.

[6]S RAZ. Warp Knitting Production[M]. Heidelberg（Germany）：Melliand Textilberichte GmbH，1987.

[7]蒋高明. 现代经编工艺与设备[M]. 北京：中国纺织出版社，2001.

[8]蒋高明. 现代经编产品设计与工艺[M]. 北京：中国纺织出版社，2002.

[9]许期颐，陈英群，许卫元. 经编弹力织物设计生产与设备[M]. 北京：中国纺织出版社，1998.

[10]孟家光. 羊毛衫生产大全[M]. 山西：山西科学技术出版社，1994.

[11]华东纺织工学院针织教研室编译. 经编全集. 香港：卡尔迈耶纺织机械公司香港分公司，1984.

[12]《针织工程手册》编委会编. 针织工程手册（纬编分册）[M]. 北京：中国纺织出版社，1996.

[13]《针织工程手册》编委会编. 针织工程手册（经编分册）[M]. 北京：中国纺织出版社，1997.

[14]D F PALING，F T I. Warp Knitting Technology[M]. Golumbine Press（Publishers）Ltd. 1972.

[15]朱艳，沈惠，王国和. 后整理毛绒型织物的形成原理与方法[J]. 四川丝绸，2007(1)：23-24.

[16]陈祥勤. 欧洲纬编弹性织物生产工艺及设备现状浅析[J]. 针织工业，2002(6)：59-60.

[17]舒先良. 长毛绒后整理工艺探讨[J]. 四川纺织科技，2001(3)：27-28，30.

[18]柳世龙. 纬编针织物弹性控制的探讨[J]. 针织工业，2003(5)：50-51.

[19]毛成栋. 钩编机在家纺花边生产中的应用[J]. 针织工业，2006(11)：5-7.